U0156845

ファッションフード、あります。
はやりの食べ物クロニクル

畑中三応子
Hatanaka Mioko

Fashion Food!

日本流行美食 文化史

［日］畑中三応子 ◎ 著

曹逸冰 ◎ 译

上海三联书店

目录

第 1 部
加速发展的流行美食 20 世纪 70 年代

第 2 部
逐渐铺开的流行美食 20 世纪 80 年代

第3部
自我增殖的流行美食20世纪90年代

因地域特色不明显而走向衰败的本地啤酒
在男人的世界笑傲江湖——"喂～茶"
职场男士的好拍档，罐装咖啡
让水壶卷土重来的矿泉水
无限接近清水的软饮料，风味水饮
柴米油盐——生活必需品的品牌化
跨年龄层的流行美食情报
明星主妇料理研究家横空出世
不走寻常路的美食指南
厨师化身为商品价值极高的明星

第 4 部
疯狂扩散的流行美食 21 世纪初

威士忌中的 B 级美酒——嗨棒

站着喝、家里喝——日本人的喝酒习惯变了

在儿童餐中寻求治愈——带有成人幼稚化色彩的咖啡馆轻食

西点师做的甜品是"给自己的轻奢奖励"

便当男子与妈妈做的卡通便当

蹭热度商品百花齐放——"能喝的生姜"和"能吃的辣油"

走向世界的流行美食

※ 本书中出现的产品、企业与出版社均采用上市出版时的名称。

※ 本书中没有说明文字的食品照片均为示意图。

前　言

　　"意式甜点新女王，提拉米苏紧急大速报——都市丽人怎么可以不知道哪里能吃到美味的提拉米苏呢。"（《Hanako》）、"提拉米苏是什么？不是乌鱼子（译注：发音为'karasumi'）的亲戚哦。备受都市女性喜爱的意大利'升天蛋糕'"（《周刊读卖》）、"不知道提拉米苏还怎么追女人！"（《周刊THEMIS》）、"专为大叔们服务的常识讲座——试吃传说中的提拉米苏"（《SUNDAY每日》）、"果然出现了！搭顺风车的'变种'提拉米苏"（《DIME》）、"热度不减，势头骇人——原料制造厂全速生产"（《AERA》）、"谁能笑到最后！提拉米苏VS奶酪蒸面包——谁更能让人爱不释口？"（《SPA!》）、"提拉米苏的接班人将从亚洲到来！？"（《DIME》）、"提拉米苏是野蛮的证明"（《周刊朝日》）。

　　这些都是1990年（平成二年）春天提拉米苏突然爆红时的杂志文章标题。它们的用词夸张而煽情，现在回头看看，简直能让人"噗嗤"一声笑出来。不过提拉米苏当年的确是红遍了全国各地，是个日本人都迫不及待地想尝上一尝。看到这儿，一定有不少读者想起了当年的自己，感慨万千。

然而，提拉米苏不过是大家还记得的事例之一。在现代的日本，连食物都被"新就是好"的价值观统治，上演了一出又一出盛衰变迁的悲喜剧。

作为一名美食编辑，我长年致力于实地考察食品的流行现象，也非常享受变化的过程，更是亲眼见证了日本文化毫无原则地追求新鲜玩意的模样。我想抱着对这种文化的调侃与怜爱，将那些作为"时尚元素"被人们消费的流行食品，尤其是外来的食品命名为"流行美食"（fashion food）。

流行美食是人人都能参与的流行文化

食品的流行并不是最近才有的现象。日本自古以来便引进了许许多多来自外国的食品。

起初是中国与朝鲜半岛的食品，后来还有来自遥远欧洲的新玩意。各种新食物漂洋过海来到日本，大肆流行，又渐渐淡出人们的视野。它们中的一部分被日本社会所接纳，作为"日本的传统食品"扎下根来。

众所周知，近代以来，日本开始积极引进欧美文化之后，这种倾向变得愈发明显，急剧改变了日本的饮食文化。尤其值得关注的是饱食时代的流行，因为"吃"的意义在那时发生了重大的变化。

在20世纪60年代，日本人摆脱了战后的饥饿状态，开启了经济高速增长期。"饮食"的基本功能是填饱肚子、摄取营养，但是在大量生产、大量消费的全盛时期，日本人已经不再为这个目的吃吃喝喝了。到了即将迈入信息化社会的1970年（昭和四十五年）前后，饮食的休闲化更是进一步加速。

家家户户的嗜好食品消费量直线上升，引进加工食品推动了家务省力化的进程，也让烹饪行为逐渐演变成一种休闲方式。与此同时，外食（外出就餐）与中食[1]日渐普及，并走上了产业化的道路，而消费者的人气也开始逐渐集中在某种特定的餐馆或食品上。就像在迷你裙的全盛时期，放眼望去街上全是穿迷你裙的人一样，在那个时代，你无论走到哪里，看到的都是同类业态的餐馆和同种类型的食品，而从前就有的东西会在一瞬间被打上"落伍"的标签。

并非单纯地为味觉的享受服务，而是和服饰、音乐、艺术与漫画等流行文化在同一个维度被大众消费的食品，就是我定义的"流行美食"。而且寻常的流行文化往往是某个年龄段、某个阶层的专利，但美食的潮流，无论男女老少，人人都能立刻参与其中，这也是它独有的特性。

走在世界前沿的流行美食大国——日本

流行美食的成立，离不开"足以把食品作为一种风俗去消费"的经济实力，以及"爱尝鲜"的国民性。既然如此，美国与欧洲各国的情况当然也值得我们考察一番。毕竟美国的经济实力比日本更强，美国人又是出了名的爱尝鲜，吃的东西还几乎都是外来的，欧洲各国也有注重美食的历史传统。

美国人对源自德国的绞肉食品进行了本地化，于是便有了美式食品的代名词——汉堡包。席卷全球的麦当劳在20世纪70年代的日本作为"美式风格"的代言人大肆流行，在它进军的其他欧洲国家也不例外。将麦当劳的流行称作"流行美食现象"应该是很中肯的。同理，日本的寿司在全球各地掀起的热潮，也可以被定义为流行美食现象。

这种现象缘何产生？关键在于"从欧美引进的食品是日本流行美食的核心力量"。

在明治维新之后，日本人高调宣扬"脱亚入欧"的口号，全面推进西化，在二战后更是以美国人的生活方式为标杆。也许就是因为这种强烈的自卑情结，才促生了本在西方国家难得一见的流行美食现象。

照理说，人在饮食习惯方面是比较保守的，新的食品需要很长的时间才能为大众所接纳。然而对欧美国家抱有的自卑感与崇拜憧憬，使日本人以惊人的速度接纳了各种新食物。再加上日本人向来喜欢"跟别人一样"，这样会更有安全感，不用担心自己会掉队。这种日本人特有的趋同心理应该也在流行美食的一轮轮爆红中发挥出了推波助澜的作用。

消费信息的流行美食

20 世纪 70 年代伊始，本是日本的年轻女性引领了流行美食的确立与发展。不过在之后的 80 年代与 90 年代，流行美食的影响力网罗了各个年龄层的男男女女，改变了家常菜，也不断推动着食品行业的发展。

所有食物都包含着一定的信息。在享用食物的时候，我们不单单在吃食物本身，也在同时享用它所包含的信息。只是在食不果腹的时代，人们更注重的是食物的"量"，不太讲究信息。"量"一旦有了保障，食品在物质层面的"质"（主要是营养）便成了人们关注的重点。而营养达标之后，便正式进入了追求信息的阶段。比如你现在走进超市，会看到豆腐的包装盒上写着"以北海道有机圆黄豆与赤石山脉的泉水为原料，用濑户内海的天然卤水点成的绢豆腐"。单价 100 日元左右的便利店袋装面包上则写着"以玛雅文明的遗产、全世界最辣的哈瓦那辣椒倾情打造的超辣咖喱包"。现如今，在非常普通的日常食品上附加一长串信息已成常态。

食品的信息化时代，就是"吃东西不光用嘴，还得用脑"的时代。与此同时，它也是一个食品信息脱离物质属性，从而作为一种时尚元素为人们享受的时代。

在本书中，我将带领大家追溯始于 70 年代的流行美食史，探索日本社会是如何奔向了在本节开头提到的"提拉米苏爆红"，信息的消费又是如何笼罩了日本的饮食文化，今时今日的"万物皆为流行美食"现象又是如何形成的。不过在那之前，我们得先回顾一下流行美食的前史。

注释：

1　购买便当、熟食等经过烹饪、可以直接享用的食品，带回家吃的行为。

fash
ion

流行美食
前史
1772—1969

food

从江户到战前

丁髻时代的流行美食

流行美食不是突然从石头里蹦出来的——在一种食品普及之前，接纳它的社会基础往往已经形成了。流行美食现象的确是在 20 世纪下半叶爆发的，但只要追溯它的前史，我们便不难发现，它的萌芽早在江户时代就已经出现了。

如今，**寿司、天妇罗、荞麦面和鳗鱼**都成了日本最具代表性的传统美食，但它们其实都是在江户时代火起来的快餐。町人（译注：封建时代生活在城市的商人与工匠）的经济实力日渐雄厚，城市的风气日趋自由的文化文政时期（1804—1830 年）是这些食品的黄金时代。高档餐馆数量激增，讲解各种新颖菜式的烹饪书籍、餐馆指南和人气餐馆排行榜十分畅销，空前的美食狂潮让人们热血沸腾。

据说在城市近郊的农村，人们为了满足餐馆的需求大面积开展蔬菜的促成栽培，并人工养殖了鱼类和鸟类。不仅如此，人们还频频举办**拼酒量、拼食量**的比赛，记录了比赛过程的画作与读本在市面上也有销售，备受追捧。化政时期的日本人将陌生人的暴饮暴食作为一种"消遣"加以享受，这与热衷于看大胃王节目的现代人并无二致。

当时的东京是拥有百万余人口的巨型城市。除了本地居民，江户还有许多独自前来赴任的地方武士、京阪商家的驻外员工与各类打工者。参拜伊势神宫（伊势参り）等周游旅行、赏梅、巡游七福神寺院（七福神めぐり）等短途游也已经十分普及了，人口与货物的流动量巨大。正在江户流行的美食通过街谈巷议与出版媒体传播至外地，作为一种风俗信息成为人们热议的对象……与今天的流行美食十分相似的现象早在当时就已经出现了。

不过请大家注意，当年的流行美食有着不同于近现代的源头——丁髷时代的流行美食是早已在京阪地区广泛普及的食品传入江户，改头换面，为平民阶级所接纳。近代以后的流行美食则来自远隔千山万水的异国，登陆日本后迅速引爆流行。

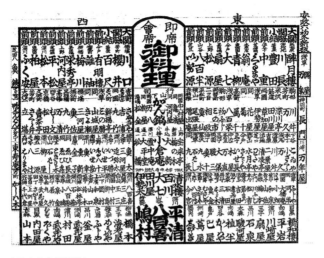

《即席会席御料理》

（1895 年东京都立中央图书馆特别文库室藏品）

官府强势推进的西餐

    找遍全世界，恐怕都找不到第二个像近代的日本这般积极引进西方食品，大刀阔斧地改革本国饮食文化的国家。如果明治政府没有高举**文明开化**的旗帜强势推进，如此戏剧化的改革是绝对不可能实现的。自 7 世纪后期天武天皇颁布肉食禁令[1]以来，日本人已经有一千多年没有好好**吃肉**了，明治政府却突然解除了禁令，天皇也带头吃肉，以此鼓励民众[2]。吃肉才是文明开化的象征——日本人就这样突然迎来了吃肉的时代。

早在明治天皇试吃牛肉的前一年，也就是1871年（明治四年）11月4日，外务省就已经在用法式大餐招待出席"天长节（天皇生日）奉祝晚餐会"的外国驻日高官了。

根据现存的菜单，当天光肉菜就有七道，分别是海鲜浓汤（bisque）、烤牛肉、炖鹿肉、干蒸鸭肉、涂有肉冻的冻肉卷（galantine，一种肉饼，用小牛肉、鸡肉等去骨扎紧、煮熟而作成的冷食）、野味肉饼、烤羊腿肉和烤催肥鸡。从头到尾总共上了十五道菜，可谓豪华绚烂。菜品的内容也完全照搬了19世纪欧洲贵族社会的宴席样式。不难想象，光是凑齐这些食材都是一笔莫大的开销。

吃肉——朝着富国强兵的目标昂首迈进的明治政府高层之所以选择这条路，不单单是因为日本人的体格普遍比西方人瘦小，而吃肉有助于强身健体，更多的是为了通过西餐吸收欧美的"先进"先进文明，并与之同化。他们痛感日本人无论是在体力层面还是在智力层面都落后于西方人。站在他们新学会的"营养学角度"看，要想摆脱这种自卑感，就必须让民众养成吃肉的习惯。

昭和初期的"精养轩"

　　文明开化时代的饮食关键词并非美味，而是"**滋养**"。能滋养身体的日本料理实在太少了，因此革除旧弊，紧追西方，进而增强国力，便成了明治政府的首要课题。在明治初期开张的西餐馆有很多名字里带"养"字的，最具代表性的便是著名的"精养轩"。带有文明开化色彩的店名也有不少，比如"自由亭"、"开化亭"、"开阳亭"、"日新亭"、"开成轩"等等。光看这些店名，也能感受到些许新时代的氛围。

　　因缺乏维生素 B1 导致的"脚气病"是日本特有的疾病之一。脚气病又名"江户病"、"大阪肿"，原本是一种富贵病，只有以白米为主食的富人阶级和城市居民

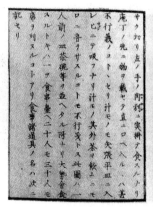

福泽谕吉《西洋衣食住》
（1867年《日本的食文化史年表》）

才会得。不过在军队成立后，不少人冲着"当兵能吃上白米饭"[3]入伍。于是久而久之，脚气病便缠上了士兵们。

　　据说在日俄战争中，陆军的伤病者约有35万人，其中至少有25万人是脚气病患者。在37,200余名死者中，也有大约27,800人是因为脚气病丧命的，可见这种病已经演变成了关乎国家存亡的大问题。唯独海军方面猜测脚气病的原因在于蛋白质不足，于是便引进了西餐与面包，患者人数直线下降[4]。滋养食品打了一场大胜仗。

明治政府的高层、军人与新知识分子在江户幕府统治时期基本都属于下级武士以下的阶级，接触传统日本美食的机会较少。也许正因为如此，他们才没有在饮食层面大搞民族主义，不顾一切地崇拜西餐。西餐的引进与流行意味着等级制度的解体，亲近西餐更是成了他们的身份象征。

　　话虽如此，适应西餐的过程并不是一帆风顺的。为了习惯肉味，掌握西餐的礼节，日本人也付出了巨大的努力。有人试着去吸勺子里的汤，结果手一滑，从胸口到膝盖全湿了。有人张嘴去吃用小刀插着的肉，却不小心划破了嘴唇，鲜血直流……这样的笑话比比皆是。

源自平民的牛肉热潮

　　明治的西餐热虽是"官府"强加的国策，但是没过多久，西餐便在平民百姓中演变成了流行美食。

　　法餐成为宫廷正餐的标配，鹿鸣馆（译注：明治维新后建于东京的沙龙会馆，专供当时西化的达官贵人在其中风雅聚会）频频举办晚宴，上流人士积极模仿正统西餐，但老百姓亲近西餐的方式有所不同。人们起初难以适应牛肉的腥味，但不久后就有人发明了"牛锅"5，将牛肉和日式调味料、土锅有机结合起来。一眨眼的工夫，牛锅便走进了千家万户。早在 1877 年（明治十年），东京府的牛锅屋（卖牛锅的餐馆）便已飙升至558 家。

最先乘上这股"牛肉热潮"的是所谓的"下等人"，包括工匠、车夫、艺人、书生与艺伎等等。明治时期最具代表性的肉食主义者福泽谕吉在《福翁自传》（明治三十二年）中写道："牛锅屋是最下等的店，凡是像人样的人绝不出入。只有浑身刺青的地痞流氓和穷书生才是常客。也不知店里的肉是从哪儿来的，管它是杀的牛还是病死的牛，只要掏出一百五十文钱，牛肉、酒、饭绝对管饱，只是那牛肉又膻又硬"[6]。正如他所说，在安政时期最先吃牛肉的人都是些天不怕地不怕的家伙。

幕末时期的牛锅屋气氛诡异，常人不敢轻易靠近，但没过几年，假名垣鲁文的剧本小说《牛店杂谈安愚乐锅》（明治四年出版）中就出现了一句著名的台词："士农工商男女老少贤愚贫福皆食牛锅，不食即为不开化之徒"。明治八年的《朝野新闻》也提到，"近年来，连偏远山区的少女都觉得不吃牛肉就不是人了"。可见在那个时代，吃牛肉已经作为一种流行风俗为群众广泛接受了。

明治七年发行的《东京新繁昌记》（服部诚一）称，把牛肉跟大葱放在一起炖的"并锅"（普通牛锅）是三钱五厘，锅底铺有肥肉的"烧锅"是五钱。要知道当年一份竹屉荞麦面（ざる蕎麦）的价格是八厘，所以牛锅绝对不算贵。此外还有比牛锅屋档次更低的街边小摊，将碎牛肉串成串，一起在大锅里炖煮后售卖。

售卖牛丼（牛肉盖饭）的鼻祖——"**牛饭**"的街边餐车（屋台）出现在明治二十年（1887年）前后的东京。牛饭是一种快餐食品，把碎肉、内脏、肉筋和葱放在一起炖好，再浇在饭上即可。上等肉（里脊）做的牛锅要三、四钱一份，但一份牛饭只需一钱就能买到，非常便宜，因此广受工人群体的欢迎。到了明治三十年（1897年）前后，牛肉已经彻底融入了日本人的饮食习惯[7]，牛锅的流行仍在继续，也出现了一批在牛肉中掺杂马肉、猪肉和狗肉，或是用不新鲜的牛肉滥竽充数的黑心商家。

江户时代的流行是自下而上传播的，而明治前期的欧美化则是自上而下、有意推进的。不过即便如此，日西合璧的牛锅等西式流行食品依然诞生于平民阶级。

甜面包、冰淇淋、软饮料粉墨登场

和牛锅在同一时期受到追捧的是"日西合璧"程度比牛锅更甚的"**豆沙面包**"（あんぱん）。当时的面包一般是用啤酒花酵母制成的，但豆沙面包以酒种发酵面团

《木村屋英三郎西洋果子面包制造所》
（1874 年）

（口味偏甜），再包入豆沙，用炉子烤成金黄色，而不是像制作日式糕点那样蒸熟，可谓划时代的大发明。这种面包诞生于明治七年 [8]。

　　豆沙面包为传统的日本馒头注入了文明开化的新风，当时的老百姓本就对用作主食的咸面包抱有强烈抵触心理，豆沙面包的出现瞬间俘虏了他们的心，并在明治三十年前后红遍全国。那正好是甲午战争刚结束的时候，市场呈现出一派繁荣的景象。据说豆沙面包的开山鼻祖"银座木村屋"每天都要卖出 10 万多个豆沙面包，店门口总是大排长龙，一等就是半个多小时也是常有的事。

富人阶级与军队是冲着营养才引进了面包，直到豆沙面包的横空出世，它才转型为和魂洋才（译注：江户末期日本思想界对吸取西洋文化所采取的一种态度。即只接受洋学中的实际知识和应用技术，而摒弃其理论和精神方面的内容）的甜面包，广泛普及开来。在明治二十三年，因水稻严重歉收爆发的"米骚动"（译注：特指 1918 年下半年的全国性抢米暴动）使得大米价格飙升，于是比米饭更方便的替代品**"酱香烤面包"**（付け焼きパン）瞬间流行起来。它是街边餐车销售的一种食品，先在切片面包上涂抹糖浆、酱油与味噌，烤过以后再插上竹签即可。在糖浆上撒些黄豆粉就成了所谓的"时髦面包"（ハイカラパン）。它应该是有史以来第一款"甜面包快餐食品"。

明治三十三年，木村屋推出了一款新产品——面包里裹着杏子酱的**"果酱面包"**。明治三十七年，中村屋（当时开在本乡，明治四十二年迁至新宿）推出了有卡仕达酱（custard cream）夹心的**"奶油面包"**。这两款产品都获得了空前的成功。自那时起，甜面包便成了流行美食的中坚力量。

再看冰淇淋。明治二年，旗本（译注：石高未满1万石的江户幕府时期武士）出身的町田房造在横滨马车道生产销售的**"爱思克林"**（あいすくりん）应该是日本最早的冰淇淋。起初只有外国人光顾，但不到一年的功夫，冰淇淋的好口碑便口口相传，连东京的西餐馆和西点店都卖起了冰淇淋。

明治三十五年，开在银座的日本首家西式调剂药房"资生堂"模仿美国的药店，在店内设置了苏打喷泉，销售冰淇淋苏打水，只是价格高达25钱一份，还是相当奢侈的。

直到大正时代，冰淇淋才随着餐厅、酒店、平价西餐馆和咖啡馆的增加真正普及开来，在平民区也能时不时看到插着旗子叫卖冰淇淋的小贩了。在大正九年（1920年）专门生产冰淇淋的工厂于东京深川落成之后，冰淇淋的工业化生产也开展得越发红火了。

用牛奶、鸡蛋、糖和香草做成的纯正冰淇淋（アイスクリーム）是面向上流阶级的产品。而在面粉或淀粉中加入牛奶与糖，搅拌凝固后冷冻，便成了面向老百姓的山寨版冰淇淋"爱思克林"。

饮品也跟甜面包一样，在日后孕育出了一大批流行美食。"滋养与卫生"也是饮品方兴未艾时的关键词。

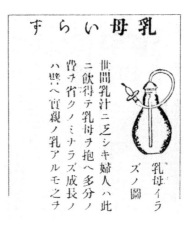

"告别奶娘"广告
（1871年《牛奶与日本人》）

正是这两个词牵动着人心，创造了一波又一波的流行。

牛奶是和牛肉同时爆红的饮品。当时人们把牛奶的功效吹得神乎其神，"长生不老，身体健康，促进消化，振奋精神，病中病后的妙药，永远告别奶娘""功效显著，将死之人喝了也能续命""充实精力，红润面色，滋养肌肤，强健五体，使人老而不衰、无比长寿的神药也"之类的广告词层出不穷。

在江户时代也有一小撮人偷偷吃牛肉，俗称"吃药"（薬喰い），可是日本人上一次喝牛奶还是平安时代的事情。不过市内很快便建起了牧场[9]，新鲜牛奶送货上门的服务也推广开来[10]，牛奶在这个过程中迅速走进

"可尔必思"广告
（羽鸟知之编《报刊广告美术大系
7 大正篇饮食与嗜好品》，大空社，
2003 年）

千家万户，为日后在大正摩登文化背景下走红的"牛奶食堂（ミルクホール）"埋下了伏笔。

日本第一款碳酸饮料**"弹珠汽水"**（ラムネ）（诞生于幕末的横滨）、**"柠檬水"**[11] 与**"蜜柑水"**等软饮料早在明治前期便受到了消费者的追捧，将往日的夏季饮品之王大麦茶（麦湯）赶下了宝座。据说销售大麦茶的茶铺也因此遭受重创。明治十九年的夏天酷暑难耐，霍乱肆虐。这时，报上登出一篇文章，称"含有碳酸气体的饮料能预防霍乱"。这极大地推高了弹珠汽水的需求量，商品一度供不应求。然而，与时髦、高档等形容词挂钩的**"汽水"**（cider）[12] 逐渐取代了它的地位，使它跌下神坛。在大正十一年（1922 年），以蒙古的乳酸饮料为灵感的"醍醐素"经改良升级为"可尔必思"（カルピス），在"初恋的味道"这一经典广告语的助力下一炮而红。

于是乎，软饮料便作为嗜好品的首席代表，被巧妙地赋予了能够触动日本人心弦的信息，在流行美食界站稳了脚跟。

西餐扎根日本，日料店日趋西洋化

从明治后期开始，**西餐**在大城市的富人阶级中日渐普及，除了所谓的三大西餐，即炸猪排（トンカツ）、咖喱饭和可乐饼（コロッケ），炸虾、鸡肉炒饭、煎蛋卷、西式清炖鸡汤（ソップ）也颇受欢迎。在明治三十五、六年前后，人们为咖喱饭配上了福神渍（译注：以萝卜等 8 种蔬菜为原料的腌渍食品），咖喱饭的日本化就此完成。单品西餐馆（一品洋食屋）[13]、牛奶食堂、啤酒馆（beer hall）[14]也在这一时期纷纷诞生，味之素、可果美、Bull-Dog 炸猪排酱（ブルドックソース）、森永、不二家、三得利等主打制造商品牌的食品公司也都是在明治三十至四十年间代创办的。

进入大正时代之后，各种别出心裁的日西合璧菜肴在普通家庭与平价餐馆扎下根来。"讨了老婆真开心，可

从江户到战前

"味之素"广告
（《东京朝日新闻》1909 年 5 月 26 日）

每天的小菜都是可乐饼，今天也是可乐饼，明天也是可乐饼，这下好极了，一年到头都是可乐饼，啊哈哈哈，啊哈哈哈，真呀么真滑稽"——歌词教人捧腹大笑的《**可尔饼之歌**》（「コロッケの唄」）[15] 红遍了全日本，可乐饼的知名度也因此大幅提升，成为最具代表性的熟食。早期的可乐饼和我们现在吃到的不太一样，混入土豆的肉末和洋葱是用酱油调味的，走的是"和风"路线。

在大正时代，下馆子也变得越来越寻常了，**第一波咖啡馆热潮**[16] 也由此开始了。黎明期的咖啡馆包括"牧神会"[17]的集会地点"鸿巢之家"（メイゾン鸿の巢，日本桥小纲町)、西洋画家松山省三创设的"春天咖啡馆"
(Café Printemps，京桥区日吉町)、现在仍在银座开门
迎客的"圣保罗人咖啡馆"(Café Paulista，京桥区南锅
町)等等。店里不光有咖啡，还有各种酒精饮料，更有
牛排、炖菜、炸肉排、通心粉、三明治等西餐供顾客品
尝。而在街边的西餐馆，火腿炒饭也小小地火了一把。

面对这样的社会风潮，荞麦面店唯恐顾客大量流失，
试图通过改革起死回生，把榻榻米改成了西式的桌椅，
还引进西餐的菜式，开发了咖喱乌冬面；还有模仿亲子
丼，用滑蛋包裹炸猪排的猪排盖饭等等。寿司店也从大
正初期开始在泥地上摆了桌椅，效仿西式餐馆改造店面，
并推出了盛在盘子上卖的一人份寿司。没想到连荞麦面
跟寿司都没能躲过西化的浪潮。话说大正之前的寿司店
一般是师傅跪坐着捏寿司，客人站着吃，而今天的"吧
台加食材展示柜"模式是在二战后的东京诞生的。

流行美食走进千家万户

西餐之所以能深入"家庭"这一私密空间扎下根
来，一方面是因为工业革命造就的新中产阶级的隆盛，
另一方面则大大归功于自明治三十年代起大量上市的实
用家庭烹饪书籍和在同一时期接连创刊，并在大正时代

迎来第二轮创刊潮的女性杂志。

西餐的烹饪方法与食材原本是被上流阶级垄断的，但政府开始大力推进为全家人的健康服务的饮食生活改良运动，将西餐定位为"营养改良食品"大加宣传，于是西餐便一跃成为营养丰富、健康卫生且经济实惠的理想餐食，攀上了**家常菜金字塔的顶点**。我们完全可以说，是西餐的民主化构筑了全新的饮食等级制度。

这些烹饪书籍与女性杂志的确参考了原著，对正统的西餐菜谱和烹饪技术进行了详细的讲解，但它们的讲解貌似止步于"为读者提供常识属性的信息"这一阶段。让西餐走进家家户户的原动力，其实是为了减轻人们对陌生味道的抵触与恐惧，由此才催生出了将日式风味的一部分与西式风味融合在一起的**"日西合璧菜肴"**。

将日式调味料融入西餐（例：用油脂炒牛肉，以酱油调味）、将日式食材融入西餐（例：用乌冬面做奶油炖菜）、日本料理的西化（例：用火腿和鸡蛋做模压寿司）、西餐的日本化（例：可乐饼和炸猪排就属于这种情况）、日西并列的菜单（例：牛排配味噌汤、米饭）……如此大胆的巧思在明治后期到战前的美食文章里比比皆是。有些菜式甚至很难根据食材与烹饪方法想象出成品的味道，直教人疑惑它是不是纸上谈兵，直到今天看着都让人瞠目结舌的新颖菜谱也不胜枚举。

家用烹饪台
（1913 年小菅桂子《日本厨房文化
史》，雄山阁，1998 年）

　　让我们再把视线转向"土豆炖肉"（肉じゃが）[18]。
长久以来，中年以上的男性朋友一提起"妈妈的味道"，
便会立刻联想到这道菜。但它的主要原料，也就是牛肉
（或猪肉）、土豆和洋葱都是在明治维新后引进日本的西
式食材，"先用油炒再慢炖"的烹饪手法也完完全全是
西式的，唯一跟"日式风味"勉强沾边的部分就只有酱
油这款调料了。所以土豆炖肉其实跟现在的孩子们最爱
吃的炸鸡和肉扒一样，都是在那个年代发明的正统"和
风西餐"。

随着水电煤基础设施的完善，大正时代的日本掀起了一场**厨房改良运动**。传统的座式烹饪（蹲坐在泥地房间或铺着木板的房间做饭）非常考验主妇们的体力，而且很不卫生，效率也低，因此效仿西方的站立式厨房成了最重要的改良方针。将有一定高度的煤气台、水池和操作台组合在一起的厨房桌应运而生，人称"文化厨房桌（文化流し）"，在城市地区普及开来。然而受第二次世界大战的影响，家庭的厨房设备倒退回原点。在二战结束后，人们花了很长时间才彻底实现包括农村地区的厨房改良。

在明治中期之前作为一种"流行风俗"为人们所接受的西餐与西式食材走进了近代资本主义扛把子——中产家庭。而这些家庭的主妇们用双手将它们推向了实践的高度。对不太有机会下馆子的主妇们来说，要想将街头巷尾热议的流行美食"西餐"搬上自家的餐桌，对流行与新食品的好奇心以及赋予它们合理意义的过程必不可少。

与此同时，在这个"男主外女主内"的近代性别分工意识逐渐萌芽的时代，主妇们渐渐承担起了原本在中流以上的家庭由佣人负责的烹饪工作。于是烹制日本人憧憬向往的时髦菜肴便逐渐演变成了**贤妻良母的必要**条件。

从战后到
经济高速增长期

焦土与复兴的流行美食

在二战后进驻日本的不单单是美国的军队，**美国人的生活方式**也占领了日本。战后的日本人从"与饥饿的抗争"起步，挣脱了献身国家与禁欲主义的束缚，朝着富足的生活与高水平的消费开启了激进而彻底的转换。

1945年（昭和二十年），日本遭遇了史上罕见的冷夏，更有两个强台风登陆肆虐，造成农作物严重歉收[19]，以至于粮食比战时更加短缺。成年人的大米配给量仅为每天二合一勺（300 g），肉类与奶制品更是几乎为零。如此之少的食物只能满足身体所需热量的一半。而且物资迟发与不发也是家常便饭。

在玉音放送（译注：特指昭和天皇宣读《终战诏

书》并录音，于 1945 年 8 月 15 日通过日本放送协会正式对外广播）的五天后，也就是 8 月 20 日，黑市便在新宿东口诞生了。之后，黑市的数量如雨后春笋般不断增加。同年 10 月，大米的黑市价格竟然飙升到了官方定价的 132 倍。人们虽然对国家的重建抱有期待，但**"饭食重于宪法"**才是大家的真心话吧。更要命的是，人们是一边看着进驻美军的"富足"生活一边忍饥挨饿的。

营养失调、活活饿死的人不计其数，大家只能依靠直接去农村买来[20]的甘薯与大米，以及黑市买来的食物苦苦支撑。想必在如此严峻的大环境下，最让日本人震撼的莫过于美国大兵健壮的体格。

驻扎在所有都道府县的占领军士兵总计 43 万人，跟明治维新时期来到日本的外国人完全不在一个数量级。其实大多数日本人之前从没见过外国人。高大的身材、红润的气色与飒爽行驶的吉普车令民众瞠目结舌，时髦的衣着与富足的食材更是让日本人惊愕。人们一定是在这个时候不由分说地感受到了战败的切身之痛。

在二战结束后不久的 1964 年开始在《周刊朝日》上连载的美国漫画《**布隆迪**》(*Blondie*)[21]展示了一对年轻夫妇富足的饮食生活——切片面包会自己从烤面包机里蹦出来。大型电冰箱里装满了火腿、奶酪等食材，拿出来做个厚厚的三明治，一边大口大口喝着大纸盒里倒出来的牛奶，一边咬上一口……NHK 广播台的《美国通讯》[22] 节目也对美国市民的日常生活做了介绍。"美国博览会[23]"隆重举行，GHQ（驻日盟军总司令部）的启蒙电影[24] 在农村接连上映。高层以各种形式大肆宣传美国的理想生活方式。在 GHQ 的指导下，日本政府开始鼓励并引进以改善基本膳食生活为目标的**美式饮食生活**（肉、蛋、奶制品、油脂的摄入量偏高）。

在战前的西化浪潮中，老百姓并没有因为"那是欧美的东西"就无条件接受，而是本着低调的和魂洋才精神，有意识地选用了一些具有合理长处的东西。好比被打上"营养丰富"标签的牛肉就和日本菜同化了，演变成了流行食品，但勒紧女性身体的西式礼服并没有广泛普及。

谁知战败感让强烈的劣等意识死灰复燃，使人们愈发崇拜起了接连涌入日本的"先进"美国文化与科学技术。也许正因为二战破坏了人们的生活基础，彻底摧毁了日本的传统模式，人们才会更容易地接纳新鲜事物。

吃了上顿没下顿的日本人惊讶地发现，美国人的生活与处境悲惨的自己简直有天壤之别。他们将美国的生活方式视作令人向往的模型，开始追求物质层面的富足。

战前的流行美食是欧美国家的影响造就的，而焦土

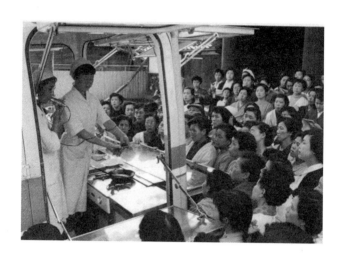

通过"厨房车"进行营养指导的保健所
（群马县立文书馆藏品）

与复兴的流行美食却只追逐一个目标，那就是美国。

搅拌机成为时髦的厨具

在昭和二十年代初，日本人好不容易摆脱了饥饿。明显的美食潮流虽然还没有出现，但我们可以把**面包的普及**定位为流行美食的前兆。

在二战刚结束不久，日本就已经出现了从"主吃大米"改为"主吃面粉"的倾向。用飞机余下的轻金属和废墟里捡来的马口铁制成的电动烤面包机[25]流行起来，女性杂志也开始大力提倡用谷物粉制作食品[26]，认为此举有助于缓解因大米不足引发的粮食危机。然而，用面粉制作的食品在当时依然不过是米饭的替代品。让面包真正扎根于民众的，其实是孩子们在学校里吃到的**学生午餐**。

学生午餐计划从 1947 年 1 月启动，首先在主要城市铺开。食材以 GARIOA 资金（Government and Relief in Occupied Areas，政府占领地救济资金）采购的物资和美国慈善团体 LARA（联合国公认亚洲救济联盟）提供的物资为主，也包括一部分占领军带来的便携食品和旧日本军的储备物资。面包、牛奶（当时用的还是臭名昭著的脱脂奶粉）加小菜是学生午餐的基本组合。

许多儿童在学生午餐的帮助下免受营养不良之苦，这的确是一桩好事，然而"鼓励日本人吃面包"其实是一项有着明确长远意图的经济政策，旨在让日本消化美国的剩余小麦[27]。与此同时，厚生省也大力推进以普及面包、多摄入动物性蛋白质和油脂为基本方针的"营养改善运动"。

农业经济学家东畑精一等熟悉美式生活与文化的意见领袖开始对米饭口诛笔伐，甚至有人提出了"**米食低**

脑论"[28] 这般极端的学说，称日本人就是因为吃了太多的大米，头脑才不如欧美人灵光，还容易患上脚气、胃癌、脑充血等疾病，活不长久。面包跟明治时期的肉一样，也披上了以美国为标杆的滋养与健脑意识形态的外衣，再一次华丽地登上了历史舞台。

当年的日本人虽然贫穷，心中却充满了对未来的希冀。**"豪瑟健康饮食法"**（ハウザー食）刚好触动了日本人的这条心弦，短暂流行过一段时间。美国营养学家盖罗德·豪瑟（Gayelord Hauser）在其著作《朝气蓬勃，健康长寿》[29] 中将酿酒酵母、脱脂奶粉、酸奶、小麦胚芽和粗制糖蜜命名为"神奇食品"（wonder foods），每天吃够五种便能延年益寿，就算只吃一种也能多活五年。他还将饮用生蔬菜汁与果汁定义为"预防疾病与早衰的最佳方法之一"，搭配神奇食品一同食用效果更佳。豪瑟如此写道："如果你真想返老还童，健康长寿，就去买一台**电动搅拌机**吧。这是一笔划得来的投资，福泽全家。"他所提倡的大概就是我们今天常喝的青汁、思慕雪（smoothie）之类的饮品吧。

家电厂商纷纷组织搅拌机普及小分队派往各地，连农村也不放过。一边实际演示商品的用法，一边大力宣传。功夫不负有心人，搅拌机瞬间爆红，创下了月产两万台的惊人纪录。只是搅拌机不便清洗，打出来的饮品也算不上好喝，再加上人们对豪瑟的学说也产生了一定的怀疑，这股热潮没过几年便降温了。不过这件事本身还是很有记录价值的，因为它为 20 世纪 70 年代后掀起一波波热潮的**长生不老型**流行美食谱写了前奏。

维生素信仰与保健品热潮

官府虽在有意推进美式饮食生活，但老百姓最关心的还是如何才能吃到足量的米饭。直到昭和三十年代，吃面包的习惯才真正走进寻常百姓家，吐司、荷包蛋配咖啡也是在那个时候才成了最受欢迎的早餐菜式。

战后的营养改良运动之所以参考了以副食为主的欧美型饮食习惯，是为了防止过量摄入白米饭导致人体缺乏维生素 B1，让当年的国民病脚气[30]卷土重来。既然是这样，吃糙米、脱了七分壳的米或胚芽米不就行了吗？问题是，习惯了白米滋味的舌头是很难"由奢入俭"的。当年甚至有学者提出了逻辑严重跳跃的学说，以此鼓励民众多吃面粉——"白米本身就很美味，所以只搭配味噌汤和咸菜也能吃得心满意足。面粉本身是比较难吃的，所以欧美人才会加大副食品的比重，潜心研究各种配菜的花样，于是便发展出了更先进也更科学的文化"。

所谓的**"强化米"**就是为预防脚气病发明的王牌食品。在 1954 年，市面上出现了两种不同的强化米。一种叫 "Prepared-Mix"，米粒表面有维生素 B1 涂层。另一种叫 "Vitarice"，米粒的中心注入了维生素 B1。据说 Vitarice 在试验阶段还是白色的，后来却听从昭和天皇的提议染上了颜色。

Prepared Mix 的销量并不理想，但武田药品工业出品的 "Poly-Rice" 显著减轻了 Vitarice 特有的维生素味，通过"米粮店送货上门"这一销售渠道迅速铺开。在 1 公斤普通大米中加入 5 克强化米，便会煮出有星星点点黄色米粒的米饭。好不容易盼到米饭上桌，碗里却有一股药味的黄色颗粒，这着实教人扫兴。

旷日持久的粮食短缺与营养不良，再一次强化了义明开化以来的饮食关键词——"滋养"。营养比美味更重要。如今正值全盛时期的**营养神话型**流行美食的基础恐怕就是在这个时期逐步打下的。

保健药品的盛行，则是比强化米更为直接的现象。脚气病的原因浮出水面之后，两款富含维生素 B1 的酵母制剂"若素"（译注：わかもと，意为青春之源）与"爱表斯"（译注：EBIOS［エビオス］）被推上市场，在昭和初期大受欢迎。从那时起，"餐桌上一年到头都放着药"便成了日本人的习惯。战后最先流行起来的是矿物质，不久后便迎来了复合维生素制剂的时代。

在武田药品工业的"Panvitan"打响第一炮之后，各大厂商在昭和二十年代后期竞相推出复合维生素糖衣片。紧随其后上市的是以注射剂为灵感的**"安瓿型保健药品"**，打头阵的是亚细亚制药在 1957 年推出的"贝尔贝口服药"（ベルベ内服薬）。

这种营养饮品的喝法是将玻璃瓶的瓶颈折断，然后插入吸管饮用。由于容器的形状酷似注射用的安瓿，能让人联想到速效性，贝尔贝瞬间爆红。为了盖住药味，厂商在药液中加入了柠檬酸、蜂蜜等配料，介于药水和软饮料之间的口味也十分新颖，惹得药店纷纷在门口的显眼位置摆放专用的冰柜。谁知在 1965 年，安瓿型感冒药致人死亡的事故接连发生，贝尔贝也被殃及，迅速淡出了人们的视野。直到日本奔向泡沫经济的 20 世纪 80 年代后期，营养饮品才重新回到聚光灯下[31]。

保肝药也是在 20 世纪 60 年代红极一时的保健药品。它的主要受众自然是饮酒量[32]较多的大叔们，不过据说保肝有益于美容，所以它也受到了年轻女性的关注。与此同时，动物的肝脏也成了一款流行美食，内脏料理备受追捧。从"补充缺乏的营养"到"主动摄取强身健体"——时代的变迁是如此迅速。

一起喝时髦的果汁吧

　　日本在 1955 年迎来了史无前例的大丰收[33]，总算能满足全体国民对大米的需求了。大米的年人均消费量在 1962 年达到 118.3 公斤，创下了战后最高纪录，之后便开始逐年递减。在经济高速发展的同时，日本人告别了"饭桶"式的膳食生活，养成了主吃肉、蛋、奶制品和油脂的习惯。

　　随着生活质量的不断上升，经历过粮食短缺与饥饿的日本人开始执着追寻营养价值更高、味道也更好的食

"Bireley's" 广告
（《主妇之友》1954 年 2 月号）

品。饮料也不可避免地受到了这股风潮的影响。

受大战影响，牛奶曾一度淡出日本人的生活，谁知在1948年之后的5年里，牛奶的需求量增长了20倍之多，这着实是个惊人的数字。孩子们通过学生午餐习惯了奶制品的味道，保健所也在营养指导中大力推荐牛奶，医院更是鼓励家长用奶粉喂养孩子。在这些因素的作用下，牛奶的消费量直线上升。为对抗商家涨价，主妇联（译注：主妇联合会）掀起了"十元牛奶运动"。送奶员骑自行车送货上门的服务得到普及，能买到新鲜瓶装奶，当场开栓当场喝的奶站也是遍地开花。美国人天天喝的牛奶——让日本人无限憧憬的牛奶，终于一跃成为国民饮品。

美国是当仁不让的软饮料文化圣地。直接受其影响的流行美食前兆，便是果汁饮品的先驱"**Bireley's Orange**"（バヤリースオレンジ）。朝日麦酒在1951年推出了这款产品（当时的商品名称写作"バヤリース"）。无论是瓶子还是装在里面的饮料，都有十足的美国范儿，谁看了都觉得时髦。竟有人为日本剧场的歌舞剧写了一首题为《一起来喝Bireley's吧》（「バヤリースを飲みましょう」）的歌曲，可见这款饮料是多么流行。自不用说，它也成了橙汁的代名词。

橙汁的崛起造成了弹珠汽水的衰败，"天然果汁"成了最吸睛的宣传语。1952年，丝带果汁（译注：Ribbon Juice，札幌啤酒出品的果汁饮料）上市。1954年，罐装天然橙汁[34]诞生。1958年，浓缩橙味可尔必思、添加维生素C的Plussy（プラッシー）[35]、橙味和葡萄味的芬达接连登场。另外在1961年，星崎电机发明了一款喷泉型自动售货机[36]，机器顶端的玻璃瓶中有果汁源源不断地喷出。这款机器销售的果汁得了"十元喷泉果汁"这个昵称，迅速走红。

其实早在大正时代，日本就开始进口可乐类饮料了，只是它的人气一直被汽水和弹珠汽水远远地甩在后头。1961年，政府放开了原液进口，同时也取消了对可

喷泉型自动售货机
"街头绿洲"

乐销售和广告的限制，于是厂商便写了一首广告歌，强调可乐的"痛快爽口"，大肆宣传。无奈那个性鲜明的风味不太符合日本人的喜好，过了好久才真正普及开来。但日本人的舌头本就习惯水果的味道，所以橙汁不费吹灰之力便得到了广大民众的接纳。

渡边制果推出的**"粉末果汁素"**[37]引爆了果汁粉热潮，给昭和三十年代的孩子们留下了一段酸酸甜甜的回忆。用水把粉末冲开，便成了一杯果汁。虽然果汁粉的甜味来自甜蜜素[38]，是不含果汁成分的"山寨货"，不过在家里也能毫不费力地享受到跟 Bireley's 橙汁相似的味道还是很让人欣喜的。那是个冰箱还很稀罕的年代，所以大家喝的都是不加冰的温果汁。如今回想起来，那种甜蜜素特有的甜味还真教人怀念呢。

某种意义上的廉价仿制品先普及，高档品后普及——这是新型食品落地扎根的常见模式。果汁粉便是一个典型的例子。

仿制香肠与茄汁意面

学生午餐中的面包好拍档，深受孩子们喜爱的副食——**"鱼肉香肠"**也是一种廉价仿制品。自不用说，它模仿的是夹在热狗里的红肉肠。

1954 年，日本金枪鱼捕鱼船"第五福龙丸"因美国在比基尼岛进行的水下氢弹试爆遭遇核辐射。受此事影响，金枪鱼的市场价暴跌，消费者也开始对鱼肉敬而远之。于是商家便用多余的金枪鱼生产了鱼肉香肠。这样生产成本显著下降的同时，产品的风味也有了质的提升。鱼肉香肠就这样转型为便宜又好吃的营养食品，在学生午餐界确立了不可撼动的地位。据说现在的食肉加工公司有不少是当年靠鱼肉香肠大赚了一笔的水产公司，后来才开始做肉肠的。

鱼肉香肠虽以鱼肉为原料，但生产过程中不会进行熏制，而是用熏液与粉末调料加工成烟熏风味，再注入塑料薄膜中。它的普及使原本不吃火腿和肉肠的人群，也能够接受这种鱼肉味的香肠，为日后"吃肉文化"的普及奠定了关键的基础。

显而易见，鱼肉香肠是用鱼做的，但不论是颜色还是味道都和红肉一样。这得归功于日本传统的鱼糕生产技术。也正是这种技术，在日后孕育出了"蟹味棒"这款具有划时代意义的仿生食品。

1955 年 2 月上市的"Oh'my macaroni"（オーマイカットマカロニ）奠定了日本现代意面潮流的基础，但如今风头也敌不过意大利直面（spaghetti）了。这款国产第一代通心粉诞生的背后，竟有为缓解大米短缺、拉动小麦消费研发的人造米推波助澜。

日本制粉从意大利进口了生产通心粉的设备，用于加工人造米，还推出了一款名叫"Oh'my rice"的产品，与通心粉同步上市。米的销量不好，上市两年后便宣告停产，通心粉却跟战前便已普及的蛋黄酱（mayonnaise）和番茄酱产生了化学反应，销量节节攀升。同年5月，"Mama's macaroni"（マ・マーマカロニ）也上市了。两家的宣传大战就此拉开帷幕。

美国人本就喜欢通心粉多过意大利直面。虽说通心粉的老家在意大利南部，但是把通心粉沙拉、番茄酱炒通心粉之类的菜式定义为纯正的美国菜也没什么问题。

"Mama's macaroni" 广告

正是这些模仿意大利的美式意面为我们铺平了通往正统意面的道路，成就了日后的流行美食。

制造商品牌的量产型零食确立稳固地位

"胜利之前，欲望止步"（欲しがりません、勝つまでは）——战争期间，日本人拼命压制对甜味的渴望。无奈在二战后的头四年里，这种渴望依旧得不到满足。

大战让日本失去了台湾的精制糖产业，糖的进口渠道也被完全封死。1946 年的年人均食糖消费量仅为 200g。同年，政府允许商家在产品中添加糖精（saccharine）与甘素（dulcin）[39] 这两种人工甜味剂。于是，渴求甜味的日本人开始从好时牌板状巧克力和口香糖这些如梦似幻的点心中摄取糖份。

1949 年，政府取消了对糖稀和葡萄糖的管制，为甜食打开了第一扇门。不久后，奶糖也可以自由销售了。糖果零食行业就是从这个时候开始逐渐恢复了生气。

1950 年，不二家率先在门店销售 **"美式甜甜圈"**，成为热点话题。卡通形象代言人 "Peko 酱"（ペコちゃん）也是在那年粉墨登场的。同年，日本恢复进口可可豆，国产巧克力全面启动生产。1951 年，进驻军在明治神宫外苑举办了嘉年华，其中有一个小吃摊主打装在华

38

Fashion Food
日本流行美食文化史

"Peko酱"广告
(《朝日新闻》1954年5月15日)

夫碗里的**"软冰淇淋"**，现做现卖。刚从机器里挤出的螺旋状的冰淇淋美味非凡惊艳四座。起初流向餐饮店的都是美军转让处理的冰淇淋机，但不久后就有厂商研发出了国产冰淇淋机与原料，在1954年掀起了第一波软冰淇淋热潮。

到了昭和三十年代，市面上涌现出一批制造商品牌的零食，其中不乏至今深受消费者喜爱的经典款，比如明治制果的"MARBLE巧克力"、不二家的"Look A La Mode"、江崎格力高的"杏仁巧克力""黄油味百力滋"……它们有着精美时尚的包装盒与包装纸，无论是外形还是味道，都跟粗点心店（駄菓子屋）卖的廉价点心截然不同。

"森永Hi-Crown"巧克力更是演绎出了史无前例的高档感，极具震撼力。它的包装盒神似美国的烟盒，每一块巧克力都用银纸包裹，让巧克力不再与"孩子吃的零食"画等号，牢牢抓住了年轻女性消费者的心，称得上巧克力界的第一款流行美食。

再看咸味零食。1957年，爆米花登陆日本[40]。1968年，有史以来第一款以玉米为原料的国产膨化食品——明治制果的"卡尔粟米条"上市，确立了**"膨化食品"**这一全新的零食类别。我小时候是个对零食毫无兴趣的孩子，但卡尔粟米条请了我当时最崇拜的中山千夏拍摄广告，于是我也冲着她买了一包回家品尝，只觉得那轻盈爽脆的口感与奶酪的浓郁风味无比神奇，新鲜极了。

速食食品迎来黎明期

设在泥地间的老式厨房变成了西式的起居室兼餐

厅，矮桌则变成了西式的餐桌……人们的居住环境发生了巨大变革。电饭煲、电冰箱、烤面包机等家电也走进了千家万户，超市登上历史舞台，《今日料理》节目[41]也在 NHK 电视台开播了。在经济高速增长期，日本经历了一场又一场彻底颠覆传统饮食文化的变动。

如果要用一个关键词概括在这段激烈动荡的岁月担纲主角的美式食品，那么"**即食**"一定是最精辟的。

方便面[42]、即食咖喱[43]、速溶咖啡[44]。除了这三种"名作"辈出的即食食品，速溶味噌汤和清汤、速溶汤料、寿司调味粉、木鱼花新鲜包、速溶面汤粉、小包装

"日清鸡味拉面"刚上市时的包装

"梦咖喱"刚上市时的包装

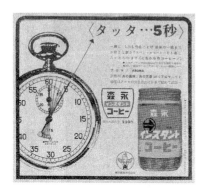

酱菜、速溶西式汤羹、茶泡饭海苔、杀菌软罐头（レト
ルト）[45]、冷冻可乐饼、冷冻饺子、茶包、松饼预拌粉、
速食布丁……绝大多数热销至今的即食食品都是在这个
时代打下的坚实基础。

　　随着日本食品加工技术的发展，日本人向"美式饮
食生活"迈出了一大步，而即食食品的崛起正是这一成
果的绝佳象征。新颖方便的即食食品受到了消费者的欢
迎，但与此同时，除干货和盐腌食品以外的那些不耐放
的传统食品日渐式微。社会上也有不少反对即食食品的
声音，说它们会导致主妇偷懒。

　　虽然 GHQ 力推家庭生活的民主化，鼓励夫妻分担
家务，却没能挡住由家庭主妇承担家务的近代家庭模式
的普及，以"工薪族丈夫 + 全职主妇"组成的小家庭在

"元禄回转寿司"道顿堀分店
（1960年提供：元禄产业）

经济高速增长期迅速增加。在这样的时代背景下，以美国的生活方式为蓝本的家务合理化竟遭到了日本人自己的批判，这实在是一件非常讽刺的事情。

然而，时代的大潮是不可阻挡的。大量生产→大量分销→大量消费的机制逐渐成形。电视机的普及使全国各地都能接收到同样的信息，制造商品牌的即食食品销往全国的角角落落。于是乎，日本人的饮食生活便走向了**等质化与统一化**。

让我们再将视线转向餐饮界。从昭和四十年代开始，销售荞麦面、咖喱饭、炒面、热狗的**立食餐馆**大获成功。虽然日本人一直都有在小吃摊现买现吃的习惯，但"站着吃完一餐像样的饭"还是非常新鲜的。于是立食餐厅便带着美式快餐的"廉价省时"属性获得了市民权。另外在 1958 年，第一家"元禄回转寿司"在东大阪市开业。1968 年，主打牛肉饭的"吉野家"启动连锁经营。在战后一度朝高档料理发展的寿司与寿喜锅也纷纷"返祖"，回归快餐路线。

综上所述，日本人在经济高速增长期朝着美式生活全力奔跑，眼看着就要追上了。然而，那个年代的物资依旧匮乏。出现在市面上的往往是部分模仿美国的"山寨版"。嗜好品在饮食生活中所占的比重的确有所上升，但饮食的流行极少超出家常菜的范畴，总体来说还是非常简朴的。超市虽在增加，可肉店、鱼店、酒水店和蔬果店等小规模零售店的生意依旧红火，支撑着本地居民的日常饮食。

今天的我们总会带着些许怀恋追忆经济高速增长期的生活。那时的街头巷尾还朝气蓬勃，走在街上的人们还意气风发，商店街也充满了活力。当年的日本"穷"得不多不少刚刚好，太奢侈肯定不行，但日子还是有那么一点点富足的。亲眼见证流行美食的登场，任新上市的软饮料、膨化食品与方便面撩拨心弦……好一个祥和闲适的时代。

注释

1　天武四年（675 年），天皇颁布杀生禁令，禁止民众食用牛、马、鸡、猿、犬。

2　据明治五年一月的《新闻杂志》报道，明治天皇为鼓励民众吃肉，亲自品尝了肉菜。此事也宣告了日本政府在实质上解除了肉食禁令。

3　每名士兵可领取白米六合。入伍后，一日三餐都能吃到白米饭。另外，明治政府还将牛肉引进了军队配餐。军用牛肉罐头的产量逐年增加，畜牧业却难以满足这方面的需求，以至于日俄战争期间牛肉的价格飞涨。用更易养殖的猪肉取代牛肉的情况逐渐增加，养猪场遍地开花。

4　出自《鸥外最大的悲剧》。铃木梅太郎于明治四十三年（1910 年）从米糠中成功提取出维生素 B1，而官方在大正时代才正式承认脚气病是缺乏维生素 B1 导致的营养不良病。海军军医高木兼宽认为脚气病起因于偏重碳水化合物的饮食习惯，鼓励士兵吃肉，将海军的餐食调整为以面包（后来改为麦饭）为主的主食搭配大量蛋白质、蔬菜等副食。而陆军军医森鸥外则主张脚气病是传染病，以主吃白米的饮食习惯为佳。

5　横滨第一家牛锅店"伊势熊"于文久二年（1862 年）开业。对牛锅进行改良，参考以猪肉为原料的牡丹锅，将牛肉切成大块，以酱油与味噌酱汁调味，再以铁锅慢炖的"太田绳暖帘"诞生于明治元年，同样开在横滨。它也是现存历史最悠久的牛锅店。

6　此处描述的是安政四、五年（1857 年、1858 年）的情况，福泽也是在同一时期当上了大阪绪塾的塾长。当时港口未开，东京和横滨还没有牛锅店，大阪貌似有两家。顺便一提，当时若想吃些更高档的东西，人们会选择鸡肉料理店。

7　东京的宰杀牛在明治元年仅为 7000 头，明治十年增至 2 万头，明治三十五年突破 20 万头。

8　明治二年开张的"木村屋（刚创立时的店名叫文英堂）"经过多年潜心研究，于明治七年推出豆沙面包。次年 4 月 4 日，明治天皇为赏花来到向岛水户藩下宅邸，品尝了木村屋进贡的面包，十分中意。木村屋就此成为宫内省御用商家。在这条新闻的助力下，豆沙面包瞬间爆红，连鹿鸣馆时代的流行语都首先提到了它："文明开化有七件利器，豆沙面包、瓦斯灯、报纸、照片、蒸汽船、陆蒸汽（火车）、氢气球（博览会）。"

9　位于东京中心，年久失修的武家大宅被纷纷转卖，改造为牧场，同时也在一定程度上缓解了武士的失业问题。

10　在没有冷藏设备的时代，"产地临近消费地"是牛奶产业的绝对条件。日本的乳品加工业始于城市，早期的牛奶店集饲养奶牛、挤奶、生产销售奶制品等功能于一身，身披号衣的配送员扛着大号马口铁奶罐走访顾客，用长柄勺子把牛奶倒进顾客拿出来的容器，称重收费。

11　尤其是《东京日日新闻》记者出身的岸田吟香经营的银座"乐善堂"的黎檬水，以"清凉甘美不用说，养生第一之良品也"为广告语，广受好评。

12　国产汽水的代名词"三矢汽水"的前身"三矢平野水"是明治十七年上市的，从明治四十年开始使用汽水香精。早在它之前，市面上就已经存在横滨的秋元己之助推出的"金线汽水"等品牌了。汽水的大规模流行始于明治三十三年引进王冠瓶盖。

13　不同于提供全套大餐的西餐厅，专卖炸猪排、煎猪排、咖喱饭等单品菜肴的平价食堂。

14　酿造啤酒本是殖产兴业政策的一部分，在明治二十年代正式启动，明治三十年诞生于大阪中之岛的日本第一家啤酒馆"朝日轩"连日宾客盈门。东京的第一家啤酒馆，

"惠比寿啤酒馆"也是人气爆棚,甚至出现过单日销量突破 1000 公升的情况。

15 《可乐饼之歌》在大正六年广为流行。由实业家、剧作家兼贵族院议员益田太郎男爵作词谱曲。他是"三井财阀大掌柜"益田孝的次子。

16 早期的咖啡馆有浓重的"文化沙龙"色彩,但真正流行起来的却是以穿着围裙的女服务生为卖点的咖啡馆,具有一定的情色业属性。店内主要提供啤酒、利口酒等洋酒和西餐。据说女服务生是领不到工资的,顾客打赏的小费是唯一的收入来源。

17 高举返自然主义的耽美派文学家、美术家参与的艺术组织。会员有北原白秋、木下杢太郎、石井柏亭、山本鼎等。会员将东京比作巴黎,将隅田川当作塞纳河,恳谈会的会场一般选在隅田川附近的西餐馆或咖啡馆。

18 有一种说法称土豆炖肉的发明者是明治四年至十一年间留学英国的东乡平八郎。他十分怀念牛肉炖菜的味道,便以酱油与糖代替西餐的烧汁(brown sauce),再现了这道菜,并将它引进了海军。"土豆炖肉"这个名词其实很新,人们是从 20 世纪 70 年代中期开始用它称呼此类菜肴的。

19 大米产量为 587 万吨,仅为 1946 年(正常年份)的 64%。

20 把勉强存下的和服等衣物逐一拿去农户,换回甘薯、大米等食品,这个过程好似一张接一张剥去笋皮,人称"竹笋生活"。这个词也成了 1945 年的流行语。据说当年公司会默许员工为了去农村交换物资休假。

21 美国漫画家契克·杨(Chic Young)从 1930 年(昭和五年)开始在报刊连载的漫画作品,描写了各方面都是平均水平的工薪族道格伍德与妻子布隆迪的家庭生活,可谓美国版《海螺小姐》,广受全国读者的喜爱。先是从 1946 年 6 月开始在《周刊朝日》连载,之后转战《朝日新闻》早报,从 1949 年元旦开始连载,直至 1951 年 4 月 15 日。

22　1948 年 2 月到 1952 年 11 月播出。

23　举办时间为 1950 年（昭和二十五年）3 月 18 日至 6 月
　　11 日。会场设在兵库的阪急西宫球场及其周边（约 6 万
　　坪，1 坪＝ 3.3057 平方米），吸引了大约 200 万名来客。
　　美国的最新科学仪器与日用品汇集一堂，还展示了美国
　　主要城市的大型全景图、白宫与尼亚加拉瀑布的模型。

24　为促进民主化，GHQ 放映了 400 多部 16mm 电影。人
　　称 "Natco 电影"（译注：放映电影时使用了 National
　　Company 的放映机，Nat+Co ＝ Natco）。以介绍美国优秀
　　之处的纪录片为主。据说在 1947 年起的 5 年内，全日本
　　共有 12 亿人次看过此类电影。

25　将金属板贴在木盒内侧，连接电极，再将面粉与发酵粉
　　加水揉成的面团放进木盒，通电后金属板便会发热。水
　　分一旦蒸干，电流就会自动切断，非常方便。

26　《主妇之友》1946 年 2 月号 "如何烹制以面粉为主的温
　　热营养主食"、3 月号 "可以当主食吃的面包与馒头的做
　　法"、4 月号 "面包的科学"、5 月号 "面包与面条的做法
　　与吃法" 等。

27　美国欲将大量的剩余小麦销往日本，大力拉动小麦消费。
　　美国俄勒冈小麦种植者联盟全额赞助了 1956 ～ 1960 年
　　由日本饮食生活协会主办的厨房车（营养指导车）烹饪
　　讲习会，条件是 "使用的食材必须包括小麦与大豆"。厨
　　房车开遍了全国 2 万处会场，参加者多达 200 万人，成
　　为铭刻在营养改善运动史上的一大宣传活动。同样得到
　　资金援助的全国饮食生活改善协会也在 1956 年举办了讲
　　习会，请来美国的面包专家传授面包的制作窍门，使美
　　式面包制作法普及至日本各地。

28　在 1958 年的畅销书《头脑——激活才能的处方》（河童
　　图书）中，庆应大学医学部教授、大脑生理学者林髞博
　　士称，"主吃白米导致的维生素 B 不足会妨碍大脑运转"，
　　提倡改吃面包。林博士曾在苏联留学，在巴甫洛夫门下

研究条件反射学。回国后听从海野十三的建议创作侦探小说，以"木木高太郎"的笔名在《新青年》杂志发表了作品。1937 年凭借《愚人》荣获第四届直木奖。据说他是"推理小说"一词的命名者，作为《三田文学》的编辑委员培养出了松本清张、柴田炼三郎等名家，堪称大众文学界的耀眼明星。

29　《Look Younger, Live Longer》，1950 年在美国出版，被翻译成 37 种语言，销量高达 4000 万册。日文版于 51 年上市。

30　1922 年（大正十一年），因脚气病死亡的人共有 26796 名，其中有 11373 名婴幼儿，每 10 万人中的死亡率为 46 人，创历史纪录，之后逐年减少。

31　80 年代的人气商品有 Guronsan（"五点开始精神的男人也喝"）、Regain（"你能不能 24 小时连续战斗？"）等。

32　战后的酒始于致死、致盲事故频发的"炸弹"（加水稀释的燃料、工业用酒精，非常危险）与渣酒（カストリ，劣质私酿酒的统称）的蔓延，只以喝醉为目的。直至 1955 年前后，去价格实惠却有着西方文化氛围的立式酒吧喝威士忌在都市工薪族之间流行开来。在"存酒"这种日本特有的销售方法的作用下，在常去的酒吧存了威士忌成了一种"可以稍微显摆显摆"的行为。

33　自 1946 年起，长期维持在 900 多万吨的产量一举创下了 1238 万吨的记录，之后一直稳定在 1000～1200 万吨，1967～1969 年更是连续 3 年大丰收，产量突破 1400 万吨，造成了大米供过于求的现象。

34　明治制果利用橘子罐头的副产品推出的罐装橙汁。配有开罐器的改良型也是具有划时代意义的发明。罐头比玻璃瓶更便携，而且看不到内容物，给消费者留下了"维生素 C 不会被破坏"的好印象，因此在昭和三十年代掀起了一波罐装果汁狂潮，各大厂商争相进军这一市场。

35　经销商武田食品工业利用了强化米的米粮店渠道，采用了按月收费、送货上门的销售方式，使"米店的 Plussy"深入人心，广受欢迎。

36　1957 年诞生的日本第一款带制冷装置的果汁自动售货机的改良版"街头绿洲"。这股热潮一直持续到 1963 年的冷夏。

37　1958 年上市。因喜剧演员榎本健一演唱的广告歌爆红，歌词是"嘿嘿呀嘿呀再来一杯，渡边的果汁粉哟再来一杯，好喝得教人牙痒痒呀，便宜到不可思议呀"。

38　1956 年被批准用作食品添加剂的人工甜味剂。因有致癌性在 1969 年被禁用。

39　由于甜精曾致人中毒死亡，且有致癌性，对人体有害，因此在 1969 年被禁用。

40　麦克爆米花有限公司进口了在第二届国际博览会展出的爆米花机与原料，推出了日本第一款袋装爆米花。

41　第一集（1957 年 11 月 4 日）的主题是"今日的饮食计划"，嘉宾营养师反复强调餐食是构筑健康体魄的关键因素。

42　1958 年 8 月，"日清鸡味拉面"（日清食品）上市。它改变了全世界的饮食文化，堪称战后最卖座的食品。

43　1950 年上市的"Bell 咖喱块"应该是有史以来第一款固体咖喱块。1960 年推出的"格力高 One Touch Curry"呈薄板状，可直接放入锅中化开（当时市面上的主流产品都是一大块，需要用菜刀切碎），因此广受好评。自那时起，板状固体咖喱块便成了业界的主流。1964 年上市的"S&B 特制咖喱"首次采用塑料托盘，令人印象深刻的广告语——"印度人看了都吓一跳"使它一炮而红。

44　1960 年，森永制果打出"百分百纯咖啡只需五秒"的宣传语，推出了第一款国产速溶咖啡。

45　大塚食品在 1968 年推出的"梦咖喱"是全球首款家用市售杀菌软袋食品。起初采用半透明包装袋，保质期较短（冬季 3 个月，夏季 2 个月）。

fash
ion
food

第 1 部

加速发展的
流行美食
20 世纪 70 年代

真正意义上
的流行美食元年

一切始于时尚杂志

在前史部分，我们将时针往回拨，走马观花地追溯了从江户时代到经济高速增长期的饮食潮流。在此期间，已经有众多流行美食的雏形在日本诞生了。不过从日本即将迈入信息化社会的 20 世纪 60 年代后期开始，这种倾向进一步地开始加剧。

能用"**安保**"（日美安保条约）与"**世博**"（大阪世博会）高度概括的 1970 年（昭和四十五年）开创了现代史的新纪元。也正是在这一年，颠覆日本人饮食结构的大事件接连发生，堪称流行美食史的转折点。

体现时代氛围的流行语从"大就是好"[1]"经济动物"[2]变成了"从猛烈到美丽"[3]。从这一转变也能看出，日本人自这一年开始对大量消费和埋头狂奔的经济高速增长所造就的扭曲（好比公害，又好比学生运动）进行了反省，物质的价值相对下降，精神层面的富足成了人们的新追求。

将这一倾向套用在饮食的世界，便不难推测出人们将不再一味关注食物本身，而是沉迷于消费信息，以追求更多的满足。一个百花缭乱的时代即将到来。

真正的流行美食之所以能在 20 世纪 70 年代开花结果，日本的年轻女性功不可没。芝士蛋糕、可丽饼、披萨等早期流行美食都是从《an·an》《non-no》等**新创刊的女性杂志**走出来的。这些杂志采用了颇具文学色彩的标题与文案，配以艺术性较强的照片，与以往的主妇杂志截然不同。源于"annon"这两本杂志的流行美食被赋予了一定的故事性。人们消费的不光是它们的味道，还有它们携带的信息。

最具划时代意义的是，时尚杂志把饮食与家务区分开了。编辑部在构思页面时几乎无视了家务属性的烹饪信息，而是重点强调休闲元素，这也许在某种程度上促使了女性群体逃离家庭内部的性别分工。流行美食将食品的属性从"义务"改写成了"爱好与休闲"，提出了一种全新的价值观，这或许带动了**年青女性的意识觉醒，不愿再禁锢于贤妻良母的形象中**。

（Wikimedia Commons）

　　在 20 世纪 70 年代的日本，职业女性不断增加。到了 70 年代中期，家庭主妇的占比开始下降。与此同时，在战后长大的众多家庭主妇也主动参与了饮食的爱好化与休闲化，这大大加快了流行美食的发展速度。

　　不过在细说 annon 之前，我们得先聊一聊"世博"。大阪世博会汇集了世界各国的"时髦又有趣的食物"，让日本人大开眼界。而这场空前的盛会也在日本的男女老少心中埋下了种子，促使他们在日后为流行美食痴狂。

在迷你未来都市邂逅正宗的美味

从学生运动的激烈骚乱到喧嚣的盛典——1970 年 3 月 14 日到 9 月 13 日，大阪世界博览会（日本万国博览会）在大阪市郊的千里丘陵地带隆重举行。

在占地面积约 100 万平方米的会场，你看不到一个钢盔，也看不到一个唱民歌的反战分子。放眼望去，人山人海，黑压压的一片，人群中的警官格外惹眼。当时甚至有人揶揄道，世博会最大的看点是游客。

参观世博会的游客总数高达 6422 万人次。而当年的日本总人口是 1 亿 466 万人，这意味着就算撇去回头客与外国游客不算，每两个日本人里就有一个光临了会场。不知不觉中，时代的象征从"匍匐在地的示威队伍"变成了直冲云天的"太阳之塔"。日本人遥想着"先进的技术文明"将会带来的美好未来，沉浸在充满希望的幻想之中。

世博会的卖点当然是能在 77 个国家、4 个国际组织、国外州 / 省与城市及 28 家国内民营企业建设的 116 座展馆亲身体验最前沿的科学技术。但与此同时，它也是一场**"万国美食博览会"**。园区内足有 300 余家餐饮小卖部，其中有 35 家被设在外国展馆内，掌勺的大多是从本国请来的厨师，食材也基本都是从产地直接运来的，它们向游客们展示本国最引以为傲的美食。

多年来苦苦追寻的外国美食竟在这座只有6个月寿命的迷你未来都市中主动来到了日本人面前，所以没有人能把持得住。虽然也有人抱怨那些吃的卖得太贵了，不合日本人的口味，或是工作人员听不懂日语，但不可否认的是，"亲自品尝正宗风味"让原本在日本止步于模仿的美式饮食与西餐瞬间走上了追求正宗的道路，也成了流行进一步升温的契机。

对参观过大阪世博会的人而言，"吃了什么"的确是个相当关键的问题。实不相瞒，当年的茫茫人海中也有我的身影。那年我还在上小学六年级，那是一个灼热的暑假。我隐约记得自己看着备受瞩目的美国馆与三菱未来馆门口大排长龙，只得掉头去其他小众展馆随便逛逛。唯有在澳大利亚馆小卖部买的汉堡包让我至今记忆犹新，因为它好吃得惊人。那是我这辈子吃的第一个汉堡包，动嘴前还是有些抗拒的。可是一口咬下去，我就被满溢的肉汁彻底折服了，忘我地咬了一口又一口。现在回想起来，那就是个很普通的汉堡包，但被食物感动成那样可不是常有的事。

在大阪世博会吃遍全球美食

"世博美食指南"也是当时的报纸杂志特别爱写的主题，读者们也看得津津有味。放眼所有外国展馆的餐厅，因价格之高让人们大跌眼镜的当属苏联馆的综合餐厅"莫斯科"。顾客们能品尝到来自15个共和国的70多种民族特色菜，座席数也有1200个之多，为园区之最。据说在那里能吃到5万日元一份的奢侈美食，但卖得最好的还是150日元的**俄式馅饼（pirozhki）**与300日元的**红菜汤（borscht）**。馅饼是委托给大阪的"Parnus制果"生产的，在关西地区风靡一时，十分火爆。

而法国馆的"Concorde"则以园区内最高档的餐厅自居。最便宜的套餐也要3000日元，酒单上尽是些名字看起来高端大气上档次的葡萄酒，价格比起菜肴简直有过之而无不及，喝杯白水都要钱。而且服务生只会说法语，搞得大家怨声载道，说"吃个饭还要诚惶诚恐，就跟在上课似的，人喝醉了也就算了，还把自己搞破产了"。不过法式蜗牛（escargot）这道菜倒是博得了一片掌声。神户的法棍专卖店"都恩客"（DONQ）开设的面包店也挨了不少批评，有人说面包太硬，有人说吃起来嘴疼，但最后的销售额却高达1亿7千万日元，使**法棍**为全国人民所熟知。

意大利馆的餐厅价格相对便宜，氛围好像也相对平易近人一些，老百姓也敢走进去。当那些只吃过甜口番茄酱的日本人品尝到用新鲜番茄熬制的番茄酱汁、用牛肉慢炖而成的波隆那酱（应该是番茄肉酱的原型，博洛尼亚肉酱）调味的**意大利直面和那不勒斯披萨**（都是250日元）的时候，他们一定感受到了不小的文化冲击。

至于稀罕的民族美食，关注度比较高的有阿尔及利亚馆的古斯古斯面（couscous）、印度馆的坦都里烤鸡（Tandoori chicken）、墨西哥馆的玉米卷（tacos）和中华民国馆的蒙古烧烤等等。因为女服务生穿着超短裙引发媒体热议的澳大利亚馆推出了袋鼠尾巴汤，新西兰馆的羊肉菜肴也很出名。

那个年代的日本人一听到咖啡，都会立刻联想到速溶咖啡粉。而盛产咖啡的埃塞俄比亚、哥伦比亚等国家的展馆都有现磨咖啡可喝。那醇香的味道，必定在日本人的舌头上留下了难以磨灭的烙印。虽说日本的咖啡馆文化早在战前就发展起来了，但"品咖啡"原本是只属于成年人的爱好。也多亏了这些展馆，日本才涌现出了一批青少年咖啡爱好者。话说 UCC 在世博会的前一年推出了**罐装咖啡**，起初生意惨淡，在世博园区却是销量喜人，并借此在全国打响了知名度。此事也成了罐装咖啡文化在日本开花结果的契机。

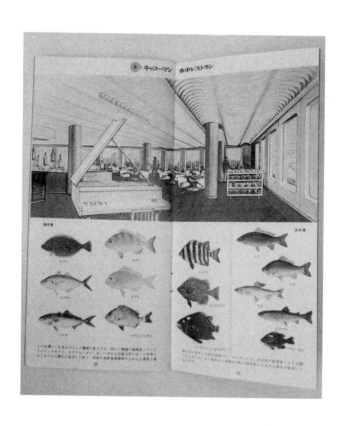

水中餐厅的菜单

（提供：EXPO CAFE）

Fashion Food
日本流行美食文化史

保加利亚馆的**酸奶**不添加任何甜味剂，也没有用明胶、琼脂等添加剂增稠。它的出现引发了之后日本国产酸奶的改革。有人用保温瓶把酸奶打包带回去细细研究，终于研发出了在1971年上市的第一款不甜的国产酸奶——"明治原味酸奶"。2年后，明治拿到了国名使用许可，将产品改名为"明治保加利亚式酸奶"。自此以后，保加利亚就成为了日本人眼中的"酸奶之国"。

日本的餐饮企业也不甘落后。龟甲万酱油开了一家"水中餐厅"，整个餐厅被包围在海水鱼水槽中。餐厅主打以酱油调味的西餐，还扮演了高级社交场所的角色，吸引了一批来访日本的外国明星。菜单也设计得十分豪华，不仅有精美的菜肴照片，还配上了菜谱，也许是为了宣传酱油的使用价值。龟甲万将掺有萝卜泥的酱油命名为"萝卜酱油"，将日式塔塔酱称作"塔塔酱油"，又给搭配肉菜的酱汁起名为"龟甲万肉汁"（Gravy），名字中透露出龟甲万要将酱油推上国际大舞台的决心。用当时还很稀罕的酱油调味汁做的沙拉居然要1000日元一份，肯定有不少顾客大吃一惊吧。

"空中餐室"也是颇有人气的餐厅。顾客要坐进可容纳四个人的旋转轿箱，一边在距离地面31米的半空体验20分钟的空中散步，一边享用装在午餐盒里的商

"空中餐室"

（提供：Kakikukekooji）

品。餐盒上印着可爱的插画，里面装了三明治与饮品，在当时显得十分新奇。虽然盒子里的东西平平无奇，耐不住纸盒设计精美，图案可爱，把纸盒带回去当伴手礼的人也有不少呢。

据说元禄回转寿司也是因为在世博园区开了店，才接到了来自全国各地的传送带订单。

不过论知名度与对后世的影响力，哪家餐厅都比不**上美国馆。**

向往已久的美国风味登陆日本

1970 年素有"**餐饮业元年**"之称。因为在 1969 年，餐饮业实现了彻底的资本自由化，以美国为首的外国企业开始进军日本市场。

得斯清（译注：Duskin 日本清洁服务公司）与"美仕唐纳滋"（Mister Donut）[4] 携手，东食（译注：专业食品商社）与英国的汉堡包连锁品牌"WIMPY"[5] 建立了资本合作关系，三菱商事成立了"日本肯德基"，西武和美国最大的甜甜圈连锁品牌"唐恩都乐"（Dunkin' Donuts）[6] 启动了业务合作。同年 5 月，日本首家汉堡包连锁店"DOMDOM"[7] 在东京町田的大荣百货店开张。Skylark（すかいらーく，刚开业时写作片假名スカイラーク）在同年 7 月于东京国立开第一家门店。同年 9 月，"小僧寿司"也在高知市开张了……在 70 年代迅速崛起，在全国范围内迅速铺开的家庭餐厅与快餐连锁品牌都是在这一年接连开业的。原本以个体户为主的餐饮界正式迈入"产业"的阶段，小家庭与年轻人也能经常去餐馆享受美食的生活方式日渐兴起。

在世博会的美国区，福冈的餐饮企业 **ROYAL** 凭借美式批量烹饪大获成功。早在 1962 年，它便率先建立了中央厨房。如今 ROYAL 已成日本餐饮界巨头，旗下有家庭餐厅"Royal Host"、主打天妇罗与天妇罗盖饭的"天屋"等品牌。

原本要进驻美国馆的是美国连锁餐饮品牌"Howard Johnson"[8]，谁知公司认定远赴日本的展馆开店绝对要亏钱，在世博会开幕的前一年谢绝了邀约。于是ROYAL便应美国大使馆的要求临时顶上了。美方提出的条件是"有合理的厨房设备、有烹饪美国食品的经验知识、有中央厨房、满足保健卫生方面的标准"。据说ROYAL接到邀请后曾让央厨满负荷生产，以测试其生产能力。他们认为这是一个学习美式连锁店体系的好机会，便做好了亏损的思想准备，豪赌了一把。

ROYAL总共运营了4家店，分别是自助餐厅、牛排馆、外带小卖部和肯德基实验店。美国馆展出的"月亮石"吸引了大批游客，排队等候3、4个小时才能入场也是常有的事。馆内的餐厅也都座无虚席，单日营业额高达500万日元，毫不费力地达成了每天200万的既定目标。为了不输给苏联馆，美方还派出空军专用机运送牛肉，展开猛烈的宣传攻势，总营业额高达11亿日元，为园区餐馆之首，把亚军"莫斯科"（7亿日元）远远地甩在后头。

为什么会有那么多顾客光临呢？那是因为在战后的25年里，日本人一直以美国的饮食文化为理想。仰视多

美国馆的"ROYAL 自助餐厅"
（提供：ROYAL HOLDINGS）

年的东西突然以如此具体的形式出现在自己眼前，岂有
不去之理啊。

　　在装潢摩登的自助餐厅里，顾客想吃什么都可以
尽管拿了放在托盘上，最后一起结算。这种自助服务的
形式在日本人眼里显得格外新鲜，而且他们也切身体会
到，这是一种非常合理的体系，能迅速满足大量顾客的
需求，而不至于让客人苦等；牛排馆装修得特别有味
道，再现了开拓时代的美国南部风情。厚实的美国牛排
更是完美满足了日本人的牛肉信仰；在外带小卖部，顾

"肯德基"实验店

（提供：日本肯德基）

客能买到足有 20 厘米长的巨型热狗和汉堡包；飘出诱人香味的肯德基门口总是大排长龙。

我有位朋友当时就在那家自助餐厅当勤杂工，负责收拾桌子（现在已经是著名的料理摄影师了）。听说店里卖的美式炸鸡鲜嫩多汁，和口感很柴的干炸鸡块（唐揚げ）截然不同，让当年的他发自内心地感动，不由得感叹"原来世上还有这么好吃的东西啊"。他还说，不习惯在自助餐厅消费的客人常会把找零忘在托盘上，让他额外赚了不少零花钱。

自助餐厅的肉扒销售记录是一天 2600 份，牛排馆的牛排则是 1800 份。由于战后长期忍饥挨饿，日本人心底都埋藏着近乎怨念的愿望——"有朝一日绝对要吃肉吃个饱!"而世博会终于让大家实现了夙愿,也象征着日本终于迎来了繁荣的时代,想吃什么都能从外国找来。

ROYAL 在世博会的成功,也让美式"**家庭餐厅**"业态打响了知名度。日后,它将与快餐一同引领日本餐饮业的发展。

"家庭餐厅"(Family Restaurant)一词是日本人发明的,意为"全家人都能安心用餐的餐厅"。早期的家庭餐厅身披 20 世纪 50 年代的美国文化特有的时尚感登上历史舞台(那时的美国是真的富足),通过简化烹饪和菜品服务的标准化实现了实惠亲民的价格,使"外出就餐"这种曾经很特别的行为走向了大众化。在 60 年代普及的即食食品与家电产品,再加上 70 年代发展起来的餐饮业,使日本人的饮食生活朝着结构改革迈出了一大步。

"下厨"成了兴趣爱好,"吃"成了休闲方式

在世博会尚未开幕的 3 月 3 日,平凡出版(如今的 Magazine House)旗下的女性杂志《an·an》的创刊号与读者见面了。杂志共有 142 页,定价 160 日元。目标读者群体是白领丽人与女大学生。当年的杂志一般都是 B5 或 A5 规格的,内页采用铅版印刷。《an·an》却颠

覆了业界的常识，选用了"A4变形版"这种偏大的规格，所有页面均采用凹版印刷，而且整本都是彩页，给人以生动鲜活的印象。其内容也与以往的女性杂志截然不同。

传统的服饰杂志会附赠纸型，内容以洋装的缝制方法为主，而《an·an》却只介绍成衣。专业的"造型师"去精品店借来成衣、鞋子与配饰，搭配好给模特穿上拍照，再把销售这些商品的店名写在照片旁边。这种手法借鉴了《ELLE》《VOGUE》等购物指南型欧美时尚杂志。

模特们把最新潮的成衣演绎得格外动人，而且造型师会刻意选择价位合适、读者们承受得起的衣物，撩动女孩子们的购物欲。一张张时尚硬照充满了故事性，即便放在今天也一点都不过时。这样的时尚杂志几乎与商品目录无异。《an·an》就这样把关于裁缝的实用技巧（这曾是女生出嫁前的必修课）转化成了能在消费时派上用场的有趣信息，成了日本第一本专为"购物"服务的时尚杂志。

同样的手法也被运用在了食物上，"食物造型师"与"餐桌造型师"等职业应运而生。他们的工作是向商家借用（有时是购买）外形时髦、颜色靓丽的餐具，厨具与桌布等配件，搭配新奇的西洋蔬菜与饮品，摆好拍照。

　　在贤妻良母型主妇杂志里关于做家务、带孩子的实用技巧类文章占了大头，而时尚杂志却把这些内容毫不留情地排除在外；主妇杂志的烹饪页面简直跟家庭课的教科书一样，完全以"男主外女主内"的性别分工为前提，《an·an》却推出了题为"Menu of Road"的美食指南连载专栏，配有可爱手绘地图，算得上是美食探店专栏的开山鼻祖了。它不像名家写就的料理随笔那样富有启蒙性与教育性，而是把食物放在了和时尚配饰、热门电影等同的位置加以评论，并加入了许多强调休闲感的美食情报。后来专栏自成一派，演变成了后来的《Hanako》。

　　《an·an》的创刊号聚焦了六本木地区的美食，摄影师加纳典明推荐了旧防卫厅隔壁的犹太餐厅"Kosher"（译注：意为洁食），说"他家的芝士蛋糕超级美味"。据我个人推测，这家店兴许就是早期流行美食的重要元素、引爆"自制热潮"的芝士蛋糕的发源地之一。

　　起步较晚的《non-no》在烹饪领域独树一帜，而《an·an》则相对更擅长逛吃指南。刊登在《an·an》第15期（1970年10月20日）的"an·an COOKING"极具象征意义。还不到四十岁的伊丹十三将3种"不用生菜的、极不日本的沙拉"摆在敞篷车的引擎盖上，自己却站在后面抽烟，那表情别提有多张狂了。

把做菜称为烹饪，凭添了几分趣味。在主妇杂志看来离经叛道的食物与香烟组合在了一起。无需复杂的加工处理，把蔬菜丢进盆里就算大功告成的沙拉成了主角。把这一切理解为对一成不变、被义务感紧紧束缚、不自由到极点的家常菜的抵抗，算不算过度解读呢？

"打扮可不单单是把布穿上身哦。'脱'也是一种打扮。踩节拍、跳舞、说话、吃什么、怎么吃、住哪里、去哪里旅行……这都是时尚。（中略）在信息化的70年代，与年轻的读者朋友们一道探寻广义时尚的未来，正是感观（feeling）杂志'an·an'的主旨。"

《an·an》第7期（1970年6月20日）的刊头页明确宣布，生活中的一切都是时尚。天知道它所释放的信号让年轻的姑娘们获得了多大的解放。因为贤妻良母必备的烹饪技能竟然变成了**打磨感性与个性的时髦技能**。

谈及"文风"，《an·an》的标题与正文使用了大量的第一人称与口语文体，行文随意又轻佻，上了年纪的人看了怕是要皱眉头。可那又如何？仔细看上一遍，你就会发现那些文章的信息在质与量这两方面都达到了很高的水平，绝非现在的杂志可比。

将旅行与时尚有机结合在一起的专栏构思也是《an·an》的一大卖点。"旅行"总是和"当地的美食情报"成对出现的，于是在旅游页面穿插美食指南便成了标配。

1970 年，国铁发起了"探索日本"的促销活动，《an·an》则借机发布了国内旅行专栏——"走出城市"，编辑部选择的外景地总是古旧的小镇。出国时也不光去巴黎与伦敦这样的大城市，还远赴安达卢西亚乃至摩洛哥的乡下小镇。在这些地方邂逅的乡土菜肴与点心虽然带了些土气，却也稀罕，一跃成为和巴黎的羊角包、可丽饼平起平坐的流行美食。在文字的衬托下，深山里的手打荞麦面与味噌田乐也触动了读者的心弦。这些"走出城市派流行美食"也为"博多牛肠锅"（モツ鍋）、"布列塔尼黄油蛋糕"（kouign-amann）的爆红奠定了基础。

1971 年 5 月由集英社创刊的**《non-no》**可谓全方位看齐《an·an》，从"一切皆时尚"的编辑方针到外观样式都沿用了《an·an》的风格。不久后，人们便看到了一群群用手臂夹着这两本杂志，穿着最时髦的衣裳去日本各地旅行的姑娘。**"annon 族"**成了最流行的新词。

《an·an》引领着六本木族（译注：特指在日本即将进入经济高速增长期时聚集在六本木的年轻人）的最新时尚，而《non-no》以"争当主角的姑娘"为目标群体，进一步强化了逛吃板块，并把普通板块和实用板块分别定位为"心灵时尚"与"硬时尚"，深耕烹饪主题。

《non-no》的烹饪页面在餐具与餐桌周围的布置、硬照的拍法等技术层面也是独树一帜，为我这样的美食编辑提供了不少教材。当然，教材有正面的，也有反面的。

时尚杂志将女性从家务中解放出来，把做饭变成了名为"烹饪"的兴趣爱好，把吃饭变成了名为"逛吃"的休闲活动。在这些杂志的陪伴下，女生们追逐着变幻多端的流行。她们将在 20 世纪 70 年代为故事消费全盛期的流行美食大唱赞歌。

时尚杂志的
表现手法直击
女生的"感观"

《an·an》与《non-no》"新"在何处？

　　下面就让我们细细解读刚创刊时的《an·an》与《non-no》，聚焦它们的美食版块，围绕它们"新"在哪里、又孕育了什么进行一番考察吧。

　　不过话说回来，用今天的眼光去品鉴当年的 annon，你也会觉得它们很潮，无论翻到哪一页，都全然没有老土的感觉。不仅不老土，还都是些让人忍不住要用心读上一读的特辑。我甚至能透过文字清楚地感觉到编辑们灼热的激情——"我们要颠覆传统！"。

　　《主妇之友》（主妇之友社）、《妇人公论》（中央公论社）等 20 世纪 60 年代之前的主妇杂志与妇女杂志全都以启蒙实用型文章为主，旨在教导读者。读者们则通过铅字学习能在生活中运用的实用知识、社会问题与政治意识等等。有这样的杂志可看，当然也是很幸福的，然而主打彩页的 annon 有着截然不同的视觉效果。读者光看页面，便能感受到接连不断的刺激与冲击。抢眼的标题、信息量十足的正文也有强烈的说服力。

　　两本杂志的页面内容是在创刊两三年后逐渐形成固定模式的，而在那之前的美食版块简直能用"为所欲为"来形容，每一期都有独立的特辑，能看出编辑部摸索试错的痕迹。70 年代的女孩子们因经济高速增长获得了巨大的消费力，而如此确立起来的 annon 美食版块直接作用于她们的"感观"，将她们培养成了**流行美食的急先锋**。在我看来，其中的关键也许就在于我们接下来要重点分析的表现手法。

归根结底还是崇洋 —— 尤其是对法国的顶礼膜拜

　　在《an·an》创刊号（1970 年 3 月 20 日）的刊头特辑"幸会！我是 an·an 的代表！"中，行动派时尚模特立川由里⁹前往欧洲旅行。在特辑的第一页，她便向读者们高声汇报了在飞往巴黎的法航客机里吃到的飞机餐 ——"日本空姐送来的夜宵有美洲红点鲑的冷盘、小纹鸡佐猎人酱汁（chasseur）、法式小青豆、奶酪、水果派和咖啡。第一顿法餐都那么好吃！！"虽然读者不能通过菜名想象出具体的形象与味道，但还是会留下"正宗的法餐特别美味"的印象。

《an·an》不仅参考了欧美人的服饰，更是在生活文化的方方面面以欧美为典范，尤其崇拜法国。不过这也难怪，因为它毕竟是作为法国女性杂志《ELLE》的日本版上市的。那种崇拜劲儿直教人联想到明治维新时期的西餐礼赞。精美彩照中的法餐仿佛已近在咫尺，就算自己不是上流阶级，也是触手可及。

这种倾向在《non-no》中进一步升级。编辑部将法餐定位为最高级的美食，三句话不离**巴黎**。

创刊一周年纪念号（1972 年 6 月 5 日）的全力大特辑"你的巴黎"介绍了一批"巴黎最棒的美味"。看到特辑的内容，你定会不由得感叹："《non-no》果然厉害得可怕！"选昭和天皇前一年访问欧洲时品尝鸭肉的地方还算是顺理成章，毕竟大家对这件事还记忆犹新。可特辑介绍的其他餐厅呢？专吃猪脚的、专吃奶酪的、专吃鱼的、专吃蜗牛的、专吃蛙肉的……虽然都是毫不逊色的一流名店，却是个性强烈，角度刁钻，只有法国通才会去。

在日本人看来"稀奇古怪"的食材都被描写得分

外时髦，撩动着女孩子们对奇特食品的好奇心。说不定这个特辑也为 20 世纪 90 年代初爆红的内脏类流行美食（博多牛肠锅、形似蛙卵的木薯粉珍珠与兰香子）夯实了基础。

"巴黎连水果都那么时髦"（1972 年 8 月 20 日号）——正如这个特别直截了当的标题所体现的那样，断定"法国的一切皆时尚"的态度明确了流行美食日后的进化方向。

用口语化来贴近女生的"言文一致运动"

annon 的读者群体是 18 至 24 岁的女大学生与白领女性。而杂志的行文也大量采用口语，营造出"同龄人与自己聊天"的氛围，调动读者的情绪，同时也把"美食与用餐"彻底切换到了休闲模式。

瞧瞧下面这段介绍可丽饼的文字就知道了。"你听说过'可丽饼'吗？加进咖啡的奶粉？那是 creap 啦。在巴黎啊，可丽饼是一种薄薄的煎饼，就跟日本的摊面饼（どんどん焼き）似的。用饼把黄油、糖、朗姆酒、果酱什么的卷起来，一折四再吃。餐厅里也有，但是在街边小摊买了边走边吃才开心呢。这样才有巴黎范儿。"（"看到这样的人就会不由自主地感叹，啊～好巴黎呀"

《an·an》1970 年 5 月 20 号）

"店里有位文静又可爱的老奶奶，仿佛是从易卜生的小说里走出来的。店里摆着各种有趣的书，一边听爵士乐，一边翻看《原色蜘蛛类图说》什么的，感觉特别合适呢。"（"Menu of Road"《an·an》1970 年 5 月 20 日号）——这段文字介绍的应该是神户的爵士乐咖啡馆。

还有"猎艳"指南呢。在东京赤坂的冷饮店，"吃着水果，喝着色泽鲜艳的鸡尾酒，不是很浪漫嘛？这里原本是水果店，有得是用水果做的佐酒小食。到了晚上，特别有情调的乐曲从红色的电子琴流淌而出，好不意乱情迷"。（"和闺蜜一起去喝酒好不好～"《non-no》1971 年 6 月 20 日创刊号）

介绍东京三鹰的咖啡馆时，撰稿人更是不动声色地发表了几句过激言论。"老旧的小店。江户时代的刀、印盒和炸弹什么的，跟古董店一样堆满了东西。客人也是啥样的都有，有年轻的，也有老爷子。4 个留着长发的乐队男孩在店里开会，说：'我们一直来这里的。这家店好就好在一杯咖啡只要 70 块，不要太便宜哦！'今天的会议主题是日本的摇滚乐，还有粉碎入管法、消灭佐藤 etc. 捧着店里的炸弹高呼'和平！'什么的。"（"带感的咖啡馆"《an·an》1971 年 6 月 20 日号）

探店指南被写成了生活杂记，颇有些交换日记的感觉。撰稿人不露痕迹地将知性的话题嵌入平实随意的文字。这样的文章肯定完全契合了走"高等游民"路线的女生的心理。和日后的桃尻语[10]相比，时尚杂志的文字已经很文雅了，但还是和传统主妇杂志、妇女杂志的教科书口吻形成了鲜明的对比。annon 的口语文体，也许称得上 70 年代女生的**言文一致**革命。

餐具与厨房用品成为时尚摆件，美食硬照化作虚构的故事

如前所述，《an · an》与《non-no》写明了模特身上的衣服、鞋子与饰品能在哪里买到，定价又是多少，有着商品目录的功能，这样的时尚杂志在日本是前所未有的。它们也用同样的方式向读者介绍了各种厨房用品与餐具。

"会吹哨子的水壶／水咕嘟咕嘟烧开了，水壶就会'哔哔'地响，通知我赶紧关火，就好像家里多了一位忠实的女仆。最适合健忘的小傻瓜啦。颜色是最适合水壶的银灰色哦。2400 日元。索尼大楼，PLAZA STORE 有售"、"白色毛刷／茶色的龟之子毛刷多没意思啊。厨房好像都变得阴沉了。有了这样的毛刷，餐后的洗碗刷盘都会变得有趣呢。可你担心它洗不干净？放心吧，我拍胸脯保证，清洁力绝对没问题，因为我是试用过

的呀。240 日元 / 350 日元，PLAZA"（"Bon Marché"
《an·an》1970 年 4 月 20 日号）

　　时尚杂志介绍的厨房用品虽然也有一定的功能性，
但它们最吸引人的地方终究是**外观的可爱与新颖**。

　　模特穿着流行的服饰，在最称这身衣服的风景中
（比如在古色古香的京都小径穿着迷幻风的喇叭裤套
装；在轻井沢穿牛仔布做的拖地款长裙等等）拍摄外景
照 —— 这是 annon 最大的卖点，而同样的手法也被运用
在了食品上，每次拍摄都是大费周章。

　　在拍摄食品硬照时，如果把食物比作模特，那盘子
就成了衣服。但食物毕竟不是活人，不会根据指示摆出
各种动作，所以只能把它们固定在一个位置拍。而且就
算要拍的是早期美式风格的糕点，也没有足够的预算与
时间飞到美国去拍，所以编辑部必须在拍摄前构思好能
烘托出美国怀旧风情的餐桌造型，画好分镜稿，再根据
稿子准备大量的餐具、各种小摆件与家具，统统搬进摄
影棚，想方设法营造出像模像样的情景。

　　假设拍摄主题是早期美式风情的代表 —— 苹果派，
那就得找一张乡村风格的餐桌，放一块白木板上去，再
把一块苹果派盛放在印着可爱图案的盘子里，配上木棉
餐巾与叉子。周围摆上边缘有点褪色的珐琅马克杯与朴
素的小奶壶，还有满满一篮子鲜红的苹果与花束。餐桌

1972 年 1 月 20 日、2 月 5 日合并号
（摄影：増渊达夫、集英社）

Fashion Food
日本流行美食文化史

1

2

イタリア料理

パスタとカンツォーネがつくる味の饗宴。
太陽とカンツォーネの国は味覚の宝庫です。

アントニオ〈東京〉

ぷりそそぐ太陽の日ざしは強く、オリーブの葉はキラキラまぶしい。太陽の国＝イタリアはパスタ料理のおいしさ、キャンティの芳醇さで、ローマの昔から味覚の芸術をリードした味覚の宝庫といわれてきました。

イタリア料理は世界じゅうでいちばん食べることの大好きな国民。おいしいもの好きといっぱい食べる。ことに、トッテモ食べ、古くから、食べよう、飲もう、楽しもうと三拍子そろえた味覚精神をとても大事にしています。この精神が、イタリア料理の独特の味を作り出しているようです。

イタリアといえば、すぐ思い浮かぶのがスパゲティ。北から南へ、太陽長靴のひざから下が……色も形も味も違います。親しみやすいボローニアふう……というように、このスパゲティやマカロニ、ニョッキ・フェトチネなどを使ったメン類はパスタ料理と呼んでいます。イタリアのコックさんはパスタを極めによくゆでることはかか……の国のどんな名コックでもできない……と誇りと細心の注意を払うのです。

その他「リゾット」
（米料理）、ピッツァもイタリア料理がよく知られます。また、地中海の豊富な魚、子牛肉を使った、魚、肉料理にも魅惑の味陽気に食べることが大好きなイタリア人は、ワインを手放しません。キャンティはイタリア・ワインの代名詞。キャンティを飲まずしてイタリア料理を食べることは、太陽の照らない一日と同じようなものといわれるほどです。

1・スパゲッティ・カルボナーラ　卵とベーコンをバター炒めしたため、スパゲティとまぜ合わせた日本人の舌に合いやすい、人気料理。

2・グリーンフェトチーネ　ほうれん草の汁を使った、きしめん状のパスタ料理。こってりした味が特色。

3・スパゲッティのアサリソース　トマトソースにアサリを入れ煮込んだソースはイタリアふうのコクのある味。

4・ニョッキ　裏ごししたじゃがいもと小麦粉を使った……

5・ローマふうモッツァレーナ　牛乳、小麦粉、卵を使ったもの、アンチョビチーズの……軽食、お酒のおつまみ……

36

时尚杂志的表现手法直击女生的"感观"

81

后面露出一点椅背，远处还得有典型的美式小屋的窗户，就能让人联想到《绿山墙的安妮》。

苹果派已然成了演绎"早期美式风情"这个故事的小道具之一。以极具装饰性与时尚性的手法呈现围绕食物的虚构故事，这就是 annon 的美食硬照的风格。

要拍摄"英式午后红茶"，就得用 Wedgwood 的茶具套装。要拍摄"法国贵妇钟爱的玛德莲蛋糕"，怕是要若无其事地在旁边摆一本法语版的《追忆似水年华》。**过剩的故事性**几乎发展到了"捏造"的地步，足以让美食摆脱主妇杂志的实用一边倒状态，飞向兴趣爱好的世界。

照理说逛吃指南的照片应该有较强的纪实性，时尚杂志却为它增添了故事性。在将"（意大利人）对美食大快朵颐，真是贪婪。／使劲吃、使劲喝、使劲享受的味觉精神"视觉化的餐厅"安东尼奥"（"能在日本品尝到的全球美食大特辑"《non-no》1972 年 1 月 20 日、2月 5 日合并号）拍摄的照片堪称早期 annon 美食硬照的里程碑。桌面造型极尽奢华，天知道编辑部是怎么拍的。

话说专注食品的造型师是进入 20 世纪 80 年代之后才诞生的职业。当年的编辑们都是频频造访餐具专卖店、杂货店与古董店，搜寻契合主题的商品，以刊登店名与商品价格为条件，向店家免费借用商品拍摄的。

桌子等大道具主要由美食摄影师负责。为了用老旧的板材把餐桌打造得更有味道，他们一听说有老宅要被拆除的消息，就会立刻奔赴工地捡些废料回来，还会用旧玻璃与木材亲手做玻璃窗呢。所以我们才会在同一位摄影师拍摄的不同照片里见到似曾相识的餐桌与窗户。

刚入行的时候，我也做过不少和摄影有关的苦活累活。为了打造西班牙风情的墙面四处寻觅素烧瓷砖，好不容易借到了，却因为量太大、分量太重站在路边不知所措；在摄影棚里用力压烫布料，忙活了一整天，累到全身肌肉酸痛；熬夜编稻草制作有农家风情的小道具……富有故事性的餐桌舞台，其实是靠挥洒汗水的肉体劳动撑起来的。

现如今已经有了专为美食硬照提供道具出租服务的商店，虽然租金比较昂贵，但省了不少劳力。装饰得格外花哨的美食照片也不受欢迎了，故事性稀薄的简约风格更受青睐。

从少女小说路线到纯文学路线 —— 通过文本强化故事性

Annon 的文本进一步强化了硬照的虚构性。编辑部将浪漫主义、抒情性与小知识融入平易近人的口语，提升了美食的附加价值，有时甚至大胆尝试了美食的纯文学化。

"西柚有太阳的味道""你的草莓之爱""吻上冰淇淋""酸酸甜甜的秋之宝石——苹果物语"……《non-no》的真本领在这些堪比少女小说与少女漫画的浪漫标题上体现得淋漓尽致。"与美食坠入爱河"是传统主妇杂志绝不会有的创意。照《non-no》的说法，"听着法国香颂做的三明治格外美味"呢。

食品拟人化从"鲜红可人的番茄物语"（1972年8月5日号）开始。"鲜红闪亮，戴草帽不要太合适，就跟女孩子一样。不知道为什么，番茄并不是水果，而是茄科的蔬菜。所以它才一点都不傲气，一点都不装模作样吧。这种自然的感觉，才是番茄的可爱之处。"

当时社会上刚好掀起了一小股"番茄热"，番茄图案的T恤衫与手帕很是流行。番茄"温柔又可爱，还讨人喜欢"，而且"一身土味、活力十足、朴素幽默、水水灵灵"。想和这样的番茄同化的愿望透过字里行间满溢出来，好不温馨。日后的料理研究家们之所在电视烹饪节目中将食材称为"鱼儿们""蔬菜们"，也许源头就出在这儿。

《non-no》的美食特辑一般由4个部分组成，分别是常识页面（讲解这款食品的历史与文化）、商品目录页面（介绍食品本身及周边杂货）、烹饪页面（介绍自己动手做的方法）和逛吃指南页面。

特别值得一提的是，**常识页面**的内容极其丰富，干货满满。以"红茶就是潮 —— 找个人一起喝茶吧！"（1972 年 9 月 5 日号）为例，撰稿人从英国的社会习惯"下午茶"与普通午茶的区别讲起，一路追溯到古代中国的茶文化，探究奶茶的起源，最后以标准的伦敦式泡茶法收尾。每个特辑都有这么大的信息量，如此夸张的通识教育甚至会让人产生消化不良的感觉。天知道读者们靠这些文章获取了多少美食知识。谁要是能把文章里提到的都记住，绝对会比专业厨师更博学。

过剩的抒情性也催生出了带有纯文学色彩的文字。我们不妨对比一下同样以煎蛋卷（omelette）为主题的两篇文章。一篇是《non-no》的"煎蛋卷的灵魂"（1973 年 3 月 20 日号），文风还是比较内敛的 ——"有人说，法餐始于煎蛋卷，也终于煎蛋卷……煎蛋卷中有法国人的灵魂。"可《an·an》的"煎蛋卷的故事"（同年 9 月 20 日号）是这么写的："插起一块煎蛋卷送进嘴里，便是巴黎的口感。仿佛能听到脚踝有着动人曲线、步履轻盈的巴黎丽人在清晨走过石板路时响起的脚步声。

（中略）

也许煎蛋卷是最能体现烹制者心情的菜肴。所以它特别难做，天知道新手要被主厨掀翻多少次锅子才能掌握。而且当你将对某人的爱意深藏在心底时，手兴许会发颤，于是就煎不出漂亮的蛋卷了。你的所思所想，仿佛都写在了小小的蛋卷上。所以对历代一流厨师来说，煎蛋卷也许都是烦恼的源头。最有人情味的主厨尤其容易为它苦恼。／每每见到煎蛋卷，我都会产生一种不可思议的心情。那触感冰凉的纯白色角质中，竟隐藏着这样的秘密。／不尝一尝煎蛋卷，就不知道它的内部是何等的松软柔滑，就不知道那一口小小的煎蛋卷中包含着多么柔美的旋律。／触感轻盈的喃语，教人产生放声歌唱的冲动"。

撰稿人试图将煎蛋卷神圣化，一遍又一遍，简直没完没了。最后还建议读者亲手实践一番："请从堆成小山的鸡蛋里轻轻挑出几枚。要尽可能挑看着好像有秘密的、装模作样的。／然后做做看。做一份快乐的煎蛋卷。有着通晓人心的颜色与形状，承载着心动的煎蛋卷。"女孩子们看到这样的文字该有多么心动啊。毕竟在这样的文章里，烹饪被定位成了比兴趣爱好更高级的东西，也就是"某种带有节奏感的游戏"。

站在异邦人的视角重新发掘"日本的乡土味道"

在大肆夸赞法国、欧洲和美国的同时，*annon* 也频频聚焦小地方的传统食品，以及流传在东京平民区的那些朴素却也考究的美食。与其说这是在"回归传统"，倒不如说是崇拜西方的女生们**站在"异邦人"的视角**重新发现了稀罕的日本美食，绕了一个好大的圈子。

京都、奈良、神户、镰仓、金泽、飞驒高山、北海道等旅游胜地屡屡登上 annon 的旅行板块，不过会津若松、萩、津和野等略偏小众的城下町（译注：以城郭为中心建立起来的都市）也是他们拿手好戏。编辑们有时甚至要远赴牡鹿半岛、纲走等"十八线乡镇"，发掘当地特有的好味道，在每一期杂志中介绍给读者。

这里的"好味道"并不是什么特别的美味佳肴。在朴素的日常食品中品出异国情调，正是"异邦人视角"的精髓所在。与此同时，城里姑娘在乡间邂逅手工烹制的温情，邂逅在批量生产的即食食品的打压下日渐消逝的"故乡的味道 / 妈妈的味道"时产生的万分感动也在文字中有所流露。好比这一段 ——"正因为这里是群山环绕的城下町，才能找到那么多源远流长的好东西，朴素却别有一番风味。这里没有机器的冰凉，唯有亲手烹制的美味，让你暖到心里。"（《an·an》1970 年 11 月 20日号）

乡土美食与人们对慢食（译注：slow food，慢食运动由意大利人卡尔洛·佩特里尼提出，旨在对抗日益盛行的快餐。运动提倡维持单个生态区的饮食文化，使用与之相关的蔬果促进当地饲养业及农业）和地产地消（译注：当地生产当地消费）的关注，以及守护本地文化的精神结合在一起，至今人气不减，只是在经济高速增长期之前，它一直与贫穷、土气这样的负面印象相伴。曾几何时，在旅行目的地品尝到的特色美食都隆重得很，特别得很，与日常生活相距甚远。而 annon 逆转了这股潮流，对带有烟火气的"日常食品"给予了高度评价。乡下的味道就此获得了商品价值，而这也体现出城乡的生活样式开始逐渐靠近，全国的饮食也开始日趋同质了。

小地方的乡土味道不仅在旅行目的地得到了关注，在城里的逛吃场景下，它们也成了受欢迎的商品。"乡土料理——总是带着几分土气。味道也很土呢。但这种味道却教人难以割舍。它独到的好处，会让你下意识地感叹，'真是败给你了呀'。舌尖上的美味，就这样变成了乡愁。"（"能在东京品尝到的38款全国乡土料理"《an・an》1973年8月5日、20日合并号）

在这样的语境中，越后的能平汁（译注：用蔬菜的皮、蒂等剩余部分制作的炖菜）、木曾路的五平饼与纽约的芝士蛋糕、巴黎的可丽饼是完全平起平坐的。它们也是纯国产**治愈系流行美食**的鼻祖。

逛吃指南全盛期 —— 好女人就该放开肚子吃

　　在日本的传统审美体系中，"当众吃饭"绝不是什么优雅的行为。然而 annon 一代在战后出生长大，又通过学生午餐积累了"跟别人一起用餐"的经验，彻底摧毁了原有的价值观。

　　《non-no》以烹饪板块见长，《an·an》却是每一期都有逛吃指南，从创刊号开始一期不落，大力推进**时尚**

《MICO 的卡路里 BOOK》
（弘田三枝子，集团形星，1970 年）

属性的外出就餐行为。而且它大胆地肯定了贪欲，鼓励女性读者争当享乐主义者。

"吃是最美好的事情。（中略）都怪你老是规规矩矩地说'我吃得很少的'，胃才会闹革命呀。别怕胖，张大嘴巴放开肚子使劲吃吧。反正 1971 年就是胖姑娘 的 天 下。"("an·an manner"《an·an》1971 年 3 月 20 日号）

《MICO 的卡路里 BOOK》[11] 是 1970 年的超级畅销书。《an·an》却充满活力地劝导那些看着这本书拼命减肥的女孩。"人也是胖点好。胖的人富有感性与包容力，温柔又宽大……"、"在你停止追求变瘦的那一刻，人生会突然变得有趣起来。（中略）弱不禁风的，一碰就掉眼泪的，还有温雅贤淑的，都完全不现代呢。"("胖又如何！！"《an·an》1970 年 8 月 5 日号）

《an·an》不仅鼓励大家多吃，还提议多吃有个性的东西，像美食家那样去享受美味。"吃啊吃，使劲吃，放开肚子吃。人这一辈子能活到一百岁就是天大的喜事了。一样要吃，那就吃点奇怪的味道。要是肚子被好吃的东西撑饱了，就去探寻难得一见的珍馐吧。吃个遍，多长几斤肉哦。食欲和性感是女人的美德。闻所未闻的料理还有的是呢。岂有此理，一定要全部尝过来，当一个对美食无所不知的人。争做美食通、美食家和贪吃鬼，酒也要喝，蛇也要吃。不仅如此，饭量还大，腰围略粗。好女人就该放开肚子吃。"（"怪味餐厅"《an·an》1971年6月5日号）

在那之后，《an·an》式逛吃指南冲劲不减，杰作层出不穷，包括"去旅行吧。去吃吧！餐馆101+10"（1973年1月20日号）、"只看味道的话，拉面馆还是得选这50家"（同年3月5日号）、"能在东京尝到的60家异国餐馆"（同年5月30日号）、"镰仓、东京、京都的40家甜品店"（同年9月5日号）、"逛吃逛吃……"（1974年10月5日号）等等。

后来，这批体验过逛吃之乐的annon族成了家庭主妇。等孩子们离巢独立了，她们便立刻化身为"午餐太太族（Madame Déjeuner）[12]"，忙着利用午餐时间与闺蜜结伴品尝美食。一切都是那么顺理成章。

烹饪板块的跃进与出于兴趣的自制美食

1970年，电饭煲、电冰箱与洗衣机的普及率都突破了九成，吸尘器的普及率也在1975年达到了90%。同一时期，即食食品也走进了寻常百姓家。照理说，家务劳动的负担应该会大幅减轻才对，谁知主妇们用于烹饪的时间并没有太大的变化。电器省下的精力被花费在了副食上。主妇们每一餐都得为家人亲手烹制不同的小菜，否则就会被打上"不够爱家人""爱偷懒"的标签。外出就餐也免不了要产生负罪感。在关于烹饪诸多烦恼中，最让主妇们头疼的当属构思菜式，也就是思考"今天要做哪些菜"。

日本人的大米消费量在 1962 年达到峰值，之后不断减少。大米供过于求的问题在 1969 年变得愈发严重，因此政府从 1970 年开始推行大米生产调整政策（即**减反政策**，减反＝控制耕地面积）。有关部门从营养角度出发，鼓励民众改变以多盐小菜加米饭为主的饮食习惯。主妇们感觉到了来自社会的重压 —— 身为主妇，理应为家人构思营养均衡、搭配合理的菜单。

其实近代烹饪的"家庭菜单"是以品种繁多的日式料亭菜单为范本的，将其简化后应用在小家的厨房，便成了家家户户吃的家常菜式。古代的百姓家只需要做一大锅被今人奉为"妈妈的味道"的炖菜备着，再慢慢把它吃完就行了。近代的主妇们却受环境所迫，不得不在家中再现餐饮店的菜式。

就在那个主妇依然被家务牢牢困住的时代，《non-no》的烹饪板块却逐渐打开了将烹饪与义务分开的突破口。

起初，烹饪板块的主题平平无奇（诸如"兜风时吃的便当""搭配啤酒的下酒菜"），内容也是一本正经，毫无趣味可言。但它介绍的每一种菜式都不是为家人做的，而是为恋人与朋友做的，我们能从这一点看出意识的转变。

变化是从"偷师好味道！"（1972年1月20日、2月5日合并号）开始的，这一期请了几位名人分享他们的私房拿手菜。"小柠檬"时代的落合惠子（译注：著名播音员，小柠檬是听众起的昵称）分享了"柠檬型开放式三明治"，前田美波里（译注：演员）介绍了"双职工意大利直面"，再加上漫画家渡边雅子出品的"熬夜茶泡饭"……特辑总共介绍了17款充满趣味的个性派菜肴。

烹饪板块从"你也能动手做的时尚面包料理"（"面包与你的爱情故事"1972年2月20日号）开始正式走上爱好路线，又通过"做蛋糕啊，真的很潮哎"（"关于蛋糕的一切"同年5月20日号）、"别有风味的自制冰淇淋"（"吻上冰淇淋！"同年7月5日号）、"做奶酪火锅和芝士蛋糕还是蛮先进的"（"你也一起说奶酪呀！"同年11月20日号）实现了大跳跃。之后也不断发展，催生出了两本增刊，《COOKING BOOK》（1981～　）和《CAKE BOOK》（1983～　）。

当烹饪作为兴趣爱好时，有以下特点：首先，烹饪的是"能在店里吃到的新潮、时髦的食品";然后通过"特意亲手烹制"这一需要亲手打造出"只属于你的味道"。它虽与家常料理一样,都以餐馆文化为范本,但是一旦作为兴趣来说的话,家庭主妇出于义务的"亲手烹制"就被升级成了一种特别的行为——变成了**表达个性的手法**。

在美国,众多食品的烹制地点从家庭转移到了工厂,进行批量生产。而"homemade"(自制)一词已然成为菜肴与糕点的金牌广告语,因为它能勾起人们对"有手作感的怀旧食品"的乡愁。这种倾向必定也对烹饪的兴趣化起到了一定的推进作用。能在自家厨房实践的流行美食终于诞生了。

"黑船"快餐来袭

"仿佛置身于美国"的快餐连锁店

　　20 世纪 70 年代初期到中期，烹饪逐渐朝兴趣转变，然而主妇们依然无法摆脱构思菜单的重压。就在这个时候，源自美国的快餐连锁店接连登陆日本。国内资本的连锁店也在外来势力的刺激之下陆续成立，日本的餐饮业地图也因此产生了巨变。

　　1971 年 7 月，"麦当劳"在银座四丁目华丽登场。这应该是一系列变化之中最具戏剧性、也最能代表这个时代的事件。不过早在 1970 年，"DOMDOM"、"肯德基"、"WIMPY"已经登上了历史舞台。同样在 1971 年开业的还有"汉堡大厨"（Burger Chef）[13]、"美仕唐纳滋"与"唐恩都乐"。1972 年则有"摩斯汉堡"（Mos Burger）[14]、"冰雪皇后"（DQ）[15]、"A&W"[16] "乐天利"

（Lotteria）[17]、"Dipper Dan"[18]。1973 年 有"明 治 Sante Ole"[19]。1974 年有"31 冰淇淋"（芭斯罗缤，Baskin-Robbins）[20]。1975 年有"森永 LOVE"[21]、"Hardee's"[22]。1977 年开业的是"First Kitchen"[23]。

虽然上面列举的这些品牌有一半以关闭门店、退出日本市场告终，但目前市场上的四大快餐食品（**汉堡包、炸鸡、甜甜圈与冰淇淋**）的主要连锁品牌基本都是在这一时期登场的。

使用 100% 纯牛肉饼的汉堡包，香辣劲爆的炸鸡，醇厚甘甜的奶昔，品种多到教人眼花缭乱的甜甜圈，高乳脂冰淇淋……这些食品在日本是前所未有的。最让人沉醉的是，只要穿过惹眼的大型招牌，走向背靠厨房的柜台，仰望柜台上方的菜单，对着身着可爱制服的"亲切"店员点单，你就会有种仿佛置身于美国的错觉。十多岁的青少年也能随意出入的休闲感更是潮到不行。于是乎，快餐迅速化身为流行美食。

同期登场的日本本土连锁店有 1968 年开业的牛肉饭专卖店"吉野家"、1972 年开业的外带寿司专卖店"小僧寿司"和 1976 年开业的外带便当专卖店"Hokka Hokka 亭"。他们都采用了加盟模式，接连不断地开设新门店，逐步确立了"日式快餐"这一领域。这应该也算是一种饮食的美国化现象吧。

接下来，我想与大家深入探讨一下上述美国型快餐对日本人的饮食习惯产生了怎样的影响。为此，我们得先穿越回 19 世纪，对快餐的老祖宗 —— **美国的家政学**做一番探究。

快餐是近代家政学的直系子孙

美国明明是个移民国家，是个民族大熔炉。为什么在这样一个国家会发展出"快餐"这种优先统一性的饮食文化呢？

在纽约、旧金山这样的大城市，你能找到纷繁多样的异国美食，各个家庭也有代代相传的民族食品。不过说起"美国的国民食品"，大家首先联想到的就是汉堡包和热狗，其次是披萨和三明治。其他能勉强排得上号的就只有牛排、炸鸡、杂烩罐头和猪肉焗豆了，另外还有早上吃的谷物麦片，以及派、果冻、冰淇淋等甜点。

这些食品的烹饪过程都很简单。就算自己动手做，也很难凸显个性，而且有大量的加工食品与餐饮店可供选择，不一定非要在家里做。总而言之，它们都是快餐食品。

这些美国食品并不是自然而然产生的，而是食品业与餐饮业塑造出来的。为它们奠定基础的，正是诞生于

19 世纪的家政学。

黎明期的美国家政学以当时正逐渐发展为崇拜对象的"科学思维"为支柱，呈现出了某种社会改革运动的态势。学过建筑学的妇女教育家凯瑟琳·比彻（Catharine Esther Beecher）[24] 在为女学生写的家庭教科书《家庭财政研究》[25] 中将家务形容为"需要以最高水平的智慧去履行的最重要、最难、最神圣也最有趣的义务"（《家政学的谬误》）。她将女性的领域定义为家庭，却也在书中穿插了大量的科学知识，努力提升家务劳动的地位。

比彻还做了一件出名的事情，那就是设计了一种全新的住宅样式，以"不必依赖女佣与奴隶，只靠主妇一个人也能高效完成各项工作的厨房"为中心。这也为现代的整体厨房、餐厅厨房一体化开创了先河。

在 19 世纪后期，曾有若干个宗教团体、乌托邦社会主义者等政治社群试图实现**家务的协作**（communal）或**合作**（cooperative）。社会思想家梅露西娜·费伊·皮尔斯（Melusina Fay Peirce）[26] 在《大西洋月刊》的连载（1868～1869 年）中提出了"家务合作"的概念，即各家不在住宅内设置厨房，妻子们结成合作社，在共用厨房集中完成烹饪、洗衣等工作，并要求丈夫们对妻子的劳动支付薪酬。这个构想已经有非常鲜明的女权色彩了，可惜计划在组织"家务合作协会"的阶段便已触礁 —— 据说问题出在协会成员的丈夫们对"自己的妻子为别的男人做家务"这件事产生了强烈的抵触。

许多家务合作（协作）组织都是昙花一现，家务的社会化以失败告终，不过合作式厨房的体系倒是被学生午餐与军队食堂借鉴了去。

扯远了，还是言归正传吧。公认的近代美国家政学开山鼻祖名叫艾伦·理查兹（Ellen Richards）[27]。她是考上麻省理工学院（MIT）的第一位女学生，也是第一位进入自然科学类大学深造的美国女性，之后又成了全美第一个取得化学学士学位的女性。毕业后，她留校担任助手，开设了专为女性服务的实验教室，开拓了"家务化学"这 全新的科研领域。在南北战争之后，美国的工业化与城市化不断加速，导致了环境恶化、疫病蔓延、贫困、营养不良等社会问题，而理查兹的家政学正是运用最新的科学观点与技术，以改善这些问题的一种尝试。

家政学运动的头号焦点在于烹饪。烹饪杂志与菜谱纷纷上市，烹饪学校接连开办。学习过家政学的女同胞们开始全力推广将烹饪与科学联系在一起的**"科学烹饪法"**。

1890 年，理查兹与伙伴们在波士顿开办了"新英格兰厨房"，通过公开的实操演示，将美式科学烹饪法传授给贫民。创办这座公共厨房的目的，在于以科学的烹饪方法处理廉价的食材，制成富含营养的食品，改善贫穷的工人阶级与移民的膳食生活。理查兹的尝试没有大获成功，但新英格兰厨房后来承包了为波士顿公立学校提供学生午餐的工作，理查兹也因此成了全社会公认的"学生午餐权威"。

科学烹饪法的宗旨是以更少的劳力换来更多的健康，所以它重点关注的是效率、同质性、成品的可预测性、卫生管理、营养摄入量以及蛋白质、脂肪和碳水化合物的均衡。而"味道"几乎完全不受重视。

如今的实用烹饪教材都会标明食材的精确分量、加热温度与时间，其实这种菜谱的写法也是那个年代的科学烹饪家发明的。他们的理想是用统一的操作指南对当时还带有浓重的民族、地方色彩的美国家常菜进行标准化，实现无论何时何地、无论让谁来做，都能做出同一种**"民主味道"**的状态。

对理查兹而言，饮食的同质化是与社会福利层面的平等思想挂钩的，谁知科学烹饪法竟完美契合了在19 世纪蓬勃发展起来的食品产业。于是科学烹饪专家们为了推动"先进的"工厂批量生产的加工食品研发菜谱，助力宣传，大力推进美国菜肴的标准化。而这种以同质、合理与高效为理想的思维模式，正是快餐体系的灵魂。

进入 20 世纪后，家政学领域又升起了一颗新星，克里斯蒂·弗雷德里克（Christine Frederick）[28]。她认为，只要将福特汽车公司的组装流水线体系背后的科学生产管理方法引入家务，就能大幅提升家务的效率，而主妇们也能摇身一变，成为家庭内的工程师。

不久后，科学家务管理体系就被纳入了餐饮业的方法论，而将这套理论运用得最到位的正是快餐业。汉堡包专卖店在美国的连锁扩张始于 1921 年。

总而言之，是当年的女性家政学家推动了"一成不变的快餐"的发展。她们是特别不讲究饭菜的味道，还是舌头特别不灵光？抑或是，她们梦想着有朝一日厨房会从住宅中消失，而女性能从家务劳动中彻底解放出来。反正当时的人们怕是都没料到，美国的快餐竟能像这样普及到全球各地。

简化家务与流行美食的契合度

在明治时代的日本，"贤妻良母思想"是女性教育的基础。高等女校的家务课、裁缝课也受到了英美家政学的影响。从营养学快速发展的大正时代开始，女校采用了将食物与科学营养理论相结合的指导方法。上烹饪实习课的时候，学生不仅要熟练掌握操作技巧，分量与烹饪时间的数值化、热量与营养的计算也倍受重视。保障家人的卫生与健康，是贤妻良母的重大职责。

日本人从战后开始正式使用"家政学"这一名称，并将其定位为科学的分支领域之一。1948 年（昭和二十三年），新学制的大学在创办之初便设置了家政学部。日本家政学会也在 1949 年宣告成立，比美国晚了40 年。自明治以来持续多年的"为培养贤妻良母服务的家务、裁缝教育"就此转型为"生活科学"。

美国在上世纪 50 年代真正迈入了大量生产、大量消费的时代。家务自动化的程度越来越高，超市的货架上摆满了经过烹饪处理的加工食品、即食食品与冷冻食品。1953 年，**电视晚餐**（TV Dinner）上市，受到了消费者的疯狂追捧。这种神奇的冷冻食品看着还挺不错的，营养也很均衡，味道却很难吃……不，应该说它压根就"没有味道"。不过电视晚餐的主菜与配菜是整整齐齐地装在托盘里的，而且无需解冻，直接送进烤箱加热就能吃。我们完全可以说，它攀上了科学烹饪的一座高峰。

家务高效化的思想在日本的普及也是从 20 世纪 50

年代真正开始的。那正是**第一次主妇大论战**[29]在《妇人公论》打响的时候，人们围绕"女性应该把更多的精力投入事业还是家庭"、"何为主妇的理想状态"展开了激烈的争论。而争论的背后，是主妇承担的家务重压正被逐渐减轻的时代背景。

梅棹忠夫（译注：日本生态学家、民族学家）高举极具挑衅性的**"妻子无用论"**加入战局——"随着工业的发展，家务劳动已不再必要，妻子们却为了守住主妇权发明了各种各样的假劳动。全体女性都应该舍弃'妻子'这种无用的地位，从事具有社会意义的职业。"家务当事人对他的观点大加批判，说他"根本不了解家务劳动第一线的情况"。后来，梅棹又在《生活设计》[30]1966年7月号（中央公论社）发表了一篇将家务定位为系统工程文章，题为"关于家务整理的技术"。

在这篇文章里，梅棹的主张变得更具实用性了。"在机械化使家务的熟练工不再必要的现代，不太做家务的主妇才是先进的主妇。让我们以偷懒省力为家务整理的第一原理，放下道德观与情绪，认真思考偷懒的方法吧！"

当时正是经济高速增长期的最高潮。生活日渐富足，可主妇们不仅没有闲下来，社会还对她们的家务水平提出了越来越高的要求。越是干劲十足、意欲构筑

"美满家庭"的主妇，就越是被家务搞得忙碌不堪。而且在那个时代，家务是与"爱的表达形式"画等号的，这便给主妇们带去了格外沉重的心理负担。在这样的时代背景下全面肯定"偷懒"与"省力"，一定有着今人难以想象的新鲜感。

1968 年，犬养智子的《家务秘诀集——400 种巧妙偷懒的方法》成了畅销书。"偷懒"这个极具震撼力的词语受到了女性读者的热烈欢迎，不过也有部分男性对作者发起了猛烈的抨击，指责她破坏了日本的传统文化。

那么书里介绍了哪些偷懒方法呢？肉要趁商店打折的时候批量购买，冷冻储存（那可是带冷冻室的冰箱还完全没普及的时代啊）；葱要用剪刀剪开（如果剪刀是厨房专用的也就罢了，要是用普通的剪刀来剪，刀刃肯定要生锈，到头来反而更费事）；土豆要用洗衣机来洗（！）；切洋葱的时候最好戴上滑雪镜（这是为了防止眼泪冲掉睫毛膏，只是戴着泳镜太像章鱼了，所以滑雪镜更合适……）。虽然这些小妙招不太契合平民百姓的生活感（还有"洗过的生菜要用尿布裹起来，拿去院子里甩干"、"把皮草围巾收起来之前要冷冻一下，免得生虫"这种异想天开的法子呢），但涉及了不少基于美国家政学的内容。

《家务秘诀集》的开头如此写道："以往的家务读本写的都是些让你更加忙碌的东西，但这本书是为了减轻你的负担、找到家务的捷径而存在的"、"把少做家务省出来的时间用在你喜欢做的事情上吧。（中略）如此一来，你就能摆脱'主妇'的身份，变成一个真正的'人'。当老公与孩子们发现他们不再是你的小世界中独一无二的'太阳'与'月亮'时，他们也一定会长舒一口气。"——作者暗示女性摆脱性别角色分工，光明正大地为偷懒开动脑筋，另辟蹊径。我们应该把它定义为有史以来第一本**以偷懒为主旨的家务指南**，将它铭刻于历史之中。

综上所述，在1970年之前逐步渗透的"家务偷懒"风潮与来自美国的、以快餐为首的流行美食一道，撼动了"家务＝爱的表达形式"这一价值观。流行美食就这样扫除了原本与外出就餐相伴的负罪感，成了一家团聚、共享欢乐的新方式。

麦当劳彻底颠覆了日本人的用餐礼节

1971年7月20日，日本的第一家**麦当劳**在银座三越百货的底楼隆重开业，店门正对着中央大道。这是一家专做外带的门店，店内不设坐席。它刚开张便受到了消费者的高度关注，每天都有2000多位顾客光临，单价80日元（当年的出租车起步价是130日元，所以人们普遍觉得这个价格偏贵）的汉堡包简直卖疯了。自那时起，麦当劳便以每月新开一家的速度，在首都圈迅速拓店。彼时麦当劳刚开始进军外国市场，而在饮食文化截然不同的日本取得的成功也为它在全世界的跃进开了个好头。

麦当劳将福特汽车公司的流水线批量生产体系应用在厨房中，大幅提升了作业效率，更在全球率先引进

刚开业时的日本第一家"麦当劳"
（银座店，出自《日本饮食文化史年表》）

Fashion Food
日本流行美食文化史

了自动控制烹饪时间与温度的电脑。从这个角度看，它着实是一家能为"科学烹饪"代言的餐饮企业。不仅如此，麦当劳菜单中的食品全部都是能通过"简单的重复作业"完成的东西，各个烹饪环节也实现了彻底的分工，煎、炸和最后的组装均由专人负责，连"怎么跟顾客打招呼"都明确写在了工作指南上。顾客要排队点单，然后领取商品，吃完以后还要自己扔垃圾，把托盘放回指定的位置。换言之，麦当劳把一部分工作转嫁给了顾客。

对日本人而言，这套直接从美国进口的体系着实新鲜得很。"打开包装纸，用手抓着，当场上嘴啃"的行为也是格外新奇。

仔细查阅当时的文献资料，你会发现关于"味道"描述少得可怜，也就肉饼的油腻和汉堡夹着的西式腌菜的独特口味稍微引起了一些反响。我也记得不甜的西式腌菜还挺新鲜的，但号称百分百纯牛肉的肉饼却毫无"美国感"，让我大失所望。其实当年的汉堡包跟现在的一样，不算太好吃，也不算太难吃，反而是一种没有个性可言的食品，所以味道是次要的——它首先是作为**美国文化的符号**为大众所接受的。

最受媒体关注、对麦当劳的认知度贡献最大的，其实是"**立食**"这种进餐方式。在 1970 年（麦当劳开业的前一年）8 月，东京都知事美浓部亮吉高举反公害的口号，宣布要与汽车全面对决，大力推行"步行街政策"，将汽车赶出节假日的闹市区，向行人开放车道。而麦当劳就出现在了步行街的中心，银座。年轻人穿着最时髦的迷你裙、T 恤衫和牛仔裤，一手汉堡包一手可乐，有站着吃的，也有边走边吃的。这一幕光景带着鲜明的态度，颠覆了以往的常识。

日本人本就偏爱"立食式速战速决型食品"，比如荞麦面、乌冬面、关东煮与拉面等等，所以从点单到出餐的速度再快，日本人也不至于太吃惊。然而在传统的日本文化中，饭菜理应坐在榻榻米上吃，"站着吃东西"是很没品的行为。而且能直接用手抓着吃的东西仅限饭团等一小部分特例。

因此麦当劳的"立食"算是同时打破了双重禁忌，引得啰嗦的大人指指点点。但它也被视作一种与用餐礼节中的封建秩序相抗衡的"拉风"行为，瞬间跃上舞台中央，为广大消费者所接受。

与麦当劳同时爆红的是一种叫"美式响球"（clackers，又名"咔咔球"）的吵闹玩具。一根棍子上拴着两个小球，两球相撞便会发出响声。它在银座的步行街创下了一天狂卖 7000 件的记录。银座就此成为美国大众文化的舞台，把之前流向新宿的年轻人拉了回来，荣升为走在时尚最前沿的时髦街区，东山再起。

　　长久以来，年轻人因为顾忌礼节迟迟不敢尝试外国食品。而麦当劳却让他们在日本最有格调的银座，而且还是银座最高档的百货店的一角堂而皇之地不讲规矩，这一点可谓意义重大。自那时起，青少年便成了外出就餐群体的新生力量，并发挥出了重要的作用。

　　是把这种现象定义为对文化的破坏，还是认为它把日本人从强制性的礼节中解放了出来，这是一个仁者见仁智者见智的问题。总而言之，麦当劳和之后开业的一系列快餐品牌都改变了日本人的用餐礼节，降低了外出就餐的门槛，对日本的流行时尚与生活方式也产生了莫大的影响。

　　据说日本麦当劳的藤田社长在业务启动之初说过这么一番话："麦当劳是主打食品高速生产与销售的系统产业，与以往的餐饮企业和餐饮连锁店处于截然不同的维度。它能在短短数十年里改写在过去的数百年中毫无变化的日本饮食生活。（中略）对今后的日本人而言，从小吃汉堡包将变得理所当然，连头发恐怕都会像欧美人那样变成金色。"（《日本人是从什么时候开始吃快餐的》）当时的人肯定会觉得他是在危言耸听，谁知他的预测已成现实，如今甚至有不少年轻人误以为麦当劳是一家日本公司呢。

源自日本的革命性快餐

在麦当劳开业的同一年，一款畅销世界的食品在日本问世了——那就是日清食品旗下的**"合味道"**（**Cup Noodle**）。

拉面被装进了集包装盒、厨具与餐具于一身的容器，成为"杯面"。它的完成度远超电视晚餐，堪称终极科学食品。杯面能在常温环境下长期储藏，而且体积小，分量轻，烹饪过程省时省力，再加上能同时摄入面、配菜与汤水，搭配也十分合理，只要有开水，随时随地都能吃。它的简便性在全世界广受欢迎。截至2016年（平成二十八年），全球的即食面总需求量已经突破了974.6亿份[31]。

合味道原本是为实现方便面的国际化诞生的。1966年，日清食品社长安藤百福前往美国进行市场调查，见当地买家把鸡味拉面掰碎了放进纸杯，再把水壶里的开水倒进杯里，他便灵光一闪，决定把方便面放进杯状容器里，配上塑料叉子，代替面碗与筷子。至于用铝箔当杯盖，则是受了飞机上发的坚果容器的启发。

其实合味道与步行街也是颇有渊源。在产品上市那年的11月，日清在银座步行街举办了试吃促销活动，反响热烈，多的时候一天竟能卖出2万份。跟站着吃麦当劳一样，站着吃合味道也成了年轻人的新时尚。现在回过头来看看当年男女老少站在街头吃杯面的画面，感觉还是相当滑稽的，人手一把叉子的景象也显得格外有趣。

早期的合味道电视广告以年轻人为主角。他们的衣着走 annon 路线，可爱又带些迷幻风。情节往往是"骑摩托车外出兜风的时候，在半路上吃个杯面"。这也体现出合味道早期的销售策略的确以时尚性为重。同时问世的"附带热水器功能的自动售货机"也引发了媒体的热议。

合味道以美国味十足的"noodle"替代"拉面"一词，把面装进造型潇洒的杯子，并以"用叉子吃面"为前提，具备了成为流行美食的所有条件。不过 1972 年 **2 月 2 日发生的浅间山庄事件**（译注：1972 年 2 月 19 日—2 月 28 日，联合赤军挟持人质，据守长野县轻井泽町的浅间山庄）让人们把注意力转向了它的原始功能。由于当地天气寒冷，连便当都会冻住，无法食用，机动队员只能吃杯面充饥。接连数日的电视直播让全国人民看到了队员们吸食面条的景象，以至于合味道的产量在当年便突破了 1 个亿，成为红遍全国的人气商品。

如今，杯面的时尚性已经褪色了不少，但它依然扮演着灾害时期的应急食品、航空食品等重要角色。要说对世界饮食文化的影响，杯面甚至超过了麦当劳，是一款极具革命性的快餐食品。

在银座举办的"合味道"试吃促销活动
（1971 年 11 月～　）

附带热水器功能的"合味道"自动售货机
（两张照片均由日清食品控股公司提供）

Fashion Food
日本流行美食文化史

"今晚的小菜"是肯德基

在追求统一与同质的快餐连锁品牌中，**肯德基**（**Kentucky Fried Chicken**）彰显了独特的存在感，与麦当劳并驾齐驱。在肯德基进入日本市场之前，日本人只知道干炸鸡块（唐揚げ），日语中甚至不存在"fried chicken"这个词。对广大日本人而言，美式炸鸡就是一种完全未知的食品，自然也不存在"用手拿着带骨头的鸡肉上嘴啃"的习惯。

在一碗拉面只需 100 日元便能吃到的时代，肯德基把炸鸡卖到了 100 日元一块。可能是这个定价实在太高了，肯德基的销售业绩起初并不理想。不过因为"美国

刚开业时的日本第一家"肯德基"
（名西店）
（提供：日本肯德基）

民谣之父"福斯特（Stephen Collins Foster）演唱的名曲《我的肯塔基故乡》（*My Old Kentucky Home*）和赛马界无人不知的肯塔基赛马会（The Kentucky Derby），使得"肯塔基"这个地名本就有点知名度，于是肯德基便采取了以地名为主题的品牌战略，并在店门口设置了品牌创始人哈兰·山德士（Colonel Harland Sanders）的立像，让消费者记住这位一身白西装、留着白胡子、系着领结的大叔（据说"山德士上校"的塑像起初只能在日本看到），借此逐步提升了肯德基的品牌知名度。不过最让日本消费者感到新鲜的是一吃就上瘾的鲜美味道和"光吃肉就能吃到饱"的分量感。

据说肯德基的合作伙伴三菱商事之所以涉足和原有业务不沾边的餐饮业，是因为他们从1969年开始启动了肉鸡[32]养殖业务，需要拉动相关的消费。三菱商事的计划收获了喜人的结果。如今的肯德基并没有成为外食的霸主，却成了中食的首选，作为"今晚的小菜"融入了日本人的家常菜。而且肯德基让消费者认识到了"肉鸡炸着吃很美味"，于是用肉鸡做的干炸鸡块等和风熟食出现在了街头巷尾，在店内现做的炸鸡也成了便利店的经典商品。

早期的肯德基和"古朴的味道""乡村美食""秘制配方"等怀旧概念联系在一起。肯塔基州位于美国南部。

在南北战争以前，美国南部家常菜的代表一直是号称由"黑奴厨娘"发明的"南方炸鸡"。而哈兰·山德士改良了这款本地美食的配方，将连锁店开到了全美各地。

南方炸鸡本就以"香辣"著称，山德士在此基础上加入了更多香草与香料，进一步强化香味，并通过使用高压锅将原本需要30多分钟的油炸时间缩短了一半，成品还比原版更柔嫩多汁。直到今天，肯德基的独门配方——"来自7座岛屿的11种香料与香草[33]"仍是最高级别的商业机密，据估算它的价值高达10亿美元。

肯德基严格遵守"炸15分钟，再静置5分钟沥油"的规定，单看烹饪时间的话，它实在称不上"快"餐，但它的确是日本人最先"发掘"的美国乡土味道。

再加上炸鸡不同于由德国菜衍生出来的汉堡包[34]，是地道的美国菜。它虽是快餐食品，却以"代代相传的机密配方"、"亲手烹制的美味"为关键词，高举看似与时代并不相符的故事性，登上了流行美食的宝座。科学烹饪家最为厌恶的"地方独有的味道"竟在肯德基与科学食品结合在一起——从这个角度看，肯德基是与麦当劳截然相反的快餐品牌。

大热美食
接连诞生

一天 24 小时，咖啡与甜甜圈随时恭候

快餐连锁品牌的接连登陆，也将美式浪潮推向了甜品界。

当年的美国两大甜甜圈连锁品牌——**"唐恩都乐"**与**"美仕唐纳滋"**在 1971 年相继在日本开设门店。当然，日本人早就有"甜甜圈"这个东西了。早在明治时期，甜甜圈就作为一种西点、甜面包普及开来。据说在战前的牛奶棚里，它也是比肩"西伯利亚"（シベリヤ）[35]的经典糕点。然而到了战后，甜甜圈便逐渐失去了时髦感，演变成了专门给孩子吃的点心。

其实在美国，甜甜圈的属性更接近"大人吃的便饭"，而非点心。工薪族常把在咖啡里浸过的甜甜圈当

刚开业时的日本第一家"美仕唐纳滋"
（箕面店）

早饭吃，或是干脆边走边啃，这样的光景在无声时代的
美国电影中也时有出现。对美国人而言，甜甜圈加咖啡
是非常传统的组合，唐恩都乐店名里的"Dunkin"也是由
动词词组"dunk in"（意为把食物浸入咖啡）演变而来的。

　　以往的日本产甜甜圈多为环形，面团紧实，表面
撒有糖粉。谁知甜甜圈界的新面孔竟有中间不开洞的款
式，甚至还有长条形、麻花形、海螺形等形状。面团则
是用酵母发的，蓬松而轻盈。对日本人而言，这样的甜
甜圈带来了莫大的文化冲击。表面以闪闪发亮的糖衣

（学名"糖釉"[sugar glaze]）、巧克力、椰蓉与肉桂粉装点，有些品种还有果冻、奶油夹心呢。如此丰富的品种，让所有人惊得说不出话来。摆在柜台上的都是店内现炸的产品不说，这些甜甜圈连锁店还实行了非常严格的品控政策，一定时间没有卖出去的产品一律下架，作为废品处理掉，这一点也得到了消费者的赞誉。

更重要的是，门店的装潢颇具时尚感，为你送餐的店员还穿着可爱的制服。一天24小时，美味的甜甜圈随时恭候。另外，唐恩都乐的咖啡是100日元左右一杯，还能无限续杯。

店员用硕大的咖啡壶给敦实的杯子满上淡淡的美式咖啡。电影里的美国餐厅和咖啡店卖的就是这种咖啡吗？女孩子们岂会放过比站着吃的汉堡包更时髦、更香甜的甜甜圈。我当年既不喜欢甜食，也不爱喝味道寡淡的咖啡，可是只要往甜甜圈店的吧台一坐，心情就会变得晴朗。

口味与乳脂含量成了选购冰淇淋的标准

美国味十足的**冰淇淋店（Ice Cream Parlor）**也来到了日本。1974年开张的"31冰淇淋"，就令日本人耳目一新。

"31冰淇淋"涩谷店（1974年）
（提供：B-R 31冰淇淋）

　　以往的日式冰淇淋店主打芭菲与圣代，产品都用鲜奶油、水果等配料装饰得分外豪华。而以单品形式出现的冰淇淋总是放在高脚银器里，配上一片威化，走欧式典雅上流路线。口味翻来覆去就那么3种，香草（白色）、巧克力（茶色）和草莓（粉红色）。

　　而31冰淇淋正如它通过店名所宣传的那样，有足足31种口味，颜色也是五彩缤纷，直教人联想到波普艺术。有的品种呈现出超级鲜艳的蓝色，有的带大理石纹路，还有一些掺合着巧克力片、坚果、糖果与棉花糖等固体配料。甚至有加了花生酱、芝士蛋糕等配料的稀奇口味。顾客边看边挑，店员当场舀了装进华夫筒，这样的购买方式也让日本人觉得格外新鲜。想要"双球"、"三球"都没问题。自不用说，一边享用色彩缤纷的冰淇淋，一边在街上昂首阔步，立刻成了年轻人的新时尚。

总而言之，31冰淇淋以销售方式与口味的自由度改写了冰淇淋的概念。不过早在它粉墨登场的3年前，也就是1971年10月，明治乳业便推出了一款名为"波登女士"（Lady Borden）的冰淇淋，让**"高档冰淇淋"（premium ice cream）**[36] 旋风席卷了千家万户。

在二战前，日本人可以在餐厅与酒店吃到相当优质的冰淇淋。然而在战后的粮食短缺时代，用水把糖精、甜精等人工甜味剂和色素冲开，插入一次性筷子冷冻而成的冰棍成了最畅销的产品。自那时起，冰淇淋逐渐演变为孩子们自己买着吃的零食，厂商则绞尽脑汁开发外形有趣的廉价产品，还使用附赠漫画、抽奖等方法吸引孩子们的注意。

然而由于劣质产品严重泛滥，有关部门对"关于乳及乳制品成分规格的省令"进行了修改，将乳脂含量高于8%的定义为"冰淇淋"，高于3%的为"冰奶"，乳固体含量高于3%的为"酪冰"，低于上述标准或不含牛奶成分的冰沙统称为"冰点心"。按修改前的标准，乳脂含量高于3%就可以在名称中使用"冰淇淋"这三个字了。

就在政府修改省令，使人们愈发关注冰淇淋的乳脂含量时，"波登女士"带着和美国冰淇淋同样的品质（香草味的乳脂含量高达14%）、同样的容器与同样的容量（950 ml）闪耀出道。在那个年代，一次能吃完的小杯冰淇淋基本是40～50日元，"波登女士"的定价却高达800日元（虽然它的容量比较大），简直胆大包天。果不其然，产品刚上市时无人问津，以至于美国波顿公司提出免除3年份的专利使用费，将这笔钱用于广告宣传。于是明治乳业便构思了一套以"让家庭生活更精彩的冰淇淋艺术品"为核心理念的印象战略。

产品的目标客群始终是家庭，而家庭的消费主导权掌握在主妇手中。为了触动主妇的心弦，明治乳业拍摄了一支全新的电视广告。故事发生在一座豪华的住宅，摆有乐器、法式洋娃娃、大提琴等奢华感十足的小道具，情节则完全脱离了日常生活……正是这支广告，带来了喜人的变化。

在1975年之前，波登女士的产量每年成倍增长，石油危机的冲击都没能让它销量下滑。夏冬两季的销量占比也逐渐接近，将冰淇淋从季节性商品变成了全年都有卖得出去的商品。在雪印乳业的"Flavor Land"等新品牌加入竞争的状态下依然一骑绝尘，稳居高档冰淇淋之王的宝座，直到 80 年代中期"哈根达斯"上市为止。

生奶酪与烤奶酪，哪种才是你的菜？

战后的日本蛋糕界有海绵蛋糕（shortcake）[37]、泡芙 [38]、蒙布朗（mont-blanc）[39] 这三大神器。无论是城里还是乡下，翻来覆去都是这些"日式西点"。而随后的 20 世纪 70 年代里，"芝士蛋糕"则取而代之，成为了战后蛋糕界的流行美食。

其实对日本人而言，"把奶酪用在蛋糕里"这件事本身就已经是晴天霹雳了。因为日本以前只有又咸又硬的再制奶酪（process cheese）啊。直到 1970 年，"费城"牌奶油奶酪（Philadelphia Cream Cheese）[40] 才与日本消费者见面。与此同时，从 50 年代开始生产的白软奶酪（cottage cheese）也逐渐有了知名度。这两种奶酪都不咸，而且十分柔软，是最适合做蛋糕的食材之一，与鲜奶油比肩。西点店立刻扑向了奶酪，将其视作打破"千篇一律"的救世主。

引爆这场芝士蛋糕热的可能是一家名叫"Morozoff"店。它本是俄式西点店，却在 1969 年推出了一款以德式芝士蛋糕（Käsekuchen）为基础，以丹麦产的奶油奶酪为主料的蛋糕。

不过在那个年代，芝士蛋糕最流行、普及度最高的国家其实是美国。醇香丝滑的"纽约芝士蛋糕"更是美国众多芝士蛋糕的首席代表。

　　之前提到的六本木犹太餐厅"Kosher"的芝士蛋糕就属于这种类型。老板娘安迪肯夫人是犹太裔美国人，她在70年代后期关了餐厅回国去了，不过蛋糕的配方由她的好友——著名西点师安德烈·勒孔特（André Lecomte）继承下来，成为了高档法式西点店的经典款——"Lecomte"。

　　芝士蛋糕热的特征在于持续时间之长与小高潮之多。而且由于配方并非固定不变的，每家店的风格、口味都不一样，有美式的也有欧式的，可谓百家争鸣，搞得大家都很好奇"谁家的最好吃"。论70年代被女性杂志拿来做文章的次数，怕是没有一种蛋糕比得上芝士蛋糕吧。

　　"西点店基本都有芝士蛋糕卖。/但每家店的味道各有千秋。有的跟面包似的，一点奶酪味都没有，有的却好吃得一塌糊涂，直教人下定决心，'以后只吃芝士蛋糕！'。/而且芝士蛋糕好像比海绵蛋糕更有成熟的味道，多好呀。/六本木的'Eurasia Delicatessen'烤的芝士蛋糕超级好吃哟。/有一点点发酸的奶酪味扑鼻而来。"（《an·an》1972年6月20日号）——这段文字中

提到的 "Eurasia Delicatessen" 是一家自制熟食店, 位于六本木路口附近。业界有说法称, 在 50 年代的日本率先开始销售芝士蛋糕的就是这家店。顺便一提, 安迪肯夫人原来就住在这家店楼上。

"最爱那清爽的味道 —— 烤个芝士蛋糕吧!"(《non-no》1973 年 10 月 5 日号)、"落合惠子的周日烹饪 —— 好感动! 芝士蛋糕原来这么简单!"(《微笑》1975 年 5 月 10 日号)、"不甜不腻的成熟风味 —— 芝士蛋糕专科"(《non-no》同年 10 月 5 日号)、"两位蛋糕发烧友读者帮你研究好了 —— 超级美味的芝士蛋糕"(《non-no》1977 年 9 月 20 日号)、"这年头,'蛋糕'指的一定是芝士蛋糕"(《周刊女性》1978 年 1 月 31 日号)……从各大女性杂志的特辑标题便能看出芝士蛋糕是多么受欢迎。

芝士蛋糕着实种类繁多, 不过它们可以被大致分为两种。一种是无需加热、用明胶凝固塑形的**"生芝士蛋糕"**。另一种是用烤箱加热的**"烤芝士蛋糕"**。当时是前者的人气更胜一筹。原因在于那时更流行的是"自己动手做"而不是"买现成的吃"。家里没有烤箱也能做的生芝士蛋糕自然受到了手作派的欢迎。做法也非常简单, 谁都能做出还不错的味道, 这种随意感也是芝士蛋糕的新颖之处。

从美式面包回归欧式面包

　　二战前的日本面包界诞生了三大爆款：豆沙面包、果酱面包和奶油面包。法式面包、德式面包、俄式面包、英式面包等欧式面包也实现了一定程度的普及。总而言之，面包在战前的日本是一种十分洋气的流行美食。然而战后的日本面包产业走了美式路线，大型生产商用自动化设备批量生产的切片面包称霸了市场。

　　于是面包的价格变得亲民了，吃面包的习惯也逐渐

刚开业时的"都恩客"青山店
（提供：都恩客）

普及开来，只是工厂量产的面包又能好吃到哪里去呢？再加上20世纪60年代之前的学生午餐里的面包品质相当糟糕，所以那代人怕是没对面包留下什么好印象。

就在这时，手工面包房与凝聚了面包师高超技艺的**现烤面包**在吃腻了量产面包的日本人面前闪亮登场了。

现烤面包热始于**法式面包（法棍，フランスパン）**。早在1966年8月，来自神户的"都恩客"就在东京的北青山开设了门店。店家把烤炉设在柜台后面，把法国面包师烤制面包的全过程展现在顾客眼前。都恩客的拳头产品是一种日本人从没见过的面包。它细长如棍棒，外皮又脆又硬。其实在法语中，这种棒状面包的学名叫"baguette"（日语读作バゲット），只是"gue"不太好发音，所以流传开的是"バケット"这个叫法。

到了1970年前后，法式面包才是真的火起来了。顾客在店门口排起长队，领取店员派发的号码牌。人气逐渐升温，横滨的元町开出了"蓬巴杜"，东京的涩谷也开出了"圣日耳曼"，各路名店纷纷开业。捧着装有法棍的面包房原创长纸袋走在街上渐成新风尚。

下一个爆款是**丹麦酥**。它不同于只用面粉和水制作的法棍，而是加入了黄油、鸡蛋和大量的糖，口感松软，与偏爱柔软食物的日本人一拍即合，后来也成了甜面包界的中流砥柱。

丹麦酥热潮源自1970年在都恩客青山店斜对面开业的面包店"安徒生"。它是日本第一家引进**自助购物体系**的面包店，总店位于广岛市。顾客要自己用夹子把中意的面包夹到托盘里，一不留神就会买多。这样的销售模式瞬间普及到了日本各地，成了时髦面包店的必备条件。

大型厂商也不甘落后。总部位于名古屋的敷岛面包以"Pão（面包葡萄牙语）Shikishima（敷岛）Company（公司）"的首字母"Pasco"为品牌名，烘托高档感，在1969年2月"隐姓埋名"进军东京。同年11月，敷岛面包在东京二子玉川的"高岛屋"开设了店内面包房，把德国面包师安排在了最显眼的位置。据说此人的手艺也就一般般，但他往那儿一站就能收获绝佳的宣传效果，以至于公司雇了他整整两年（《敷岛面包八十年的足迹》）。

不过大公司毕竟是大公司，技术绝对过硬。敷岛不仅卖法棍和丹麦酥，还推出了英式麦芬（English muffin，扁平的白面包，掰成两半吃）、酸黑麦面包（Sourdeugh-rye bread，带酸味的黑面包）、全麦面包（graham bread）、玉米面包（corn bread）、马铃薯面包（Kartoffel Brot）等各式异国品种，吸引了一大批爱尝鲜的顾客。

20世纪70年代的面包热有着显著的特征，那就是

"手工制作"重获青睐，消费者的关注也从战后的美式面包转移回了明治维新以来的欧式面包。面包从主食转变为零食，而这一变化对日后大型厂商的产品开发策略也产生了莫大的影响。《an·an》与《non-no》在这些欧式面包的时尚性中发现了金矿，大力深挖。尤其是法棍，还成了时尚硬照的常用小道具。

面包热还捧红了一部电视剧——1977年10月到次年4月播出的NHK晨间剧《风见鸡》将故事的舞台设在了神户的德式面包专卖店。主人公的原型海因利希·弗洛伊德利卜（Heinrich Freundlieb）正是敷岛面包刚创立时担任技师长的德国面包师。

吃过披萨才知道奶酪是会融化的

美式披萨（ピザ）也紧跟汉堡包的步伐，成了爆款美食。它的原型是诞生于意大利南部的意式披萨（ピッツア），早期的annon将它比喻为"意大利的大阪烧"，不过传入日本的披萨来自美国。第二次世界大战结束后，驻扎在意大利的美军士兵回到祖国，频频光顾意大利移民开的披萨店。久而久之，披萨就成了火遍全美的人气美食。而美国人的一贯思路就一旦发现好吃的，就要搞批量生产，走快餐路线。高效的燃气烤炉应运而

刚开业时的日本第一家"Shakey's"
（赤坂店提供：R&K Food Service）

生，揉制面团环节的机械化程度也越来越高了。到了60
年代，披萨已然成长为与汉堡包、热狗比肩的美国国民
食品之一。

　　1973年在东京赤坂开出首家日本门店的"Shakey's"
就是一家典型的美式披萨店。意式披萨是一整块，得用
刀叉切着吃，还有点小麻烦。而Shakey's的披萨上桌
时就是切好的，直接用手抓起来吃就行。这种"不讲规
矩"的感觉反而让消费者觉得特别酷。配料（topping）
的种类也多得惊人。无限量畅吃的午餐自助服务与早期
美式风格的内部装潢也在全方位强调"美式披萨是一种
美国食品"。

　　掀起迪斯科狂潮的电影《周末夜狂热》（*Saturday*

Night Fever），（1977）的开头描写了这样一个场景：饰演主角的约翰·特拉沃尔塔（John Travola）在小吃摊买了两块披萨。他把披萨叠在一起，一边大口吃着，一边大摇大摆地走在街头。这一幕给观众们留下了深刻的印象。

　　早在美式披萨连锁店进军日本之前，冷冻披萨就已经登上了寻常家庭的餐桌，只是皮特别硬，配料也少得可怜，味道实在不敢恭维。好在从 70 年前后开始，披萨店与意式餐馆（不是什么正宗的意大利餐厅，就是普通的休闲餐馆，主打来自美国的披萨与意面）慢慢多了起来。日本人通过它们不断积累经验，同时察觉到，原来奶酪能分成"天然奶酪"跟"再制奶酪"这两种。长久以来，日本人认定再制奶酪就是最正统的奶酪，殊不知它其实是用工业手法生产出来的山寨货，正宗的天然奶酪是一加热就会融化的。**"会融化的奶酪"**顿时让日本人如痴如狂。也难怪啊，大家之前根本就不知道奶酪会融化，还会拉丝呢。

　　于是乎，披萨不仅成了专卖店的拳头产品，更是广泛普及开来，甚至变成了咖啡馆的经典小食（披萨吐司也是当年很受欢迎的菜式）。不过随着"达美乐比萨"在 80 年代中期的粉墨登场，披萨将暂时失去"餐饮界之星"的光环，沦为叫外卖送上门的日常食品。

日西合璧的现煮意大利直面

日式现煮意大利直面跟汉堡包一样，也是在20世纪70年代前期逐渐流行起来的。为什么要特意强调"现煮"呢？因为60年代之前的意大利直面基本都是"提前煮好"的。放的时间久了，面当然会涨开变软，但当时市面上的主流是用番茄酱调味的日式那不勒斯意面和肉酱面，用软软的面条倒是合适得很。

谁知女性杂志掀起了大规模的启蒙运动，告诉读者意大利直面的精髓在于刚煮好时的筋道口感，留一点点芯子的 **"al dente"**（恰到好处的弹牙口感）才是意面的最佳状态，改写了人们对意大利直面的认识。然而日本人并没有立刻调转方向，追求正宗的意式风味，而是将al dente 和日式口味融合在了一起，真不愧是擅长日西合璧的日本人。

听到"现煮"这个词，消费者会不由自主地联想到用冒着泡的大锅开水豪迈地煮乌冬面、荞麦面的景象。市场上也的确出现了一批致力于演绎现煮感的餐馆，把锅子放在了能在柜台边看到的好位置。

据说和风意面的开山鼻祖是位于东京涩谷的 **"壁之穴"**[41]（译注：意为墙上的洞）。它是鳕鱼子意面、纳豆意面和酱油味的蚵仔意面的发祥地，也是第一家把绿

刚开业时的"壁之穴"
（提供：壁之穴）

紫苏和海苔用作意面配料的餐馆。听说店家当年还在香肠、培根等西式配料里加了少许海带粉，打造出了日本人更喜欢的味道。之所以想到用纳豆，是因为老板看到高松宫宣仁亲王把切碎的橄榄和欧芹加进纳豆里吃。

　　由于面条是接单后现煮的，比较费时间，店门口总是大排长龙。而这些队伍又反过来起到了一定的宣传效果。不久后，效仿**"壁之穴"**的和风意面馆如雨后春笋般开业。海胆、鲑鱼子、梅干、萝卜干、萝卜泥……各种费解的组合横空出世。

沙拉专卖店崛起　节食时代来临

　　沙拉也曾是红极一时的流行美食。延续至今的节食

《non-no》1975 年 8 月 20 日号
（摄影：安东纪夫、箕轮彻集英社）

时代终于正式拉开了帷幕。

　　"发现了超棒的沙拉店店～""鲜红可人的番茄物语""春天的味道！蔬菜沙拉""一起来学正宗的沙拉做法吧！""沙拉通云集的好店哦～""尽情感受太阳和泥土的味道，春季蔬菜沙拉""玉米的问候！""不爱吃蔬菜的男友也超喜欢！分量感十足的沙拉""沙拉之旅""土豆之旅""各种蔬菜的沙拉绘本""夏天就该吃海鲜沙拉""彼得兔的蔬菜沙拉""周末蔬菜料理""新鲜沙拉学""蔬菜 NOW！""秋意正浓沙拉图鉴"……20 世纪 70 年代的《non-no》是烹饪、探店指南和旅行三管齐下，大力宣传沙拉的美好。

　　然而日本人并没有生吃蔬菜的传统，直到战前都没有农民耕种用作沙拉的西洋蔬菜。在战后，日本历史最悠久的超市——青山的"纪之国屋"才应GHQ的要求吩咐近郊的农户种植生食专用的蔬菜，并在1949年成为第一处东京都指定的"洗净蔬菜销售点"。据说GHQ当时开了一个条件，那就是禁止使用大粪（人粪）施肥，只能用化肥。

不久后，沙拉逐渐普及到了老百姓的餐桌。不过在60年代之前，大家最常吃的终究是"管饱"的土豆沙拉和通心粉沙拉。而蔬菜沙拉一定是用生菜、黄瓜、番茄和罐装白芦笋做的，加上蛋黄酱拌一拌，最后用欧芹点缀一下就算大功告成了，而且这道菜在当时还算是难得一见的高档菜肴。

"吃好吃的东西，美美地变瘦"——生蔬菜做的沙拉完美契合了在年轻女孩心中逐渐萌芽的这种欲望，市面上也涌现出了大量的沙拉专卖店。

东京最有人气的沙拉专卖店叫"红葫芦"（赤ひょうたん）。它的老家在神户，1966年开到了东京。到了70年代，它已经在东京市中心开出了5家分店，每一家都挤满了女性顾客，生意火爆。

"有乐町的红葫芦。它可不是酒馆哦。爱吃沙拉的女生都知道的。要排好久好久的队才能吃上呢。店里买的都是沙拉，价格从290日元到790日元不等。它原本是开在神户的关东煮专卖店，所以才叫这个名字呢。总之光吃沙拉就饱啦。"（"an·an 报告"《an·an》1971 年 6 月 5 日号）—— 正如这段文字所描述的那样，店里有足足 17 种实惠美味分量足的沙拉，酱汁也有 4 种可选[42]。

每家沙拉专卖店都使出浑身解数丰富商品的种类。顺便一提，新宿纪伊国屋大楼地下的居酒屋"珈穗音"（至今仍在营业）在当年是靠沙拉出名的，鲍鱼海草沙拉的名气尤其响。

生吃蔬菜的习惯迅速渗透，市售的**瓶装沙拉酱**也走进了千家万户，让沙拉渐成家常菜。讽刺的是，沙拉专卖店在这个过程中日渐萧条，最后甚至消失不见了。

仿佛置身于巴黎平民区
—— 可丽饼、煎蛋卷、酥皮洋葱汤

自明治政府将法餐定为宫廷宴会的标配以来，法餐一直稳居高档菜肴的顶点。而可丽饼、煎蛋卷和酥皮洋葱汤正是源自法餐的流行美食。

它们在原产地都是随处可见，价格也便宜，却被时尚杂志形容得别有情趣 ——"要吃可丽饼啊，最好去平民区找小吃摊。那味道啊，超有巴黎范儿"（"法国的大阪烧可丽饼"《non-no》1972 年 5 月 5 日号）、"它

是巴黎老百姓最爱的冬季美食，最有平民区的风情，吃上一份肚子就饱了。就跟日本街头的餐车卖的拉面、锅烧乌冬似的，只是法国人好像更喜欢在洋葱汤和酥皮（gratiner）里寻找那样的温暖与怀旧感"（"洋葱汤和酥皮最适合秋风瑟瑟的夜晚"《non-no》1973 年 1 月 20 日、2 月 5 日合并号）、"要是法国人跟你说'我们去吃个煎蛋卷吧'，那就是去咖啡馆吃顿便饭的意思哦"（"煎蛋卷的灵魂"《non-no》同年 3 月 20 日号）。日本人心中根深蒂固的法国情结又怎么可能不被这样的文字所触动呢。

巴黎平民区的美味甩掉了权威与格调，潇洒而俏皮，很快便悄然流行开来。它们也成了在 20 世纪 80 年代火起来"B 级美食"（B 级グルメ）的先驱。

用法式面包与奶酪盖住洋葱汤，送入烤箱加热，便是**法式酥皮洋葱汤**了。"上半部分是酥皮，下半部分是汤，所以这道菜得用刀叉吃。奶酪就跟年糕似的，可以拉得很长很长，面包吸满了汤汁，分外柔软。又上一块送到嘴边，吹几口气，免得烫伤舌头。只需尝上一口，刺骨的秋风仿佛都被赶跑了呢。"（《non-no》1973 年 1 月 20 日、2 月 5 日合并号）从这些文字也能看出，在当时的人们眼里，酥皮洋葱汤是一种介于浓汤和焗菜之间的食品，神秘得很。

如今它已家喻户晓，还有了"酥葱汤"（オニグラ）

这样的昵称，不过当年对它怀有无限憧憬，想方设法要尝上一尝的日本人貌似很多，以至于这样一道菜竟成了巴黎之旅的重头戏。70年代在巴黎进修的厨师们也说，日本游客无论走进哪家店，都一定要点酥皮洋葱汤，无一例外，而且就只吃这一道菜。对法国人而言，这大概是一种相当奇异的行为。

撇开那些看过石井好子的《巴黎的天空下流淌着煎蛋卷的味道》（生活手帖社，1963）的人不提，大多数日本人原本只觉得**煎蛋卷**是一道平凡的早餐小菜。当他们意识到它居然是法国菜的时候，一定感受到了某种文化冲击。

"我们也可以说，法国人的美食之所以驰名于世，是因为他们运用了各种材料与技巧"（《non-no》1973年3月20日号）、"穿着不加修饰的裙子时，一个人的脾性与品味反而会展露无疑。同理，有位美食家说过，'煎蛋卷是所有菜肴中最简单的，但优秀厨师的创意与技巧，也能让它升华为最杰出的美味'""毕竟它是一款历史悠久的美食，据说在庞贝古城的遗迹里都找到了疑似煎蛋卷工具的文物呢。你可千万别不把煎蛋卷当回事哦"（"自制美食的艺术品煎蛋卷的味道"《non-no》1974年11月20日号）……正因为煎蛋卷很平凡，时尚杂志才要大肆宣传它在法国文化层面与烹饪技术层面的不凡，让它摇身一变，成了一款高端大气的流行美食。

有人将玉子烧比喻为日本料理的终极形态，又将法国的煎蛋卷跟玉子烧联系在一起。这套逻辑虽然有些牵强，却也有几分说服力。自那时起，日本人便讲究起了煎蛋卷的完成度，尤其是"半熟"这一点，为日后的蛋包饭热潮埋下了伏笔。

可丽饼则是很快演变成了快餐食品。日本第一家可丽饼摊"Marion Crêpes"在1976年于东京涩谷的公园大道开业。店员会把大号面饼卷成喇叭形，用纸包好递给顾客，这样就能边走边吃了。第二年，Marion Crêpes开到了原宿的竹下大道，引爆了舆论。这种形式的可丽饼也迅速普及到了日本各地。巴黎的可丽饼摊只有糖、果酱、巧克力这几种馅料可选，日本的可丽饼却会卷上满满的鲜奶油、水果和冰淇淋，颇有些创意糕点的华美感，正合日本消费者的口味。虽然如今的可丽饼已不再是潇洒别致的平民美食，但可丽饼摊已经开到了日本的角角落落，成了旅游景点的标配。

青春的炽热浪漫在咖啡馆萌动

咖啡馆掀起的热潮也是相当了得。今天的咖啡馆市场是连锁品牌的天下，当年却满街都是个人经营的个性小店。男女老少都有自己中意的店，时不时要去报个到。讲得出咖啡与红茶的小知识，也被当成了知性与教养的证明。

其实咖啡馆在很久以前就成了街头巷尾的必需品。只是1970年一过，在"店家是怎么制作咖啡跟红茶的"、"用的是什么样的咖啡豆与茶叶"、"能享受到怎样的氛围"等方面格外讲究的人一下子多了起来，市场上也出现了大量以正统派自居的**咖啡专卖店**与**红茶专卖店**。甚至冒出了一杯咖啡要价10万日元的奇店[43]。

"每个人都有自己喜欢的咖啡馆对吧？可是为什么呢？你为什么喜欢那家店呢？因为装潢风格很时髦？因为红茶是川宁牌的？因为服务生很帅？还是因为海绵蛋糕、炒饭和鸡肉小菜的味道好？有些铁公鸡更看重便宜实惠的价格，有些人则偏爱高贵奢侈的豪华版。找一家冷清破旧的咖啡馆，想象自己若是遭遇不幸，是不是也会沦为娼妓，倒也有趣得很。咖啡馆的魅力就在于随随便便走进去的客人。去各种各样的咖啡馆探险，找到自己的秘密角落吧"（"带感的咖啡馆"《an·an》1971年6月20日号）、"可以跟朋友愉快地聊天，可以倾听男友的温声细语，也可以傻坐着发呆的地方——咖啡馆。/那里有小小的青春时刻，也是可爱的梦想无限壮大的地方……"（"咖啡馆——non-no在那里发现了小小的青春"《non-no》1973 年 10 月 20 日号）——

正如 annon 用激情四射的文字所描述的那样，女孩子们想在咖啡馆寻找**青春的浪漫**，而男同胞们也不甘示弱。**男人的浪漫**也是灼热非常呀。

好比在"你知道享受咖啡的三原则吗？"（《平凡punch》1971 年 3 月 29 日号）一文中，现场采访记者竹中劳先是宣布："咖啡的历史告诉我们，无论遭到怎样残酷的打压，人类都绝对无法舍弃对它的喜爱。"接着又进行了这样的定义："（1）鼻子、（2）舌头、（3）眼睛和耳朵。也就是说，先闻香味，再缓缓感受舌尖的触感，最后品味四周的氛围。这就是享受咖啡的三原则。"他通过这篇文章介绍了正确的咖啡冲泡方法和正宗的咖啡馆。

当时的咖啡专卖店主要分成三大流派：滤布、滤纸和虹吸壶。主打滴滤咖啡，在水温、注水速度等细节方面有独到坚持的"考究型老板"坐镇的店总能吸引到更多的瞩目。咖啡豆必须是自家烘焙的，配比也是原创的，除了各种纯咖啡，还有维也纳咖啡（译注：在浓缩咖啡上挤上一层鲜奶油）等花式咖啡可供选择，饮品单上列着 20 ～ 30 种咖啡的店也不在少数。

有些咖啡馆不光讲究器具，连餐具都是精挑细选的。英国骨瓷与丹麦王室御用品牌"皇家哥本哈根"

"高野印度茶中心"

（摄于 1977 年前后，提供：新宿高野）

（Royal Copenhagen）的杯子备受追捧。注重规矩、道具
与精神性，简直跟茶道有得一拼。

红茶也与咖啡一样，确立了"正确"的冲泡规矩。
20 世纪 60 年代之前的红茶以美式的柠檬茶为主流，不
料**英式奶茶**后来居上，"一人一茶匙茶叶，再多加一勺
给茶壶用"成了最正统的泡法。红茶专卖店也是在这个
时候发明了上茶时一并奉上沙漏的法子。某些特别有个
性的红茶馆还推出了带苹果甜香的法式苹果茶，也很受
欢迎。

1973 年，印度政府为了推广红茶在东京新宿开设了"高野印度茶中心"。公派的宣传官员亲自上阵，为顾客冲泡正宗的红茶，一杯只需 100 ～ 150 日元，相当实惠，顿时吸引了一大批年轻的女性顾客。喝法足有 40 余种，选项繁多。称重售卖的散装茶叶有 3 种，分别是大吉岭、阿萨姆和尼尔吉利，50 g 起售。在东京，"根据产地挑选红茶"的习惯应该是从这家店普及开的。

咖啡馆是日本引以为傲的发明

话说回来，日本的**咖啡馆文化**早在前文之前就已经十分发达了，甚至可以用成熟来形容。

咖啡豆的进口量在 1937 年（昭和十一年）迎来了战前的巅峰，东京市内约有 15,000 家咖啡馆[44]。咖啡与 20 ～ 30 年代的大众文化紧密联系在一起，而咖啡馆则成了都市居民的社交平台。当年大热的流行歌曲《从一杯咖啡开始》[45] 的歌词（"梦想的花朵，也有可能从一杯咖啡开始～"作词：藤浦洸）也能体现出那个时代的氛围。

咖啡是休闲的小道具，红茶却是中、上流家庭的首选饮品。尤其是**"立顿"**的茶叶，在当年备受推崇。

战前的日本咖啡馆文化就是如此考究。在二战结束后，咖啡店的复兴速度也格外得快。嗜好饮料不同于受政府管控的食品，虽然也有官方定价，但相关的买卖完全处于无人管控的状态。咖啡馆也可以随便开，所以它也成了战后率先复活的行业之一。话虽如此，在1950年重启咖啡豆进口之前，市面上流通的是用GHQ的处理品泡的豆渣咖啡，味道怎么样就可想而知了。

渐渐地，继承了战前的咖啡馆、牛奶棚和纯喫茶（译注：不销售酒类饮料，主打茶饮与小食的咖啡馆）的业态，并在此基础上强化了个性的咖啡馆粉墨登场了。

开到第二天早上的深夜咖啡馆（容易滋生不法行为）、同伴咖啡馆、能听音乐的名曲咖啡馆、爵士乐咖啡馆、香颂咖啡馆、歌声咖啡馆、走情色路线的打工沙龙咖啡馆（介于夜店与咖啡馆之间）、美男咖啡馆、裸体咖啡馆、美人咖啡馆、靠廉价取胜的立式咖啡馆、不走寻常路的榻榻米咖啡馆、民间艺术咖啡馆、涂鸦咖啡馆、小电影咖啡馆（放映短篇电影）、电话咖啡馆、电视机咖啡馆……亏当年的人能给咖啡店附加这么多五花八门的功能。

列出来一看，我便不由得感叹日本的咖啡馆已然超越了原有的功能，分化出了多种多样的形态，堪称世界级的大发明。把如今的漫画咖啡馆、女仆咖啡馆都看成这种悠久传统的产物，理解起来应该也会更透彻些。

annon 族与农协团
—— 旅行和流行美食的亲密度

如前所述，"旅行"是早期 annon 的特征之一。拿着这两本杂志走访小镇，享受逛吃乐趣的年轻女性受到了全社会的瞩目，催生出了流行语"annon 族"。

1970 年 10 月，国铁启动了主题促销活动"探索日本"。女孩子们被海报上的宣传语"美丽的日本与我"触动了心弦，踏上旅程。而传授**游览观光**的时髦技巧给她们的，正是 annon。

annon 的日本之旅打破了"名胜古迹"的惯常框架，放眼全国各地的角角落落，连边境与秘境也不放过。介绍传统工艺、民间艺术兴盛的城下町与土气的乡下小镇更是他们的拿手好戏。要想在旅途中有所发现，远离日常的舞台是必不可少的。

让我们简单回顾一下《non-no》创刊初期的旅行特辑吧。"天涯海角的旅情 —— 北海道纲走""神户 —— 异国情调（étranger）流淌的港口城市""木造酒店的诗与旅情""天草 —— 涛声与十字架的小城""水上勉追忆之旅 —— 从栃之木山口到余吴之湖""飞騨高山 —— 活在自然美中的小镇""凝望平静与寂寥的日本海""木曾路——探寻走向消亡的街道与驿站""民间艺术的馥郁芬芳——松本""轻井泽——光与影的序曲""沟渠与白秋的诗情——柳川""故乡感伤旅行——行走能登路""吉备路——追寻神话与历史的故乡""大自然的协奏——北海道""田泽湖线的旅情""去往陶器之城与基督徒的小岛——唐津、有田、平户"……净是些无比**清高**又极具**文学色彩**的标题，看着直教人感叹。

文章里用的比喻也是相当了得。好比在"乘上高原的浪漫——小海线"（《non-no》1972 年 8 月 20 日号）中，清里被比作了"日本的蒂罗尔"。对川俣溪谷的描述是"有许多白桦与冷山，仿佛置身于瑞士洛桑的郊外"。野边山被形容为"风景神似乌拉尔山脉的山脚下，有种大陆的感觉"。形容佐久的海之口牧场的部分就更绝了："那是一座闲静的牧场，仿佛能听到希腊神话中的牧神演奏的笛声"。

旅行与美食当然是成对出现的，编辑部发掘了不少稀罕的美味，直教人感叹"亏你们能找到这种东西"。annon 想要实现的，就是在逛吃的同时"探索日本"的旅行吧。

1970 年也是战后海外旅行史的重要转折点。政府放宽了多次往返护照的颁发条件，出国手续变得容易办理了。日航的大型喷气式客机也投入了使用，开启了批量运输时代，空中旅行的成本大幅降低。在那一年，日本共有66万3467人出国，其中有百分之二十几是女性，而女性旅客中有四成是20～29岁的annon世代（《女人的战后史Ⅲ》）。《绿山墙的安妮》、《海蒂》等外国小说的日文版是她们的必读书，书里提到了各种外国菜肴与糕点。而annon的海外特辑就为她们指明了方向，告诉她们该去哪里品尝。

1971年，美国总统尼克松宣布美元与黄金脱钩，"1美元＝360日元"的时代告终。随着日元愈发强势，出国旅游的日本人急剧增加，参加日航旅游团等团队游成为新风尚。"农协团"（译注：约等于"农民旅游团"，讽刺第一次出国开洋荤的人）一词就是这波流行的绝佳象征。普通人也能随意出国，体验正宗的美食了 —— 这也促使日本人挥别以往的日西合璧型料理，为80年代全面追求正宗美食的热潮打下了基础。

红茶菌究竟是怎么回事

既然讲到了20世纪70年代，不详细讲讲**红茶菌**肯定说不过去。它像暴风雨一样说来就来，说走就走，堪称70年代的头号爆款。能不能把它定义为"流行美食"

呢？这的确是个让人头疼的问题，反正在当年的日本，红茶菌的流行绝对是现象级的，无论走到哪里都能看到它。

桥本治也在《二十世纪》中写道，1975年是"只有'红茶菌狂潮'"的一年。据说"将来路不明的'菌种'加入红茶液，经过一段时间的培养，红茶就变成了'有益于身体的饮品'"。于是"一传十十传百"，明明店里都没有卖，红茶菌却只靠着"你送我我送你"的"善意"，"将'健康'播撒到了全日本。而且这种不可思议的现象持续了很长一段时间，然后又突然消失了"。谁也没搞清红茶菌究竟能为身体带来怎样的益处，"也没有'红茶菌的危害'流传开的迹象，留下的唯有一个

《红茶菌保健法》

（中满须磨子，地产出版，1974年）

疑问：'那到底是怎么回事？'"——反正整件事都很**离奇**。天哪，红茶菌到底是什么来头啊？

其实在 70 年代，各种保健法与民间疗法是你方唱罢我登场，红茶菌并非唯一的特例。踩青竹（译注：一种足底按摩法）、大蒜、香菇、小球藻（chlorella）、梅子、茶、灵芝、糙米、醋、枸杞、芦荟、拉伸挂架保健法……中药也以日中邦交正常化为契机火了一把。

这些热潮的背后，可能是渐成社会问题的公害病与药害，也可能是对现代科学与现代医学加速增长的怀疑。民间疗法往往带有明显的唯心主义倾向，有些简直跟宗教的修行相差无几。1974 年被尤里·盖勒（译注：Uri Geller，以色列魔术师，最著名的表演是不借助任何外力把勺子弄弯）点燃的超能力与灵异热潮说不定也在其中发挥了一定的推进作用。不过话说回来，红茶菌到底是如何脱颖而出，创造了红遍全国的奇迹呢？

满城风雨从 1974 年 12 月出版的《红茶菌保健法》开始。官方对外宣称此书的作者是年过古稀的前读卖新闻编辑局长夫人中满须磨子，其实真正的执笔者是前读卖新闻社会部长小川清。

红茶菌在日语中写作"红茶キノコ"（红茶菌菇），但人们后来才查出它并不是菌类，而是酵母、醋酸菌、乳酸菌等菌类混合而成的活菌。可那本书里竟写着，

"'红茶菌'这个名字是苏联农民代代相传的爱称",但"人们传承它的时候并不知道它到底是植物还是动物"。书里还把红茶菌捧成了万能神药,说什么"全民常喝红茶菌的村子没出过一个因癌症或高血压死去的人",只要多喝培养过的红茶,便能"收获奇迹般的治疗效果,让近代医药权威震惊,给绝望深渊中的患者带去起死回生的惊异"。

功效好到出奇,培养过程却极其简单,也不费成本。只需把橡皮那么小的菌种片丢进红茶里培养一段时间,它便会以肉眼可见的速度增殖变大。书中如此强调:"所谓的民间疗法总是乘人之危,利用患者'不惜一切代价都要治'的心理索要高昂的报酬,而红茶菌与它们有着本质性的区别。"书后附有申请书和回信用的信封,信封上还提前贴好了价值20日元的邮票。只需回信给出版社,就能免费领到菌种——这就是这本书设下的小机关。

也许是"免费白送"的反商业主义行为赶跑了"神秘万能药"头顶的疑云,也许是它的"来路不明"与灵异色彩打动了日本人,亦或许是"苏联长寿村"的出身特别合日本人的口味。一眨眼的功夫,红茶菌的神奇便传开了,菌种也在人群中广泛流传。从1975年春天到夏天,一波诡异的红茶菌狂潮席卷了日本列岛。

电视与报纸杂志也不约而同地将视线转向了它，**"茶菌党"** 的名人们纷纷以自己的亲身经历讲述红茶菌的神奇药效。"大便通畅多了，印堂发亮，全身充满了活力"（作家丹羽文雄）、"才一年的功夫，胆固醇值就恢复正常了"（评论家丸冈秀子）、"以前肩膀酸痛得厉害，现在一点都不酸了"（防卫厅长官坂田道太）、"心脏的压迫感和肩膀的酸痛都消失了"（乐队队长查理石黑）、"胆囊炎都好了"（评论家田口道子）、"角膜炎彻底痊愈了，全身的过敏都治好了"（小田急百货店专务董事横山扬）、"血压原本有 210，现在稳定在 170～100 了"（诗人及川均）……无论是有良知的文化人，还是政治家、实业家或演艺圈人士，都在为红茶菌痴狂（《主妇之友》1975年 8 月号）。

然而随着热潮的逐渐升温，有越来越多的学者对红茶菌的功效提出了质疑，"红茶菌有害说"也浮出了水面，以至于热度在同年夏末便开始降温，到了 10 月就完全偃旗息鼓了。如此迅速的"落幕"倒也颇具灵异色彩。

从美国反向输入的日式饮食文化

后来也没有传出"红茶菌把人喝出病来"的消息，只留下了一段教人哭笑不得的回忆。在关于神奇功效的种种汇报中，出现频率最高的是"胆固醇值／血压下降了"以及"皮肤／身材变好了"。**成人病（生活习惯病）**与节食已然成为全体国民的重大关切。

但我们也不得不承认，正是当时的日本人对健康抱有的严重焦虑造就了这场只能用"心诚则灵"来形容的疯狂闹剧。也正是在 1975 年，有吉佐和子的**《复合污染》**拿下了畅销榜的亚军，书名本身也成了流行语。

故事从市川房枝（译注：日本妇女解放运动的先驱）竞选参议院议员讲起，讲着讲着却变成了对种种污染的告发。化肥与除草剂污染了农田，农药污染了农作物，工厂废水与合成洗涤剂污染了河川，有害的添加剂污染了加工食品……而且这些污染还有可能相互结合，使毒性升级。作家本人也出现在了作品中，介绍具体事例的时候甚至没有隐去相关者的姓名。整本书里几乎没有多少虚构情节，而是深入浅出地为读者们剖析了复合污染的实际情况。总之这是一本很奇特的小说，既称不上虚构文学，却也不是纪实作品，不过读起来很有节奏感，也正因为如此，看过之后才会一阵阵后怕。

《复合污染》让读者意识到，食品已经被有毒的添加剂和农药严重污染了，愤而高呼："是谁把日本变成这样的！"你要是看了那本书，怕是也会觉得自己吃什么都要生病的吧。作者还用大量篇幅刻画了水俣病、痛痛病（编注：由镉中毒引起的关节疼痛怪病）、四日市哮喘、米糠油事件等公害病。

食品公害、药害与环境污染问题接连曝光，迅速拉高了人们对 **"健康饮食"**（多吃有益于身体的东西）和 **"自然饮食"**（多吃没被现代文明荼毒的东西）的关注。这也成了 70 年代的主旋律。

当时的自然饮食风潮带有浓重的"回归传统"色彩，人工食品当然是吃不得的，肉类、奶制品、白米、白面包与白糖都遭到了否定，吃素、吃糙米饭备受推崇。一言以蔽之，就是"回归江户时代之前的饮食生活"。以杂粮为主食，豆制品顿顿不落，以蔬菜、野草、山菜为副食，用植物的叶子当甜点的"古代食谱"也流行过一阵子。

1977 年，美国参议院的"营养问题特别委员会"发布的"美国膳食目标报告"（人称"麦高文报告"[McGovern Report]）又为回归传统运动添了一把柴火。报告敲响了警钟，称美国人的十大死因中，心脏疾病、脑卒中、动脉硬化、癌症、肝硬化和糖尿病的主要原因在于过量摄入脂类、碳水化合物（膳食纤维除外）、盐和胆固醇的饮食习惯，如果不减少总脂肪摄入量、饱和脂肪、精制糖、加工糖和食盐的摄入量，控制碳水化合物在每日摄入的总热量中所占的比例，发病就是在所难免的。

　　说得再具体些，就是不能光吃富含脂肪与胆固醇的红肉，得多吃低脂的鱼肉与鸡肉，还要增加谷物与蔬菜的摄入量，甜的糕点与软饮料则要少喝，将体重控制在正常的范围内。而日本人的饮食习惯刚好比较接近美国人想要实现的均衡膳食，于是寿司便在纽约等大城市一跃走红了。

　　麦高文报告成了流行美食史的重大转折点。日本在二战后一直以美式饮食生活为目标，美国人却主动承认自己的吃法是有问题的，为始于文明开化、并由官方大力推进的"饮食西化"运动画上了句号。于是在紧随其后的 80 年代，多样性成了流行美食的关键词。

　　再加上日本料理在美国成了"健康食品"的代名词，得到了西方世界的认可，回归传统派的势头就更猛了。而"追求健康"也发展成了流行美食的一大潮流。

葡萄酒的走红改变了饮酒方式

　　在 1972 ～ 1973 年，日本诞生了一个新词——"新家庭"（New Family）。年轻夫妇的形象也频频出现在电视广告中。新词诞生的背景是团块世代（译注：战后第一波婴儿潮人口，是 20 世纪 60 年代中期推动经济腾飞的主力）的夫妇对自有房产的追求，以及注重时尚性的生活方式。

三得利从 1972 年开始为旗下的朵丽卡（Delica）葡萄酒推出了针对新家庭群体的促销活动，"星期五是买葡萄酒的日子"。目标群体是年轻的夫妇，丈夫在采用双休制度的企业工作，妻子是家庭主妇。广告的核心概念是"在星期五的夜晚，夫妻二人品尝美酒，享受精彩一刻"。广告文案中有这样一句话："精通葡萄酒也是贤内助必备条件呢。"性别分工色彩依然浓重，好在产品本身价格实惠，大瓶 500 日元，中瓶 280 日元，所以卖得非常好，引爆了**第一次葡萄酒**热潮。

在 60 年代之前，饮酒的主要目的是"醉"。但是在葡萄酒的语境中，醉是次要的。它是为烘托菜肴的美味而存在的佐餐酒，同时也是酒类中唯一的碱性饮品，这一点也引起了消费者的关注。最关键的是，葡萄酒散发出了浓郁的欧洲文化味，特别时髦。在家里吃西式菜肴的机会迅速增加，女性外出就餐时也能随意品尝酒精饮品了。且不论喝酒的女人们有没有当好"贤内助"，反倒是对葡萄酒的普及起到了推波助澜的作用。自那时起，女性的饮酒行为将彻底改写日本人的饮酒方式，极大地推动酒精行业的发展。

聪明的女人和厨艺高超真能画等号吗?

1977 年是**新女性杂志扎堆创刊**的一年。以"夫妻俩一起看的新家庭生活志"为理念的《Croissant》(平凡出版)、"专为享受生活的夫妇设计的快乐杂志"《Aruru》(主妇与生活社)、以"献给探索女性新未来的你"为口号的《潘多拉魔盒》(牧神社)、以"活得更美更知性"的高质量生活杂志为目标的《MORE》(集英社)、定位为"专为女性服务的情报杂志"的《NORAH》(妇人生活社)、高举"Magazine For New Woman"的《我是女人》(JICC 出版局)……它们的目标读者群体都是比 annon 族年长些的姐姐辈。

这些杂志带着精心构思的名字与广告语华丽登场,然而除了《Croissant》和《MORE》,其他的都只办了一年就停刊了。《Croissant》起初也是业绩萎靡,后来抛弃了"新家庭杂志"路线,转型为"专为女性读者服务的报纸",以女性的自立为主题,销量便有了起色。而《MORE》打从一开始就把目标对准了职业女性。"**飞翔的女人**"[46] 也是 1977 年的流行语。

这两本杂志留给烹饪板块的页面比起 annon 有过之而无不及。只是 annon 强调了烹饪的爱好属性与休闲属性,而《Croissant》和《MORE》以专业厨师烹制的美食为理想型，介绍的食材与烹饪技术也都很正宗，难度当然也高。言外之意，"能在高水平的烹饪中发挥创造力，才是真正自立的女人"。它们明明标榜女性的自立，我们却能从字里行间感觉到某种把女人召回厨房，意欲将烹饪再次变成义务的反动与压迫。

1976 年出版的畅销书《聪明的女人厨艺好》便是这种思潮的典型。作者桐岛洋子在当时是《Croissant》和《MORE》的御用文化评论家，也是"飞翔的女人"的意见领袖。

作者首先承认自己是个女权主义者，随后写道："烹饪是人类生活的基本能力，放弃了这种能力的女权主义者实在令人担心，我已不忍直视"、"优秀的女人一定也是优秀的厨师（中略）反之亦然，不擅长下厨的女人也一定是不入流的女人"、"烹饪是一种能充分发挥个性与才能的创造性工作"，还给读者推荐了一堆"不带烟火气、令人大吃一惊的美味佳肴"，诸如比在马赛本地吃到的更"感人"的加勒比海马赛鱼汤（bouillabaisse）、象征女权主义的烤猪排（spare ribs，因为造物主用亚当的肋骨创造了夏娃）等等。

不仅如此，作者还鼓励读者"追求厨房美学"，让大家配齐双槽水池、三头燃气灶、带冷冻室的双门大冰箱外加专用的冷冻柜、带恒温器的烤箱等各种厨具。当年的日本人住着堪比"兔子窝"的小房子，哪有地方放这么多东西啊？要凑齐的装备也太多了吧。手脚再麻利，准备工作再到位，做这些菜至少也要耗费半天以上的时间。作者还建议读者用花朵图案的华丽陶壶腌制米糠酱菜，壶本身也能起到装点厨房的作用 —— 看到这儿，我都忍不住喷饭了。

虽然《聪明的女人厨艺好》将女性的自立与对美味的不切实际的追求轻易联系在一起，但它和那些新女性杂志并没能阻挡家务合理化、省力化的时代浪潮，倒是为 20 世纪 80 年代的正宗美食热做好了铺垫。要不了多久，停留在纸上谈兵阶段的豪华美味便会真的出现在日本人面前。

老爹们也加入了流行美食 —— 札幌拉面

1967 年，札幌拉面馆"道产子"在东京的两国（编注：两国为地名）开出了第一家店。《生活手帖》总编花森安治在 1954 年的《周刊朝日》中将札幌誉为"拉面之城"。自那时起，札幌拉面的好名声便悄然传开了。

"道产子"的生意十分火爆，当年便发展成了连锁店，首年度就开出了 22 家。到了第二年，加盟店便超过了 100 家。1970 年达到 300 家，1971 年 500 家，1977

年终于突破了 1000 家。除此之外，市面上还出现了大约 20 个札幌拉面连锁品牌，在 20 世纪 70 年代掀起了一股遍及全国的**札幌拉面**旋风。

最先乘上这股热潮的是本就爱吃拉面的老爹们，一大批拉面美食家应运而生。他们满大街搜寻札幌拉面的招牌，吃遍各大品牌，比较各家风味的优劣。在老爸的影响下，全家一起光顾拉面馆的机会也渐渐变多了。

味噌风味的札幌拉面当然是最经典的，不过"把味噌用于拉面"其实是现代才有的事。

据说札幌第一家推出味噌拉面的面馆叫"味之三平"（1948 年创业）。为了突出北海道特色，店里原本卖的是用洋葱和黄油做的酱油味拉面。谁知一位经常光顾的美国客人告诉店主，"Maggi 浓汤宝"的老板在美国版《读者文摘》（Reader's Digest）里提到，"在全世界那么多含热量的调味料里，日本的味噌是最棒的。我的浓汤宝之所以能在日本卖出去，完全是因为日本人忘记了味噌"。于是店主一咬牙一跺脚，试着把味噌加进面里，开启了味噌拉面的历史。1958 年，这款拉面正式登上菜单。原来美国也在这种北海道特沙拉面的诞生过程中起到了一定的作用。

不断升温的札幌拉面热在 1978 年前后达到巅峰，之后便开始走下坡路了。加盟店的店主往往是从餐馆跳槽过来的，要么就是辞职下海的工薪族。知道正宗的札幌拉面应该是什么味道的人猛烈抨击加盟店，说他们做的是"企业拉面"。无论去到哪儿，吃到的都是一样的味道，这也让消费者产生了厌倦。《an·an》在美食指南特辑"只看味道的话，拉面馆还是得选这50家"（1973年3月5日号）中做出了这样的定义——"拉面好不好吃，关键还是在于汤和面。／自主研究汤和面的配方的拉面馆，才称得上高水平的拉面馆。"当时明明是札幌拉面的全盛期，入选特辑的却只有一家。

即便如此，札幌拉面还是值得我们铭记，因为它是有史以来第一次以品质论英雄的拉面。这场拉面旋风一直延续到了80年代至90年代初的"本地拉面热"与90年代后期开始的"个性派面馆老板热"。如今，日式拉面甚至反向出口到了拉面的老家——中国，在当地作为日本美食引爆了拉面热。

属于男人的烹饪热潮终于到来
—— 从常识走向实践

就在桐岛洋子呼吁女性回归厨房的同时，男人们**也对远离厨房的主妇揭竿而起**了。男同胞们主动拿起菜刀，抢起炒锅。"男性烹饪热潮"就此揭开帷幕。

热潮的导火索是《檀流烹饪》、《男人的厨房》等"会做菜的男人"写的烹饪随笔。毕竟日本一直都有"好男人不下厨"的说法，探讨美食都得遮遮掩掩的，想进厨房的丈夫甚至会被揶揄为"蟑螂老公"（ゴキブリ亭主）。这些随笔讲述了烹饪的乐趣，刻画了男人对美食的执念，将烹饪变成了男人的基本素养，也让男人涉足厨房这件事日趋正当化了。

而真正引爆热潮的契机之一，是从 1977 年 12 月在《周刊 POST》的彩页开始连载的专栏。专栏的名字也非常直截了当，就叫**"男人下厨"**。

"男人下厨，那不叫劳动，而是兴趣爱好。男人下厨，那不叫做家务，而是创造。"专栏从一句似曾相识的口号开始。"站在本能的角度看，男人就是比女人擅长做菜！这种奢侈的爱好只有一个目的，那就是享用美食！男人愿意为'美味'倾注自己的所有。无论老婆如何批评，都只忠于自己的舌头。说到底，男人下厨就是在复活失去的男权与父权！"口气倒是不小，可这个专栏也是每期介绍一道菜，结合照片详细讲解烹饪步骤，页面结构与以往的主妇杂志烹饪板块并无二致。不过菜肴本身倒是奢侈至极，追求正宗的味道，照片则是美食摄影师的先驱佐伯义胜使出浑身解数打造的力作，文本的特征就更鲜明了，连描述烹饪步骤的部分都写得气势汹汹，盛气凌人。

"男人下厨会" 也是在 1977 年秋天正式成立的。会员们定期举办例会，在讲师的指导下努力学习烹饪。下厨会的活动还是很和平的，成立宣言却激烈得很——

"食品是我们的生命之源，然而在生产、流通到烹饪的过程中，人们只把食品当成单纯的'东西'，马虎对待，这让我们怒不可遏。愤怒的矛头，直指众多既不用心，又不努力，只靠义务感与惯性处理日常烹饪的主妇们——。/ 于是我们下定决心，亲自走进厨房，调动所有的想象力与创造力，站在吃饭者的角度，怀着一片真心投身于烹饪大业。/ 广大男性同胞平日里置身于监视社会，总是忙得不可开交。对我们而言，构思菜式、外出采购食材和烹饪正是调节心情的最佳方法，也是一种非常知性的休闲方式。/ 下厨的男人往往会遭到世人的挪揄与冷笑，但我们将同心协力与之抗衡，只愿有朝一日，这种知性而富有建设性的快乐能普及到全社会。"

他们看不惯堕落的主妇在家务方面偷懒，认为从女性手中夺回厨房的大权对日本的饮食文化大有助益。虽然劲头挺大，却是雷声大雨点小。也许是受到了上述思想的局限吧，男性做家务的时间在热潮过后并没有丝毫的上升。不过我们必须承认，他们通过强调烹饪是一种高尚的趣味，抹去了原本在日本社会根深蒂固的意识——"男人下厨是可耻的"。"我的爱好是下厨""享受美食是我的人生乐趣"……男人也能堂堂正正地说出这些话的时代终于到来了。于是乎，男人便和女人携起手来，一同涌入了日后的美食狂潮。

注释：

1　出自"森永 YELL 巧克力"的电视广告歌，"大就是好，嘿呀，好吃就是好"。作曲家山本直纯用夸张的动作指挥 1500 余名参演者大合唱。1967 ～ 1968 年（昭和四十二～四十三年）播出，成为当时的流行语。

2　1969 年的流行语。巴基斯坦首相布托（译注：网上查到布托当时是外交部长）在 1965 年的亚非会议记者招待会上首次使用这个词，赞誉日本通过努力成长为经济大国。之后它才逐渐演变成贬义词。

3　出自富士施乐的电视广告。这支广告注重氛围，带有强烈的主旨色彩，从头到尾只拍摄了一身嬉皮士扮相的加藤和彦举着写有"BEAUTIFUL"的标语牌和鲜花走在银座街头的模样。1970 播出，被认为是向 20 世纪 60 年代的猛烈主义与扩大主义提出了疑问。

4　1955 年于美国马萨诸塞州波士顿开业的甜甜圈连锁店。首家日本门店开在大阪的箕面。

5　汉堡包连锁店，店名取自美国漫画《大力水手》的登场人物。首家日本门店开在大阪的心斋桥，但第二年就关门了。据说原因在于消费者不太接受用刀叉的英式吃法。

6　全球最大的甜甜圈连锁店，于马萨诸塞州昆西市创业，1955 年开始以加盟方式拓店。首家日本门店开在银座。

7　大荣创立的日本首个汉堡包连锁品牌。

8　1925 年创业。在美国餐饮业的连锁品牌黎明期率先研发出 28 种口味的冰淇淋，与其他品牌拉开了显著的差距，而且店内还有汉堡包、热狗、牛排等产品可供选择。另外公司料定会有大量顾客开车前来，便制定了在城镇的偏僻处开店的新战略，大获成功，被誉为"美国餐饮界之王"。

9 立川由里被认为是日本第一位"兼具个性与名气的模特"。她也是《an·an》专属设计师金子功的妻子。从创刊到1972年的每期刊头彩照都有她登场。

10 出自桥本治的处女作，小说《桃尻娘》（《小说现代》，讲谈社，1977年）。全书以女高中生的口语写成。用这种文体翻译的古典文学作品《桃尻语译枕草子》（河出书房新社，1987年）的第一段从"春天嘛，就是破晓最棒了！"开始，以"但是到了中午就暖和了，整个人都倦了，火盆里的火都没人管了，全是白色的灰，不要太土哦！"结束。

11 集团形星出版。明星减肥宝典的开山鼻祖，狂卖150万册。歌手弘田三枝子在书中介绍了自己成功减重18 kg的经验。

12 "déjeuner"是法语，意为"午餐"。揶揄"有闲工夫和闲钱去著名餐厅享用午市套餐的全职太太团"的称呼。据我调查，这个词的出处是《Hanako》1988年11月24日号的"午餐太太蜂拥而至的14家高级法餐厅！"。

13 1954年创立于美国印第安纳州的汉堡包连锁品牌。与通用食品公司（General Foods）合作，在神奈川的茅崎开设首家日本门店，但不到一年就关门了。

14 源自日本的汉堡包连锁品牌，以契合日本人喜好的口味与独特的小巷战略（在远离车站的非黄金地段开店，而且专挑小巷）获得了成功。首家门店开在东京的成增。

15 1940年创立于美国伊利诺伊州的连锁品牌，主打冰淇淋与汉堡包。在日本和丸红合作，在银座开设了首家门店。凭借"倒置不落的巧克力／焦糖脆皮葫芦形软冰淇淋"博得了人气。

16 1919年创立于加利福尼亚州，是美国首个采用加盟制的品牌。同时也是个性鲜明的软饮料，树根啤酒（root beer）的著名品牌。在日本与明治制果等企业合作，开设以根啤酒、汉堡包、热狗为主力商品的连锁店。另外在 1963 年于日本开设了全美资连锁店，首家门店位于冲绳的屋宜原。1973 年设立 "A&W 冲绳"，继续开展运营工作。

17　东京和神奈川的 4 家门店于 9 月同时开业。1977 年推出的虾堡独具一格。

18　大荣与美国大型冰淇淋连锁品牌 "Swift's 'Dipper Dan'" 合作，于东京八重洲开设首家门店，将在顾客面前舀冰淇淋球的 "现挖式销售法" 引进日本。

19　明治乳业创立的汉堡包 & 冰淇淋连锁品牌。

20　世界头号冰淇淋连锁品牌 "芭斯罗宾" 与不二家合作，在东京目黑开设日本首家门店。

21　森永制果创立的汉堡包连锁品牌。有金枪鱼麦芬、鸡肉堡等原创商品。

22　1960 年于美国北卡罗来纳州创业。在日本和兼松江商合作，在东京涩谷开设日本首家门店。现已退出日本市场，不过 2004 年推出的巨型汉堡 "怪物病态堡"（夹有两块 150 g 肉饼，热量高达 1420 大卡）备受消费者欢迎，作为 "走在非健康路线的王道上" 的汉堡包连锁品牌保持着极高的人气。

23　三得利创立的汉堡包连锁品牌。虽然起步较晚，但招牌商品 "培根蛋堡" 实现了差异化，与其他品牌拉开了差距。

24　1800 ～ 1878 年。她的父亲是著名的加尔文宗牧师，妹妹则是《汤姆叔叔的小屋》的作者，废奴主义者哈丽叶特·比切·斯托（Harriet Beecher Stowe）。

25　*A Treatise on Domestic Economy*。1841 年出版，直到 1856 年几乎年年重版，是当时的畅销书。

26　1836 ～ 1923 年。提出 "家务合作" 构想时，她尚未与实用主义、符号学的创始人之一、思想家、科学家查尔斯·桑德斯·皮尔士（Charles Sanders Peirce）离婚。

27 1842 ~ 1911 年。美国第一位女性职业化学家，确立了学术属性的家政学（Home Economics），出任美国家政学会的首任会长。活动涉及水质检查、食品的商品测试、营养改善运动等方面，被认为是公共卫生学、消费者运动与环境学的先驱。

28 1887 ~ 1970 年。1912 年在《妇女家庭杂志》（*Ladies' Home Journal*）上发表了题为《新家务》的文章，具体讲解了高效的家庭管理方法。

29 始于 1955 年 2 月号刊登的《名为主妇的第二职业论》（石垣绫子）一文，一直持续到 1959 年。

30 作为《妇人公论》的增刊，于 1963 年 1 月创刊。

31 世界拉面协会估算的袋装方便面与杯面的总计。

32 在养鸡场短期催熟、批量养殖的鸡的统称。

33 据说直到今天，肯德基的美国总部依然将生产香料的工作分散到两家公司完成，然后在各支部汇总，进行最终调配。

34 19 世纪后期，部分商家使用当时已日渐普及的绞肉机，将内脏、筋肉与脂肪混入碎肉，制成"掺水肉扒"，再用面包夹起来做成三明治。由于这种食品价格低廉，受到了工人阶级的广泛欢迎，只是大多数人对汉堡的第一印象仍是"不干净的食物"，直到 1921 年创立的汉堡连锁品牌先驱"白色城堡"（White Castle）改写了这种印象。

35 一种日西合璧糕点，把羊羹夹在了长崎蛋糕里。有时也写作"シベリア"。

36 乳脂含量与乳固体含量特别高、空气含量较低的高级冰淇淋的统称。

37 诞生于日本的蛋糕，由不二家在 1922 年（大正十一年）最先推出。

38 泡芙在日语中写作"シュークリーム"。这个词是日本人

的原创，"シュー"是法语 Choux，意为"卷心菜"，"ク
リーム"则是英语的奶油（cream）。

39 当时的蒙布朗标准做法是把含有甘薯的黄色奶油挤在海
绵蛋糕上。

40 用鲜奶油与牛奶制成的高乳脂非熟化奶酪。在 1872 年由
纽约西部的奶农首创。1880 年启用品牌名"费城"。据说
东欧出身的犹太人特别爱吃奶油奶酪，因为它很像故乡
的奶酪。

41 1953 年（昭和二十八年），曾在首任 CIA 东京支部长保
尔·C. 布鲁姆府上担任管家的成松孝安用退休金和布鲁
姆资助的钱款在东京田村町开设的餐馆。店名"Holl in
the Wall"是布鲁姆取的，出自莎士比亚的《仲夏夜之
梦》。日本意面专卖店的先驱。

42 蟹肉、虾肉、烤牛肉、鸡肉、火腿、意式、培根、凤尾
鱼、芦笋、水果、鲑鱼、金枪鱼、鸡蛋、裙带菜、生菜
＋番茄、混合、黄瓜。沙拉酱有法式、意式、蓝纹奶酪、
千岛可选。

43 1975 年出现在兵库县加古川市。使用蓝山混合咖啡豆，
以 18 世纪法国产银质咖啡器冲泡，倒入 19 世纪前期的
英国斯波德草花纹骨瓷杯上桌。顾客可将杯子带回家留
做纪念。

44 由于政府在 1933 年颁布了《特殊餐饮店监管规则》，咖
啡馆分化为纯喫茶与特殊喫茶（风俗业）。自那时起，纯
喫茶走上了高级沙龙路线，内外装潢采用哥特风、路易
王朝风、桃山风等精致考究的风格，古典乐咖啡馆、爵
士乐咖啡馆等文化咖啡专卖店则显著增加。

45 1939 年由哥伦比亚唱片公司推出的大热流行曲。藤浦洸
作词，服部良一作曲，由雾岛昇与 Miss Columbia 的二人
组合演唱。

46 从艾瑞卡·容（Erica Jong）创作的小说《怕飞》（*Fear of
Flying*，新潮社，1976 年）衍生出来的流行语。

fashion food

第 2 部

逐渐铺开的
流行美食
20 世纪 80 年代

为"美食"
心醉神迷的动荡十年

POPEYE 男孩与 JJ 女孩的崛起

20世纪80年代是流行美食的动荡岁月。在70年代打下的坚实基础上，来自海外的新食品接连登场，加快了**饮食的高档化**。1000日元一袋的方便面、1000日元一瓶的牛奶备受追捧[1]，堪比餐厅的奢华食品登上了千家万户的餐桌。

关于饮食的风俗也日趋多样化了，业态前所未有的餐饮店陆续诞生。从"欧美一边倒"到**"多国籍化"**的转变也出现在这10年里。

我跟山口百惠同龄。在她引退的1980年（昭和五十五年）前后，我刚好有几年身在国外，错过了切身感受时代变化的机会。不过在1981年秋天回国的时候，我惊讶地发现——日本的大学生突然变得奢侈了。

70年代的日本人是比原来富足了不少，可当年的大学生还是很"穷"的，能下馆子吃个拉面、咖喱饭就不错了，省下来的餐费要用来泡咖啡馆或是买书，偶尔能吃顿汉堡包就该谢天谢地了。谁知我才离开了3年，大学校园里就冒出了一批穿着冲浪服、网球服的POPEYE男孩与JJ女孩，分外惹眼。开私家车去时髦的餐厅吃个饭之类的行为也变得司空寻常。

1981年是《**总觉得，水晶样**》(なんとなく、クリスタル)[2]热销的一年。被称为"水晶族"的大学生们正是在那个时候开启了享乐属性的饮食消费。面向年轻人的美食指南与商品情报显著增加，是个人都忘乎所以地当起了美食家。大学生的必读书从严肃的文学作品与评论专著变成了椎名诚等"昭和轻薄体"作家与系井重里

刚上市时的"新中华三昧特别版"

的散文集，流行的女性杂志则从 annon 变成了《JJ》³与《25 ans》（发音：vingt-cinq ans）⁴。还记得我当时不由得感慨，日本竟变成了一个如此轻佻快活的国家。

餐饮界的设计师品牌 —— 法餐大肆流行

流行美食界的美式食品在 20 世纪 70 年代达到了饱和状态。于是人们便将目标转向了曾经的西化象征——欧洲。日本人对欧洲饮食文化的崇拜本就根深蒂固，而出国游更是再一次强化了这种情结，使它与日益深入生活方方面面的"对高级进口品牌的追求"挂上了钩。最先火起来的是法餐。

自明治政府将法餐定为外交场合的正餐以来，它一直稳居官方饮食金字塔的顶点，是美食学（Gastronomy）的保守主流。而在 80 年代，高高在上的法餐终于变成了大学生也能触手可及的流行美食。如今被用烂了的"グルメ"（gourmet）一词原本是意为"美食家"的法语，它也是随着法餐的流行为人们所熟知的。

法餐走红的契机是 60 ~ 70 年代去法国磨炼技艺的厨师们纷纷回国，在街头巷尾开办了自己的餐厅。尤其是东京港区的西麻布路口到地铁广尾站之间的外苑西大道，西式餐厅格外密集，人称"地中海大道⁵"。

开在街边的法餐厅不像酒店里的那么郑重死板，装潢也是时髦又高雅。最关键的是，能在那里品尝到去法国进修过的"**主厨**"的手艺。而且主厨们做的菜截然不同于以往的重口味法餐，是轻盈而细腻的"新派法餐"（Nouvelle Cuisine）[6]，这种风格也吸引了消费者的关注。

爱尝鲜的女孩们立刻对洋溢着主厨感性的新派法餐表现出了兴趣，男孩们当然也不甘落后。法餐的"假斯文"与无需深究的消遣属性触动了爱炫的大叔们的优越感，牢牢拴住了他们。太太们也冲着比晚餐更实惠的午市套餐蜂拥而来。这下可好，还冒出来一批干劲十足、以"考究派"自居的美食家，嚷嚷着"用餐就是与主厨的一场比赛"。能靠自己的名气吸引到顾客的明星主厨[7]就此崛起，而餐厅则走上了设计师品牌的路线。

大日子的约会 —— 圣诞晚餐狂想曲

话虽如此，法餐绝没有发展到大众化的阶段。它依然是"高档料理"、"特殊日子"的代名词。正因为餐厅是"非日常空间"，它才有存在的意义。

在圣诞夜穿上西装，带女友去高档餐厅吃大餐，再去提前好几个月预定的城市酒店过夜 ——《**POPEYE**》[8]、《**Hot-Dog PRESS**》[9]等面向男青年的杂志之所以在特辑中频频介绍这样的标准套路，也是西餐厅的品牌实力使然。

　　1983 年创刊的《排场讲座》『見栄講座』成了"套路"文化的导火索。"在决定你能否把她追到手的关键夜晚，你应该做的事情只有一件！那就是带她去法餐厅。在这种关键时刻，最佳的选择不是寿司店，也不是中餐馆。从古至今，法餐厅永远都是爱情游戏的绝佳舞台"——这本杂志对重要日子的约会进行了全方位的指导，从餐厅的选择到埋单方法，每个细节都做了详尽的介绍。

　　《排场讲座》的主旨就是教导读者如何在网球、滑

《排场讲座》扉页
（HOICHOI PRODUCTIONS,
小学馆，1983 年）

雪、去轻井泽度假等当时最流行的生活方式中显摆，整本杂志几乎都在搞笑，年轻人却当了真，完全按指南行事。

热门法餐厅的"圣诞晚餐"变得格外难订，而且当天的用餐时间是有限的，以便餐厅翻1～2次台（全套法餐得在一个半小时内吃完，别提有多赶了）。小情侣占领了每一张餐桌，在品酒师的推荐下傻乎乎地开了价格昂贵的香槟，被不习惯的餐桌礼仪搞得全身紧张，都吃完了也没把天聊起来，最后看到两个人吃掉四五万日元的账单吓得面如土灰（除了常规的服务费10%，当时还要加上10%的餐饮税）……这样的光景在街头巷尾的法餐厅接连上演，我正好目睹了这一切。因为当年的心理创伤久久无法愈合，至今对法餐抱有戒心的中年男同胞应该不在少数吧。

就在同一时期，法餐也在熟食领域完成了华丽的登场。当年的"法国三大主厨"，雷诺特（Lenôtre）[10]、博古斯（Bocuse）[11]与特鲁瓦克罗（Troisgros）[12]分别与西屋百货店、大丸百货店与小田急百货店合作，在1979年、1980年与1984年开设了**高档西式熟食店（delicatessen）**。

"去年年底在池袋的西武百货店开张的熟食店'雷诺特'人气很旺。／撇开味道不谈，这家店的价格貌似还挺贵的，不愧是法国出品（?）。装模作样来这儿买东西的人一看就是因为跟团游成了法国迷的姑娘。／面包一买就是两三千日元，教人大跌眼镜。／本以为对法国的崇拜只表现在香水和手袋上，没想到连面包和熟食小菜都没能躲过。"（《周刊文春》1980年2月7日号）——正如这段文字所描述的那样，名字复杂到念起来差点咬到舌头的肉冻（terrine），还有用足量的黄油而非人造黄油制作的面包与糕点被视作"能在家里品尝到的正宗味道"，备受消费者的追捧。

在泡沫经济到来之前，日本发生了一件特别"泡

刚开业时的"特鲁瓦克罗精品店"

沫"的事情，那就是被誉为法餐最高峰的三星名店"**银塔餐厅**"(**La Tour d'Argent**)[13]在1984年9月把旗下的第一家分店开在了东京的新大谷酒店。

昭和天皇在皇太子时代（1921年）与1971年访问欧洲时都品尝过银塔餐厅的特色菜，用每只单独编号的鸭子制作的鸭肉料理。然而在短短半年时间里，这样的鸭子竟然被日本人吃掉了6000多只（每只鸭子能做出两人份的量），简直太惊人了。要知道，那可是普通法国人一辈子都去不了一次的超高档餐厅啊。这件事也能从侧面证明，日本正式进入了华丽绚烂的美食时代。

法餐曾红极一时，但是随着泡沫经济的到来，吃起来更随意的意大利菜后来居上。法餐虽以低价位的小餐馆（bistro）[14]相抗衡，却还是受到了在泡沫崩溃前后兴起的"意饭"（イタめし）狂潮的影响，存在感一度大打折扣。

话说在法餐春风得意的时候，日本的意大利菜处境如何呢？意大利菜在当时还很小众。意面依然受欢迎，专卖店的数量也在稳步增长，然而随着和风意面的创意成分比重越来越高，意大利本味被削弱了。不过"海鲜茄汁意面"（pescatore）、"番茄蛤蜊意面"（vongole）、"培根奶油意面"（carbonara）、"罗勒意面"（basilico）等直接从意大利进口的菜式在当时逐渐有了知名度。

用贺的八号环线边惊现"美国村"

在20世纪80年代流行起来的新业态有美式休闲餐馆、海鲜餐馆[15]、水缸活鱼店、西式熟食复合店[16]、京风拉面馆、咖啡吧、大盘熟食居酒屋、广式茶餐厅、海鲜中餐馆、中国台湾小盘料理店、民族特色餐馆等等。

在这些餐饮店,比"味道、价格和服务"更受重视的是"设计、氛围与娱乐性"。菜式的个性比味道更重要,娱乐元素被纳入了空间。餐饮店就这样转型成了令人兴奋的娱乐消费平台。

餐饮业成了80年代的朝阳产业,吸引了大量来自其他行业的企业参与其中。百货店、量贩店与综合商社自不用说,服饰企业、电器厂商、钢铁企业、函售企业、电铁企业、演艺企业……各路企业纷纷开启餐饮业务。

1983年,服饰界巨头"东京BLOUSE"在东京原宿的表参道开了一家名叫"**KEY WEST CLUB**"的店,堪称咖啡吧的先驱。有传闻说客人进店前会有工作人员检查着装。这家店很快就成了旅游景点,连哈多巴士(译注:Hato Bus运行于东京市内、东京周边地区的观光巴士)都会特意在附近停一下呢。

我也去开过一次眼界。店里十分宽敞,所有东西都被刷成了刺眼的纯白色,椰子树的剪影倒映在墙上,微微摇摆。吊扇的叶片在转动，天花板上还挂着一艘巨大的飞船。至于当时点了什么，我已经不记得了，不过店里的装潢是真的新颖。一手包办门店理念与设计的**"空间制作人"**[17]也在 80 年代成了时代的宠儿。

年轻人去得最多，也最能让他们享受时髦感的餐饮店当属**休闲餐馆**。"Yesterday""Italian Tomato"[18] "Strawberry Farm"[19] 等连锁店都是典型的休闲餐馆。它们基本都开在郊外的街边，整体氛围走美国

"Italian Tomato" 2 号店
（六本木店提供：Italian Tomato）

西海岸（West Coast）路线[20]。冲浪少年与横滨复古风打扮的少女用车载音响放着 Yuming（松任谷由实）和山达（山下达郎）的歌曲，开车光临这样的餐馆真是再合适不过了。

Yesterday 是家庭餐厅"Skylark"旗下的品牌。首家门店开在东京的吉祥寺，1982 年 3 月开张。室内装潢采用早期美式风格，可不知为何，店里放的背景音乐却是爵士乐。从意面到正统的法餐应有尽有，而且每家店都有大厨常驻，接单后当场烹制，一改往日的中央厨房模式。换言之，这是一种家庭餐厅的高档美食化现象。

在 1983 年底，东京用贺的八号环线边突然冒出来三家外观相似的休闲餐馆。它们分别是"Yesterday"、"Denny's"和森永制果的餐饮部门"Preston Wood"。乍一看，那简直是三座小白宫，又像是《乱世佳人》里出现的那种殖民地风格的白墙殿堂。年轻人如扑火的飞蛾一般，纷纷涌向这座被命名为**"用贺美国村"**的假想剧场，火爆到连停车场都得排队等位呢。

走纯文学路线的饮食文化 MOOK

为了超越女性杂志的美食板块，20 世纪 80 年代初创刊的《KURIMA》《大厨系列》(*Chef Series*) 等饮食

《KURIMA》第 8 期
（1982 年春号，文艺春秋）

文化 MOOK（杂志书）把饮食升华到了纯文学的高度，引导读者追求正宗的味道，争当美食家。

《KURIMA》以"自然、人类与历史"为主题，1980 年于文艺春秋旗下创刊，半藤一利任总编。不愧是以全球最高水平的画报杂志《国家地理》为榜样的杂志，内容起初还是比较偏学术的，但是从内藤厚接任总编的第 5 期开始，整本杂志便焕然一新，从头到尾都被"美食"填满了。

第 5 期的总特辑题为"'美食'——京都的诱惑"。

之后几期的标题分别是"贪吃鬼的PARIS"(第6期)、"加利福尼亚之'梦'"(第7期)、"东京人的'美食'"(第8期)、"冲绳'美食'"(第9期),然后就休刊了。京都特辑旨在"从全新的视角探讨千年古都的'饮食生活与文明'",重头戏是对锦小路市场的深度探访。东京特辑深入研究了"从文字烧到肥肝(foie gras,肥鸭肝或肥鹅肝),什么都能吃到的杂食都市",用大量页面对拉面与筑地市场进行了分析。杂志里的文章时而从文化人类学角度剖析美食,时而从猪排盖饭聊到城市论与比

《KURIMA》第8期〔文艺春秋〕

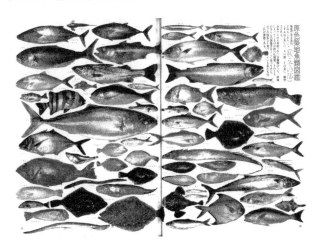

为"美食"心醉神迷的动荡十年

较文化论，如此飞跃的逻辑教人倍感新颖，刺激了读者的求知欲。

不仅如此，照片的种类之丰富与数量之多也完全超出了常识范畴——编辑部竟在 4 页纸上塞了大约 150 张筑地有售的鲜鱼彩照。连巴黎的肉铺是如何分解牛头的，都用照片详细记录了每一个步骤。据说每一期特辑（包括海外特辑）都是整个编辑部全体出动，赶赴现场，为采访倾尽全力。大概由于制作成本实在太高，从而导至了休刊。《KURIMA》是一本短命的杂志，总共只发行了一年，只出了 5 册，但很多读者是通过它察觉到了美食的魅力。

而中央公论社在 1981 年创刊的《大厨系列》走的是另一种风格，每一期都是从头到尾只介绍一位大厨的杰作，堪称 **"美食作品集"**。曾任单一主题型生活 MOOK《生活设计》总编的吉田好男前往帝国酒店的厨房拜访厨师长村上信夫时，被远超料理研究家的工作量与技术水平深深震撼了。直觉告诉他，"属于专家的时代即将到来"，于是他灵光一闪，决定做一本让大厨担纲主角的美食 MOOK。

那时，法餐热潮已近在眼前，然而做西餐的人在日本依然被称为 "厨子"（kok），社会地位也很低。据说吉田在中央公论社的董事大会上讲解自己的企划案时，在场的所有人居然连"主厨"（chef）这个词都没听说过，企划案自然也遭到了强烈的反对，大家都觉得"这样的杂志怎么可能卖得出去"。这种事放在今天简直是难以想象的。多亏吉田坚持"先做一本试试看"，好容易才说服了嶋中鹏社长，这才有了创刊号《胜又登的魅惑法餐》。这一册一上市就收获了热烈的反响，居然还再版了，完全出乎了高层的预料。于是《大厨系列》便以双月刊的形式一直出到了1999年（平成十一年），成了一个长寿系列。

我是1982年进的编辑部，最后几年还担任了主编，虽说有些自卖自夸的嫌疑，不过我始终认为，《大厨系列》对社会做出的贡献，就是把名为"主厨"的职业推到了聚光灯下。我们没有把它看成"实用书籍"，而是抱着"这是一本以美食为媒介的人性记录"的意识去打造它的。最关键的是，它在主厨群体中也享有巨大的影响力，登上这本MOOK成了一流厨师的象征。

一张照片一拍就是好几个小时，灯光与造型都是煞费苦心……编辑部精心打造的美食硬照极具艺术美感，光是看上几眼都教人赞叹不已，因此这本MOOK广受好评。编辑们本着"把专业大厨的味道送上你的餐桌"的精神，执着地调查美食的菜谱与文化背景，即便碰上"树莓酱小龙虾沙拉"这种业余爱好者绝对做不出来的菜式，也会用简明易懂的语句把它解释清楚。只要看过这些文章，你就能在菜品中发现专业大厨的超绝技术与巧思的痕迹。《奢侈的应用》《连续的自画像》《框外散步》《西点的自由》《漫步乡间》《必要的分量》……吉田担任过文学杂志《海》的主编，起的标题也是格外新颖，怎么看都不像烹饪书籍的名字。

谈及日后明星大厨烂大街的乱象，我们不得不说《KURIMA》与《大厨系列》（无巧不成书，它们的版面设计竟是同一位设计师担纲的）这两本杂志发挥的作用可谓是功过参半。不过它们都以"一本正经地探讨美食"为己任，几乎完全无视了"好吃或难吃"的概念，深入剖析专家与食材，为美食添加了全新的文化侧面，这一点是毋庸置疑的。

随后这股潮流也波及了月刊杂志与单行本，催生出了《人类学家的烹饪指南》（杰西卡·库珀，石毛直道、山下谕一译，平凡社，1983年）、《男人的欢乐餐桌》（西川治，Magazine House，1985年）等杰作。

逛吃情报泛滥

与此同时，陆续创刊的逛吃指南与漫画《美味大挑战》的大热让日本走上了"全民美食家"的道路。在泡沫经济时期，Hanako 族与青年精英群体（相当于美国的雅皮士）成了追赶潮流与话题的核心力量，消费美食情报的热情也愈发高涨了。

女性杂志对美食情报关注比 20 世纪 70 年代更甚。以《Angle》（主妇与生活社）为首的都市情报杂志也在全国各大城市扎堆创刊，为学生提供了搜集最新信息的平台，而大人们则以美食指南书籍为线索一路寻去。在70 年代通过《an·an》与《non-no》被年轻女性消费的信息扩散到了所有年龄段，人人都忙着扮演美食家，忙着显摆"我去了那家店"、"我吃了那道菜"。

《东京美味大奖 200》
（山本益博讲谈社　1982 年）

1982 年的《东京美味大奖 200》和 1983 年的《大胃王》(*Gourmand*) 效仿《米其林指南》(*Le Guide Michelin*) 的方式，给餐厅评定星级，成了非常热门的逛吃指南。

前者网罗了 200 家主打寿司、荞麦面、天妇罗、鳗鱼、西餐与拉面的餐饮店，后者则专注于东京的 152 家法餐厅。评级共分四档，分别是三星、二星、一星与无星。有评论家称，这两本书参考了和米其林并称为法国两大权威美食指南的《高勒米罗指南》(*Gault et Millau*)。

这两本指南对待三星餐厅的态度也是"夸就一个字"，为大厨出神入化的技艺献上了溢美之词，可一旦涉及被其他指南收录，却被自己评定为"不值得品尝"的无星餐厅，执笔者便会毫不留情地批评，这在当时是前所未有的。"特意去名店体验美味，最终却失望而归"——每个人都经历过的这种愤怒在书中得到了细致入微（比如荞麦面馆的芥末是粉状的、鳗鱼店的鱼肝汤有股化学调味料的味道、西餐馆的米饭不是现煮的，而是提前煮好放在调到保温档的电饭煲备着的）且一本正经的刻画，现在翻开来看看都教人忍俊不禁，十分有趣。两本书的作者山本益博（《大胃王》是与见田盛夫的共著）也成了著名的"美食评论家"，邀约不断。

效仿《美味大挑战》，捕捉时尚潮流

从 1983 年开始在青年漫画杂志《Big Comic Spirits》（小学馆）上连载的《美味大挑战》进一步推动了美食热潮。作品采用单元剧的形式，讲述了报社文化部记者奉命构思"究极菜单"，邂逅种种食材与人物的故事。它至今仍未完结（自 2014 年 5 月开始休载），是一部惊人的长寿作品。

1985 年推出单行本之后，每一册都创下了热销百万册的记录。"究极"甚至获得了 1986 年的新词大奖。原本对美食全无兴趣的男同胞们也开了窍，模仿《美味大挑战》登场人物的语气对美食品头论足成了一大流行。大家纷纷在公司附近一边吃着商务套餐，一边煞有介事地沉吟道："这纳豆的味道醇厚而强烈，香气馥郁……"

原作者雁屋哲表示，这部漫画是针对食物变成时尚的一部分，而真正的美味日渐消逝的"饱食时代"提出的反论。但我们无法否认的是，"究极"一词貌似偏离了作者的初衷，作为一种高级美食信息遭到了世人的消费。

得到了可支配收入与闲暇时间的年轻女性群体引领了泡沫时代的逛吃潮流。西餐馆和高档日料店原本一直是"男人带着女人去的地方"，但女同胞们忽然意识到——"跟闺蜜一起去就行了"。于是 1988 年 5 月创刊的城市生活情报杂志《**Hanako**》（Magazine House）便成了她们的"圣经"。

《Hanako》刚创刊时的宣传口号是"不想只守着事业过一辈子"，主要目标读者群体是住在首都圈的 27 岁女性。这群被称为"新人类"女读者出生在 60 年代，拥有很高的信息处理能力。每期聚焦一个地区、一次性介绍 100 ～ 120 家店的"信息量爆炸式"风格会让她们觉得特别合算，完美契合了她们的喜好。也不知是怎么回事，在《Hanako》出现之前，无论逛吃情报如何泛滥，东京都没有定期出版的美食指南杂志。于是它便扮演了"东京第一本周刊美食指南"的角色，而符合女性群体口味的时髦餐饮店也同样让男性消费者趋之若鹜。

《Hanako》的美食情报更侧重流行性而非味道。在介绍世界三大珍馐——鱼子酱、鹅肝和松露的时候，杂志也用英勇豪迈的语气写道："如果你能用比挑选衣服更严谨的态度去挑选美食，那就说明你已经是一个成熟的女人了。磨练自己的舌头，网罗各路信息，去西式熟食店、专卖店寻觅幸福的味道吧！"（《Hanako》1988 年 11 月 24 日号）它以强硬高压的文字向读者强推"这个就是眼下最新潮、最有趣的！"将"逛吃"从美食行为变成了**捕捉时尚潮流**的游戏。1990 年在全国引爆空前热潮的提拉米苏（稍后再为大家详细讲解），也不过是这场"狩猎游戏"的第一批猎物之一。

B 级美食的逆袭

就在全民疯狂追逐高级美食的时候，"B 级美食"（平价美食）横空出世，吹响了反抗的号角。

1986 年出版的《**超级指南东京 B 级美食**》（文春文库）让这个如今已在日本家喻户晓的词语走进了人们的视野。前言中有这样一句话："我们将重点介绍用 A 级

《超级指南东京 B 级美食》
（文艺春秋编，文春文库视觉版，
1986 年）

的技术坚守东京流的味道与传统，却以 B 级的价格提供给顾客的，为创意匠心燃烧激情的餐饮店。从某种角度看这也是一种东京论。"字里行间透出一股意欲阻止轻佻浮薄的时尚派美食继续跳梁跋扈的气概。

书中特意强调了自家的"B 级撰稿人"个个"稿费便宜但特别会写"，仿佛在调侃胡乱吹捧银座的高级寿司店与法餐厅的美食评论家是多么"不懂装懂"。撰稿人奔赴各地进行采访，写出以无比犀利的文字讲述盖饭、咖喱饭与拉面的文章，看起来十分痛快。后来它还衍生出了《东京横滨 B 级美食冒险》、《青春的 B 级美食》、《B 级美食的基础知识》、《透过 B 级美食看韩国》……发展成了一个广受读者欢迎的美食指南系列。

其实统筹撰稿人的"里见真三"是曾任《KURIMA》主编的内藤厚的笔名。他也是 B 级美食系列的主编。我有个朋友是当年的 B 级撰稿人之一。据他说，"不搞排行榜"和"绝对不写'好吃'或'难吃'"是主编坚守的原则。

高档住宅区是 A 级美食的地盘，B 级美食却扎根于下町（编注：相对比较平民的住宅区）。当年的东京地价飞涨，到处都在拆迁，正值建设开发的全盛期，城市景观也在不断发生着变化，促使"重新审视留有小巷、水道与人情的下町"的城市论流行起来，而 B 级美食恰好与这波流行统一了步调。

下町小饭馆的大叔做的加了很多面粉的咖喱、无名面包房出的豆沙馅甜甜圈的复古感……这些元素更受 B 级美食的偏爱。在一心追逐新流行的流行美食世界，这种重旧轻新的思维是具有革命意义的。

渡边和博的《金魂卷》以连环画的形式刻画了全民中产时代的消费行为。而他后来推出的《物物卷》堪称《金魂卷》的续篇。书中有一番十分精妙的分析——"从汤到叉烧都由大叔一个人搞定"，碗有时还要带点污渍的拉面馆只是因为"一直被时代甩在后头，落后了整整一圈，结果反而跑到了时代的前头，于是就在不知不觉中变成了后现代的东西"。

B 级美食站在高档美食的对立面，重新界定了传统的（有时则是封建的）工匠气质，这是它为社会做出的一大贡献。然而在不知不觉中，B 级美食本身也演变成了一种品牌，造成了"拉面馆的老爹发迹后因为拒绝采访变得更出名了"这样的反常情况。与此同时，B 级美食的概念也日趋单纯化，变成了"物美价廉的食品"的统称，催生出了更廉价的"C 级美食"。总而言之，B 级美食的势力在 20 世纪 80 年代之后也是不断壮大。至于"乡土料理中的 B 级美食"（90 年代）与"本地 B 级美食"（2000 年代），我将会在之后的章节中与大家深入探讨。

新型健康轻食日渐流行

除了高级化，20 世纪 80 年代的流行美食还有两个显著的特征，那就是健康化与轻量化。享乐主义＝美食与禁欲主义＝节食——能同时满足这两种相互矛盾的欲望的新型健康食品接连上市，吸引了一大批渴望好身材的年轻人。

1980 年，运动渐成时尚，大叔们忙着慢跑、打高尔夫，满大街都是冲浪少年与网球少女。在这一年上市的"宝矿力水特"（Pocari Sweat，大塚制药）引爆了**运动饮料**的流行。日本人原本很忌讳在运动期间摄取水分，可运动饮料里不光有水，还加了有助于缓解疲劳的营养成分，简直是天赐的福音。与此同时，它也成了时髦的运动配件。

同时走红的还有**萝卜芽**。广岛县的"村上农园"参考在美国广泛流行的健康食品"苜蓿芽"（alfalfa sprouts）等芽菜，通过水培实现了萝卜芽的批量生产。在此之前，萝卜芽是一种高档蔬菜，必须用特殊的方法种植，出货的时候是装在木盒里的，高级料理店用得比较多。水培使它走进了千家万户，作为一种维生素含量惊人的蔬菜瞬间爆红。生产萝卜芽的农户因此激增，导致产品的市场价格暴跌，人称"萝卜芽战争"的激烈竞争持续了好一阵子。

1982 年则是**"好吃的"维生素**登上历史舞台的年份。今日的保健品与它一脉相通。那年秋天，在美国掀起维生素狂潮的畅销书《维生素圣典》[21] 推出了日文版（由小学馆出版）。书中全面细致地讲解了各种维生素的效果，是挑选维生素保健品的绝佳指南。渐渐地，日本也出现了一些专门销售美国维生素保健品的商店。这些维生素跟以往的综合维生素糖衣片长得完全不一样，被装在时髦的瓶子里，由此催生出了一批把维 C 片、维 E 片当成零食嚼着吃的"维生素发烧友"。

而持续至今的**名水**热则是从 1983 年上市的"六甲美味水"（六甲のおいしい水，好侍食品）开始的。这款水不仅比自来水好喝（译注：日本的自来水可以直饮的），还能补充人体容易缺乏的矿物质，有保健功效。也就是说，它有健康层面的附加价值。环境厅还在 1985 年发布了"名水百选"，进一步推进了水的品牌化，市场上甚至出现了专门卖水的"水吧"。

豆奶也在 1983 年到 1984 年备受追捧。1982 年，广冈达朗执教的西武狮子队勇夺日本职棒联赛冠军。据说这位教练信奉天然有机食品，要求队员们多喝豆奶。这件轶事成了舆论的焦点话题，更挑起了一场有鱼糕厂家、保健食品厂家与牛奶厂家参与的豆奶战争。厂家们以天然为卖点，引进了美国的脱腥技术，在生产过程中去除了特有的豆腥味，并在此基础上添加了甜味与风味，把豆奶加工成了更好喝的饮品，这才是豆奶得以普及的真正原因。

另外，在 1983 年上市了一款均衡营养食品——"CalorieMate 代餐棒"（大塚制药）它称不上是个大红大紫的爆款，但也算是个谁都想尝试一次的热门商品。

营养饮品的卷土重来，成了泡沫经济时期最具代表性的流行美食现象之一。"Guronsan"（中外制药）与"Regain"（三共）这两款产品的宣传语——"精神到五点的男人也喝，五点开始精神的男人也喝"、"你能不能连续 24 小时战斗？"风靡一时，成了流行语。拜其所赐，爱喝营养饮品的女性群体也壮大了起来，市场规模也扩大了，喝营养饮品而不是果汁的女生变得不那么稀罕了。1988 年 1 月，神似咖啡吧的营养饮品专柜"Energy Pool"在毗邻东京站的大丸百货店一层隆重开业。每天的销量高达 900 多瓶，半数顾客是以 20 多岁的白领丽人为主的女性。据说花样星期四[22] 的生意尤其红火。

好吃的药 —— 功能性食品的黎明

"饱食时代"是在 1984 年成为流行语的。就在日本人清楚地认识到"自己吃太多了"的时候，吃了有益于身体的食品破土而出了。以往的保健食品和营养食品只能用非常模糊的词句来描述"吃了对身体有什么好处"，但**"功能性食品"**可以光明正大地把自己的"功效"用于广告语。

根据文部省在 1984 年到 1986 年进行的专项研究"食品功能的系统性解析与展开"，食品除了"补充人体必需的营养素"（营养功能）与"让人觉得美味"（感观功能）之外，还有第三项功能 ——"身体状态调节功能"。食品含有的功能性因子能够调节身体状态，提高免疫力，预防疾病。

1977 年，正当红的 Pink Lady 组合为了减肥与美容经常喝**乌龙茶**，引发了舆论的热议，引爆了第一次乌龙茶热潮。而罐装乌龙茶的登场，又在 1983 年到 1984 年掀起了第二次热潮。其实乌龙茶也是因为"分解脂肪"的功效才受到追捧的，称得上功能性食品的先驱。

文部省的研究结果一出，食品厂商与医药品厂商自不用说，就连那些原本并没有进入健康食品市场的大型企业都一头栽进了研发大战。

政府在 1991 年和 2001 年（平成十三年）分别推行了"特定保健用食品"[23] 制度与"营养功能食品"[24] 制度。人们在当时已经逐渐认识到，随着老龄化社会的到来，预防成人病（现在改称"生活习惯病"）与老年疾病的相关措施必不可少，因此功能性食品完全有可能发展成数万亿日元规模的巨大市场，持续至今的热潮就此揭开帷幕。

打响第一炮的是 1988 年 1 月由大塚制药推出的"Fibe Mini"。只需喝下装在迷你小瓶中的饮品，就能摄入"与一颗生菜相当的膳食纤维"。首任代言人是女星山田邦子，她喊出的广告语"山田史上前所未有的美味"也是火遍全国，上市首年度便创下了狂卖 2.4 亿瓶的惊人记录。当时的日本人口也不过 1.2 亿出头，平均下来就是每个人至少喝了一瓶。

要知道在那个年代，人们连"膳食纤维"这个词都没听过几回啊。我当时也觉得喝那种东西感觉怪怪的，奈何那瓶子设计得太有品位了，惹得我也不禁尝试了一下。

长久以来，膳食纤维一直被视作"多余的食品成分"，而 Fibe Mini 的大热让它摇身一变，成了人们心目中"能促进肠道排出废物，防止人体过度摄入热量，进而预防大肠癌"的神奇营养素。"大陆美人"（武田食品

工业）、"美人饮品"（べっぴんどりんく，雪印 ROLLY）等 30 余种纤维饮品相继上市，连饼干、面包、谷物麦片乃至方便面都受到了纤维热的影响。

Fibe Mini 使用的是化学合成的水溶性膳食纤维"聚葡萄糖"（polydextrose）。据说在 Fibe Mini 上市以后，聚葡萄糖的第一大生产商美国辉瑞公司的产量足足增长了一位数。

接着火起来的是低聚糖（oligosaccharide），它有激活肠道内双歧杆菌的功效。明治制果、日新制糖、味之素、三得利、昭和产业、可尔必思食品工业、养乐多总公司等各路厂商围绕低聚糖打起了研发大战，最终取胜的是 1989 年 2 月上市的"Oligo CC"（可尔必思食品工业）。它喊出了极具挑战性的宣传口号——"超越膳食纤维"。

能促进人体吸收钙、铁等元素的 CPP（酪蛋白磷酸肽，Casein Phosphopeptides），以及能降低胆固醇的 EPA（二十碳五烯酸，Eicosapentaenoic Acid）曾一度被视作膳食纤维与低聚糖的接班人，可惜它们没能像两位前辈那样为消费者广泛认知，热潮也告了一段落。不过经此一役，营养功能成为了"食品的附加价值"中不可或缺的一员。

日式、中式、西式
与各种民族特色菜系
—— 多国籍时代来临

民族特色料理是流行美食界的后现代现象

继走正宗路线的法餐之后，下一个被日本人"发掘"的是**亚洲的民族特色（ethnic）料理**。虽说日本在地理层面毗邻亚洲大陆，但亚洲其他国家的美食在文化层面离日本人还是很遥远的。用 20 世纪 80 年代风格的口吻来描述"民族特色料理进入日本"这件事，那就是对以欧美为中心的流行美食的"解构"。

虽然 ethnic 的意思是"民族的"，但是说到"ethnic料理"的时候，一般取其狭义，指代东南亚的热辣美食。欧美那些"时髦"美食长久以来驻扎在日本，但当亚洲的"异域"美食来袭后，日本人的欧美信仰动摇了。

那些具有民族风俗特色的东西早在 70 年代便蔓延开了。1973 年上映的《**龙争虎斗**》（主演：李小龙）火遍了日本，带红了功夫与双截棍。1974 年在东京六本木开设第一家门店的"**大中**"也让日本人领教了中国小玩意的奇趣可爱。

日本在摇滚乐界也有着与欧美同化的强烈愿望，1978 年成军的 **YMO**（Yellow Magic Orchestra）以"西方眼中的东方"这一反其道而行的理念、人称"电音头"的发型以及被称为"红色中山装"的服装受到了年轻人的狂热追捧，令东方风情跻身时髦文化之林。1979 年，中泽新一（译注：日本人类学家、思想家、宗教学家）于尼泊尔拜藏密教僧侣为师。另外在 1977 年 11 月，**国立民族学博物馆**开门迎客，日本人切身体验到了欧美人以外的民族文化具有划时代的意义。

在美食界扮演先锋角色的则是《食在东南亚》[25]、《东京民族特色料理读本》[26]、《世界第一的日常美食》[27] 等正经的饮食文化书籍。我也在 1986 年负责了《民族特色料理 —— 东南亚美味》的编辑工作。因为《大厨系列》主要聚焦于法餐，所以就以增刊的形式推出了这本书。据我所知，它应该是日本首部以大尺寸的照片与详细的菜谱介绍东南亚美食的书籍。

这本书网罗了 79 款民族特色美食，分别来自泰国、

《大厨系列特别版民族特色料理——东南亚美味》
（中央公论社，1986 年）

越南、柬埔寨、印尼与菲律宾。我平时还挺能吃辣的，
谁知一份加了满满两大勺红辣椒粉的柬埔寨米粉让我在
餐后半小时便觉胃痛难耐。生的田龟（一种昆虫）碾碎
制成的酱汁与没加热过的猪肉发酵而成的酸香肠则是在
试吃后才得知原材料是什么，害得我为寄生虫担惊受怕
了好一阵子⋯⋯光看书里的文字，读者朋友们也能感受
到摄影工作有多么刺激。

　　进入 20 世纪 80 年代后，前往东南亚观光的女性游

客急剧增加。她们在当地切身体验了泰式咖喱与冬阴功的美味，而这正是民族特色料理崛起的原因之一。受藤原新也的《全东洋街道》[28]（集英社，1981 年）与泽木耕太郎的《深夜特急》[29]（新潮社，1986 年）的感化，前往亚洲大陆旅行的众多年轻人也在当地的平价餐馆接受了辣椒的洗礼。男性群体原本是东南亚游的主力军，而他们的旅行目的不外乎高尔夫与买春，所以这些人对美食也毫不关心。

民族特色餐馆在 1983 年前后于大城市接连诞生。东京此前已有许多印度餐馆，但主打其他东南亚菜系的餐馆就很少了，印尼餐馆仅 3 家，泰国、越南和菲律宾各 1 家，完全不成气候。到了 1985 年，东京总算开出了 3 家泰国餐馆，然而当时的大多数人听到"泰国菜"（タイ料理）的第一反应还是"鲷鱼料理"（译注：与"泰"同音）。

谁知在短短数年后，东南亚餐馆的数量便如洪水决堤般猛增。"越南鱼露（Nước mắm）与泰国鱼露（namplaa）打倒了酱油帝国。东京尽是东南亚美食"（《Hanako》1988 年 6 月 23 日号）、"民族特色料理也好，无国籍料理也罢，都不再是单纯的流行了。不能光挑稀罕的，得选品质过硬的！"（《Hanako》1989 年 12 月 14 日号）——从这些杂志文章的标题也能看出，从 1988

年到 1989 年，东南亚料理热已迅速迎来了高潮。虽说大家起初是冲着异国情调去的，但米饭加小菜的基本组合完美契合了日本人的饮食习惯，促成了东南亚美食的迅速普及。

四方田犬彦在《东京民族特色料理读本》一书中抛出了这样的疑问："日本人长久以来生活在单一民族幻想的呵护之下，总也不愿对坐船而来的外国难民敞开门户。如果这波民族特色料理热潮只是日本人厌倦了萎靡不振的新派法餐转而尝鲜的结果，那它究竟能在日本的饮食文化史上留下多深的印记呢？"但我们至少可以肯定的是，这波热潮改写了日本人对亚洲美食的认识。无论如何，东南亚的民族特色料理在那之后长盛不衰，如今甚至在家常菜中占得了一席之地。

超辣食品改变了日本人的味觉？

就在民族特色料理于餐饮界备受瞩目的同时，食品厂商围绕**超辣食品**的研发展开了一场激烈的厮杀。大战的导火索被认为是 1984 年上市的薯条"Kara Mucho"（湖池屋）、方便面"Orochon"（三洋食品）和"辣味咖喱面包"（木村屋总本店）。

"Kara Mucho"的灵感来源于当时在美国十分流行

的墨西哥菜所特有的"辣椒味"，为火柴棒一般细的薯条赋予了超级火辣的风味。无厘头的宣传语"印加帝国就是这么辣"大概也戳中了消费者的笑点。一眨眼的工夫，这款商品就闯进了膨化食品的销量排行榜，催生出了"Karamigo"（山崎 Nabisco）、"堪忍袋（编注：忍耐极限）辣椒味""南蛮街"（SB 食品）等一系列走同样路线的商品。

在方便面领域，继"Orochon"之后登场的超辣产品有"Karamente"（Bell Foods）、"Karaijyan"（Acecook）、"DON 辛"（三洋食品）等等。在 1986 年的方便面市场，辣味产品的份额足有一成。

木村屋总本店发现，在甜面包销量走低的时候，咖喱面包的表现却十分稳定，便毅然决定提升这款产品的辣味。升级版广受欢迎，销量在短短半年时间里增长了六成之多。于是木村屋又在 1985 年和 1986 年先后推出了"加辣咖喱面包"和"超辣咖喱面包"，使辣度层层递进，引爆了有山崎面包、第一屋面包等大大小小的面包厂商参与的咖喱面包大战。

辣味的主要来源当然是辣椒。从天而降的超辣食品热潮推高了辣椒的需求量，1984 年的进口量不过 2300 吨，转年竟翻了一倍。日本人就这样突然**爱上了辣味食品**。这可是日本味觉史上划时代的大事件。

超辣食品不仅俘虏了成年人，还渗透进了低年龄层，演变成了自虐型游戏的道具。中小学生开始用超辣膨化食品搞耐力比拼，在不喝水的前提下吃超辣拉面在高中生中流行开来。

有学者提出，刺激性的味道有助于疏解压力，所以追求辣味在社会普遍焦虑的时代会表现得尤为显著，不过透过男女老少都为辣椒的快感而痴狂的超辣热潮，我们能看到一个埋头冲向泡沫时代、经济繁荣、全民活力十足的日本。

广式茶点与中国台湾小吃
—— 中国菜获得了大众的认可

中国菜其实是最早进入日本的"民族特色料理"。就在东南亚料理受到瞩目的不久前，在中国菜的世界中也有几种新鲜的美味引发了世人的热议。

最先火起来的是中国蔬菜。在 20 世纪 70 年代中期，千叶县柏市的农户率先栽种了十多种中国蔬菜。除了现在每家超市都有卖的青梗菜，还有广东白菜、塌菜、油菜、空心菜、豆苗、香菜等等。想当年，中国蔬菜是非常稀罕的，只能在横滨中华街等特定的地方买到，种类也非常有限。

进入 20 世纪 80 年代之后，中国蔬菜的产地不断扩大，得到了报刊杂志的关注，也渐渐为广大消费者所熟知。每种中国蔬菜都被包装成了美味、营养和卖相俱佳的正统蔬菜，备受追捧。在之后的 5 年中，产量每年都要翻倍。起初由于各大生产商使用的名称都不一样，引发了一定的混乱，好在农林水产省在 1983 年统一了每种中国蔬菜的叫法。

　　话说回来，80 年代前期也是新颖的西方蔬菜接连登场的时代。菊苣（Cichorium intybus）就是当时进入日本市场的一种菊科蔬菜，形似微缩版白菜。现如今"アンディーブ"（Andhibu）已经成了市面上通用的名称，但我记得当年是换一家店就能看到一种不同的叫法，有エンダイブ（endive）、チコリ（chicory）、シコレ（chicorée）、菊苦菜……写菜谱的时候好不头痛。

　　之后流行起来的是广式茶点。东京都内第一家广式茶餐厅是 1980 年在涩谷 PARCO 附近开业的"陶陶居"。正统中餐馆原本是和"大圆桌"画等号的，但这家店采用了和正宗茶餐厅一样的迷你蒸笼，装上饺子、烧麦等点心，叠放在小餐车上，让店员推着车在餐桌间穿行。这种吃法十分新鲜，立刻吸引了大众的瞩目。陶陶居光是甜点心就有 18 种之多（其中包括日后广泛流行的马拉糕、蛋挞与椰蓉糕），还能打包带走，这一点也受到了女性顾客的欢迎。

边喝茶边用点心（饮茶）是中国广东一带的习惯，不过在日本人的认知体系中，点心本身跟"饮茶"画上了等号。在 90 年代，中国的冷冻点心开始出口日本，并普及到了全国各地。与此同时，还有很多人通过"饮茶"了解到了中国茶的功效，为日后的中国茶热潮埋下了伏笔。

比中国蔬菜和广式茶点更火的是**中国台湾街头小吃**。传统的中餐馆分量大，一盘菜至少是三、四人份的，人少的话就点不了很多种，套餐就更贵了，对年轻人来说门槛实在有点高，而中国台湾小吃完美解决了消费者对传统中餐的不满。店家用矮凳和小圆桌营造出街边摊的氛围，让大家怀着更轻松愉快的心情享受各色美食。引爆这波热潮的是 80 年代中期在东京的涩谷、新宿、六本木等闹市区接连开业的"中国台湾担仔面"。菜单设计得十分巧妙，有香肠、牛肚、牛舌等内脏、酱油腌的蚬仔等各种适合下酒的小菜可供选择，分量都不大，价格也十分亲民，每盘在 500 ～ 600 日元左右，一不留神就点多了。绍兴酒在当时卖 1500 日元。买醉成本低于啤酒，所以通过中国台湾料理迷上绍兴酒的日本人应该也不在少数。

典雅清淡非主流派女性主导型京风拉面

前有 70 年代的札幌拉面狂潮，后有 90 年代的本地拉面热，20 世纪 80 年代的拉面界称得上是风平浪静，唯一值得一提的便是"**京风拉面**"这种新样式的登场。

"京风"拉面并不是发祥于京都的本地拉面。它营造出了神似京都怀石料理的典雅感，受到了女性消费者的疯狂追捧，成了非主流派拉面的头号爆款。主流派拉面更讲究面、汤、酱与本地特色的差异，而京风拉面最重视的是气氛，这也是它的特征所在。

面汤是清淡的酱油味，面条偏细，配菜是叉烧、鸣门卷鱼糕、笋干与少许青菜，外观像极了当年小贩拉着小车，吹着唢呐沿街叫卖的"夜鸣荞麦面"，味道本身并无个性可言。也正因为如此，它在拉面正史中几乎没有受到任何的关注。不过在正宗的民族特色料理日益普及的过程中，去除传统拉面的民族色彩，只留下纯正和风的理念倒是颇具原创性。

京风拉面有两大连锁品牌，"纺车"（糸ぐるま）和"Akasatana"（あかさたな）。门店内部装潢走的都是小餐馆路线，设计得别有一番风味，走进店里便有古琴声入耳。店员将少量口味清淡的面条装在红彩瓷与青花瓷的大号面碗中，配上木勺，放在托盘上，斯斯文文地送上餐桌。店里不光有面，还有什锦菜饭、稻荷寿司等等以米饭为主的商品，甜品也有豆沙水果凉粉（餡蜜）、糯米团子（白玉）等品种，选择面很广，这对于女性顾客来说也是非常有吸引力的。总而言之，京风拉面是有史以来唯一在女性的主导下火起来的拉面，前无古人后无来者。

酒精饮料盛衰记

20 世纪 70 年代的"飞翔的女人"在喝酒这方面倒是低调得很，唯一引人注目的动向就是她们养成了在家喝葡萄酒的新习惯。不过到了 80 年代，辣妹（ギャル）们享受美酒的态度变得更随意了，酒精饮料界也涌现出了新的流行美食。

爱喝酒的可不光是辣妹。大叔、男青年、主妇……所有人都是大喝特喝。80 年代的日本颇有些"全民皆为酒狂"的感觉。国税厅的调查结果显示，日本人的酒精饮料消费量直线上升，1990 年的数字足有 1970 年的两倍左右。尤其是在泡沫经济时期，许多 30 岁以下的女性患上了酒精依赖症，不少家庭主妇变成了所谓的"厨房酒客"（kitchen drinker），带来了一系列的社会问题。

"酒馆"原本是大叔的地盘，有种不容妇孺入侵的氛围。但70年代的休闲酒吧（コンパ）[30]与西式酒馆（パブ，pub）[31]的流行让年轻人和闺蜜团打开了新世界的大门，"养老乃泷""壶八""村SA来""庄屋"等门槛低、学生也消费得起的大众居酒屋连锁店也陆续开业了，和酒精饮料有关的风俗逐渐呈现出了变化。

在三船敏郎用深沉浑厚的嗓音道出"是男人就该默默喝札幌啤酒"[32]的时候，又有谁能想象到日本会迎来一个"白兰地，兑水才有美国范儿"的时代呢。曾几何时，白兰地还是高档的奢侈品，家家户户都会在架子上放一瓶当摆设，男主人偶尔倒上一杯，什么都不加，小口小口地抿。如此名贵的酒居然要用水兑了，大口大口地喝才有美国味呢。

上面这句话出自三得利在1980年到1982年之间投放的电视广告。金发女星切瑞·拉德（Cheryl Ladd）[33]拿着白兰地酒杯唱歌跳舞的画面，宣告着流行美食的大潮正式涌向了酒精饮品界。

"白兰地兑水"的概念的确教世人眼前一亮，但白兰地本身却没能流行起来。80年代第一波酒精饮品热潮的主角是**"鸡尾酒"**。它以伏特加、朗姆等各种蒸馏酒为基底，加入各种利口酒、果汁与苏打水调制而成。当时在美国已经有许许多多种鸡尾酒配方问世了。

以往的正统鸡尾酒得去高格调的酒吧喝，请穿着黑西装，系着领结的酒保精心调制，但引爆这股热潮的鸡尾酒多以调和法（stir）制成，把材料和冰块加进酒杯搅拌一下即可。不是专业调酒师也能做，成品口味甘甜，色彩鲜艳，初尝酒精饮品的人也很容易接受。"莫斯科骡子"（Moscow Mule）、"咸狗"（Salty Dog）、"特基拉日出"（Tequila Sunrise）……这些鸡尾酒的名称也有十足的美国范儿，趣味十足，用"醉人的流行美食"来形容真是再合适不过了。长久以来，日本人想喝酒的时候只能从日本酒、啤酒和威士忌里选。而调和型鸡尾酒的到来终结了这样的时代，使酒精饮品的选择实现了飞跃性的增长。

在鸡尾酒百花齐放的同时，烧酒也迎来了全盛时期。不久后，两波热潮汇聚在一起，便催生出了**"烧酒勾兑酒"**（チューハイ）。

第一波烧酒热出现在1977年。在这一年，宝酒造推出了新型甲类烧酒"纯"（译注：日本酒税法将烧酒分成甲乙两类，甲类用连续式蒸馏机，乙类用单式蒸馏机，又称本格烧酒）。传统的烧酒有种独特的臭味，而"纯"更接近伏特加、琴酒这样的无色烈酒，完美契合了年轻人的口味，彻底改写了烧酒在人们心目中的形象（在此之前，烧酒一直是最低档的酒，沦落成了"廉价酒"的代名词）。第二年，三得利也紧跟潮流，推出了同类型的产品"树冰",为热潮添了一把柴。

始于1983年的第二波烧酒热规模更甚。与几乎无色无味的纯、树冰截然相反,以原材料(麦子、荞麦、甘薯)的风味为卖点的**正统派烧酒**的人气突然呈现出了爆发式增长。最具代表性的产品有"亦竹"(イイチコ)(三和酒类)、"二阶堂"(二阶堂酒造)、"云海"(云海酒造)、"萨摩白波"(萨摩酒造)等等。

在中老年群体中,烧酒的定位与威士忌差不多,在酒吧存上几瓶,用热水勾兑成了最经典的喝法。用苏打水或果汁勾兑的甲类烧酒(烧酒勾兑酒)则俘虏了一大批喝惯了鸡尾酒的年轻人,成了连锁居酒屋的热门饮品。

瓶装的烧酒勾兑酒也在这一年上市了。第二年,市场上还出现了罐装的产品。在学生的"一口闷"演变成社会问题(大学生急性酒精中毒的事件频发)的1985年,烧酒的出货量终于超过了威士忌,排名仅次于啤酒和日本酒。1987年的畅销书,俵万智的诗集《沙拉纪念日》(河出书房新社)中收录了这样一首作品:"才喝了两罐烧酒就说'嫁给我吧',这样真的好吗?"助力烧酒普及的神助攻自出乎意料的领域而来,教酿酒公司好不欢喜。

在泡沫经济到达巅峰的1989年,每年11月的第3个星期四在全球同步上市的**"博若莱新酒"**(Beaujolais

Nouveau）掀起了一股狂潮。"今年的气候条件格外有益于葡萄的生长，实现了有史以来最出色的品质"——商家的宣传口号使新酒的进口量比前年翻了一倍，多达约40万箱（3200公升），全国各地都举办了从上市日午夜零点开始的品酒活动。还有不少爱尝鲜的人赶赴成田机场，只为了尽早喝上新酒。不过随着泡沫经济的崩盘，这种酒的热度也降下来了。

重视空间多过味道 —— 咖啡吧在全国各地增殖

在酒精饮品的种类日渐丰富的同时，各种新式酒馆也接连登场，将饮酒的习惯普及到了年轻群体中。

1980 年，麒麟麦酒推出了有三种口味可选（番石榴、百香果与芒果）的 "Tropical Drinks"，把 "热带风味鸡尾酒" 推到了流行的最前沿，也带火了主打这种饮品的 **"波利尼西亚酒吧"**。这种酒吧的内部装潢色彩艳丽，走的是南洋小岛的路线。早在 20 世纪 70 年代后期，热带风味鸡尾酒就随着萨尔萨等拉丁音乐的走红在美国流行了起来。不少款式会在调配时用到朗姆酒，海明威挚爱的冰冻戴吉利（Frozen Daiquiri）就是个典型。

把 "奇奇"（Chi-Chi）、"椰林飘香"（Pina Colada）、"冰冻玛格丽特"（Frozen Margarita）等色彩鲜艳的热带

风味鸡尾酒倒进巨大的玻璃杯，用兰花与水果点缀，再插上烟花，以火星四射的状态送上餐桌……这种热闹的表演正是波利尼西亚酒吧的卖点。如果把咖啡吧（稍后详述）的客人比作身着Comme des Garçons（译注：川久保玲创立的时尚品牌）、Y's（译注：山本耀司创立的时尚品牌）等设计师品牌服饰的乌鸦族[34]，那么这种酒吧的主要客群就是偏爱夸张的冲浪风[35]穿搭的POPEYE男孩与JJ女孩。

波利尼西亚酒吧的流行可谓昙花一现，"咖啡吧"的热度却持续了许久。它诞生于80年代初的东京，在短短两三年时间里以惊人的速度在全国各地增殖，一直风靡到泡沫经济渐入佳境的1988年眼跟前。

从"咖啡吧"这个名称便不难看出，它是咖啡馆和酒吧的集合体。光进去喝杯咖啡随便坐坐也没关系，酒精饮品与食品的选择也很丰富。这种业态并没有严格的定义，菜单与装潢风格都是一家一个样，但所有的咖啡吧都有一个共同点，那就是侧重于空间设计的店面规划。

咖啡吧的内部装潢风格十分多样。有的走清水混凝土配金属桌椅的无机路线，有的上上下下金光闪闪，神似迪厅，有的以鲜艳的色彩打造民族风，有的带点前卫的后现代感……背景音乐也是放什么的都有。带点纽约味的爵士乐、环境音乐、伦敦的电子流行乐、牙买加的雷鬼、非洲音乐……只要是流行音乐就行。店里基本都有 20 寸左右的银幕，放着 MTV（美国音乐电视频道）的音乐短片。

顾客去咖啡吧喝什么呢？当然是鸡尾酒。在视觉层面，时髦的咖啡吧空间与五颜六色的鸡尾酒也是相得益彰。啤酒就得喝外国的，威士忌就得喝波本。水兑的国产威士忌沦落成了"土气"的代名词。国产威士忌在那之后经历了漫长的低迷，鸡尾酒倒是时不时出个爆款，日渐普及，如今已经成了连锁居酒屋的经典饮品。

不知为何，咖啡吧提供的食品竟以日本菜为主，抹茶荞麦面沙拉是装在木桶里上桌的，带壳的烤蝾螺下面垫着小石子，看着就像是去河滩随便捡来的。东京西麻布的"Red Shoes"被认为是咖啡吧的开山鼻祖，内部装潢采用了以红与黑为主色调的装饰艺术风格，墙上挂着俵屋宗达的《风神雷神图》，复古的点唱机总是放着 60 年代的摇滚乐与流行乐。

总而言之，**无国籍风格**是咖啡吧的关键词。边吃刺身，边品干马天尼（dry martini）才是最潮的。

无国籍料理的泛滥 —— 大盘熟食居酒屋热潮

"大盘熟食居酒屋"是与咖啡吧同时走红的业态。

这种居酒屋的店名往往是一个汉字，比如"乐"、"游"等等。内部装潢则是裸露的混凝土墙配木纹吧台，颇有些不搭调的感觉。餐桌的间距很小，坐着非常拥挤，呈现出居酒屋所特有的喧嚣感，照明却偏暗，带来了些许情调，有时候还会放点爵士乐当BGM。吧台上摆满了用大盘盛放的熟食，每一盘都是满满当当，顾客可以对照实物与菜单点菜。

菜单多为B4尺寸，写满了拙巧[36]的**手写毛笔字**。而且每一道菜都配了宣传口号，比如烤鸡肉串旁边写着"竭诚为您烤制！"，凉拌豆腐则是"普普通通，但真的好吃！"。明明是不同的店，字体与布局却惊人得相似，特别不可思议。去除传统大众居酒屋的土气，再添加些许西式酒馆的风味，营造出时髦的氛围——不知道这样描述大家能不能想象出来。

店里的员工以活力十足的男生为主，在客人点单的时候会用精神饱满的声音回答："好嘞！"再加上价格也不贵，那些不太敢去"养老乃泷"和"村SA来"的女孩子们也顺利推开了居酒屋的大门，为泡沫经济时期的"大叔型辣妹"进军廉价小酒馆打响了前哨战。

至于店里提供的熟食，说得好听些就是**无国籍式创意菜**。比如"泰式微辣腌豆腐""明太子夹心芝士焗土豆""千层面式饺子"……日、西、中、东南亚胡乱

南瓜酸奶沙拉

混搭，口味也偏重。毕竟是"熟食"居酒屋，菜品总归以不需要专业厨师掌勺，连小时工也能做出来的东西为主，不过菜名[37]和呈现方式构思得非常精妙，教人食指大动。今天的连锁居酒屋也继承了这种风格，瞧瞧"和民"的菜单，你就会发现无国籍菜品占了大半。

熟食里出了个出人意料的爆款——**"南瓜酸奶沙拉"**。它的做法非常简单，把加了酸奶的蛋黄酱倒进蒸熟的南瓜拌一拌，再撒点葡萄干和杏仁薄片就大功告成了。当时南瓜刚巧在年轻女性群体中悄然流行起来，南瓜布丁也备受追捧，所以店家才会想到这个点子的吧。这款沙拉其实更偏甜点，完全没考虑到"适不适合佐酒"。不过在甘甜诱惑的驱使下点一份尝尝看，顾客便会为那别具一格的美味所折服。在大盘熟食居酒屋衰败后，只有这种沙拉得以幸存，如今已经成了外带熟食的经典款。

"醇厚却爽口" —— 干啤战争爆发

除了鸡尾酒与烧酒，酒精饮品界还涌现出了吟酿清酒、波旁威士忌、单一麦芽威士忌等明星产品。不过80年代后期爆发的**"干啤战争"**格外激烈，不得不提。

自1976年起，啤酒的销量一直稳步增长。谁知在1984年，销量竟出现了阔别8年的负增长。烧酒的冲击是一方面，加税造成的涨价（大瓶从256日元涨到了310日元）也有一定程度的影响。

为了挽回颓势，啤酒厂商先打了一场**"容器大战"**。大家的策略都是"味道和生产方法保持不变，只用独特的容器提升销量"。

"三得利生樽"的容器带把手，倒出来的时候会发出"哔哔"的响声，广告台词"这一看就是大众喜欢的创意嘛"也成了流行语。"麒麟啤酒飞船"的容器形似宇宙飞船，丹波哲郎（译注：影星）、巨人马场（译注：知名摔跤手）与黄鼠狼联袂出演了它的电视广告，两位明星在片中嘟囔道："这形状怎么看都觉得怪，谁看了都觉得怪，黄鼠狼看了都觉得怪。"朝日麦酒的"生

"朝日超爽"广告
（1987年3月17日）

酒壶"则干脆把容器做成了酒壶形状。生鸡蛋形、灯笼型、大猩猩型……各种离奇古怪的产品你方唱罢我登场。不过在1986年三得利推出纯麦芽啤酒"Malt's"之后，战争便进入了"拼品质"的阶段。

1987年3月，日本的贸易顺差再攀高峰，一款在日后被誉为"在啤酒界掀起了革命"的产品，**朝日超爽干啤**（Asahi Super Dry）也是在那时隆重上市的——

它信心十足地告诉消费者,"这个味道,正要改变啤酒的潮流",带着强调辣味的广告语"越喝越DRY辣味生啤"粉墨登场。它是啤酒界有史以来最受欢迎的"怪物商品"。

据说啤酒类产品能在上市的头一年卖出100万箱就是很成功的了,朝日超爽却在第一年狂卖1350万箱。麒麟麦酒、札幌啤酒和三得利于次年(1988年)争相推出干啤产品,干啤大战就此爆发。

"三得利干啤"请当时正值巅峰期的职业拳手迈克·泰森拍摄电视广告,宣传口号是"将爽口做到极致的啤酒"。同样由三得利推出的"DRY5.5"标榜"超越干啤的极限"。"麒麟干啤"号称"不只是爽快","札幌干啤"则以"更爽快,更可口"为广告语。每家的宣传口号都是别出心裁,气势汹汹,然而这场大战以朝日的一枝独秀告终,其他厂商的产品都退出了市场。

朝日超爽的酒精度数是5%,比以往的啤酒高出0.5个百分点,以削减了苦味与甜味的"辛辣口感"为卖点。银色的标签也极具时尚感,完美迎合了因东南亚菜肴与超辣食品的流行而倾心于辣味的消费者。爱上啤酒的女性消费者也因这款产品激增。朝日在产品上市的第二年于银座开设了直营的啤酒餐厅"SUPER DRY",每天都要接待900余名顾客,其中不乏拿着大号啤酒杯大口痛饮的白领丽人。

不甜不腻真好吃！美式蛋糕

被 20 世纪 70 年代的芝士蛋糕和 90 年代的提拉米苏这两个超级大爆款前后夹击的 80 年代糕点界流行美食有一个共通的关键词，那就是"美式"。

最先流行起来的是名字非常直截了当的"**美式蛋糕**"。"欧式蛋糕 VS 美食蛋糕"（《an·an》1982 年 7 月 30 日号）一文是这么说的："如果把欧式蛋糕比作宫廷珍馐，那么美式蛋糕就是家常菜。简单朴素不费事就是它的特色。"撰稿人还补充道："不过你在美国说'美式蛋糕'，人家也听不懂哦，别怪我没提醒你。（中略）可别忘了，这个词是日本人发明的……"

率先推出这类蛋糕的并不是西点店，而是既有茶饮和蛋糕，又有意面、汉堡等小食的通宵营业型休闲餐馆。在东京，"Strawberry Farm""CAPUCCIO" [38] "Italian Tomato" 和 "COCO PALMS" [39] 就是这种业态的典型代表。

"大"是美式蛋糕最吸引蛋糕发烧友的特质。单价在 400～500 日元左右，还是比较贵的，但奶油与水果的分量都很足，吃一个就管饱。以往的蛋糕是越高级就越小巧，只吃一个根本不过瘾，可要是吃两个吧，500～700日元就超出了预算。美式蛋糕的定价策略可谓绝妙。

美式蛋糕的款式也不外乎海绵蛋糕、巧克力蛋糕、拿破仑等等，与传统的西点并无二致，只不过用超大的尺寸与粗糙的装饰演绎出了美国风情罢了。至于味道嘛，实在是不敢恭维。"不甜不腻"是它们的卖点。也许是因为商家为了削减成本用了低脂奶油或植物性奶油吧，味道是真的寡淡，（田中康夫在《总觉得，水晶样》中用了"索然无味"[tasteless]一词），毫无个性，一尝就知道是工厂批量生产的。

不过美式蛋糕就是因为"**不甜**"才火起来的。辣妹们如是说——"这种蛋糕一点也不甜，特别好吃！"大却不甜成了吃蛋糕的免死金牌，完美迎合了想吃甜食却怕胖的女性心理。

原本靠"甜"讨得消费者欢心的蛋糕终于进入了"不甜"才能博得好评的时代。这正是饱食时代独有的现象。日本人真是由俭入奢了啊。

专注浓郁不动摇　冰淇淋与美式曲奇

紧随其后的爆款美食走的却是与低糖低脂正相反的

刚开业时的日本第一家"哈根达斯"
（青山店）

超高脂肪路线。它就是比诞生于 20 世纪 70 年代的高档
冰淇淋有着更高的乳脂含量与更低的空气含量，风味也
更为醇厚的"超级高档冰淇淋"。

　　1984 年 11 月，"**哈根达斯**"于东京青山开设了日本
第一家分店。1985 年 10 月，"**Hobson's**"登陆东京西麻
布。两者都是来自美国的冰淇淋连锁品牌。哈根达斯用
料考究，还能应顾客的要求添加坚果与奶油。Hobson's

的卖点则是能将水果与饼干打入冰淇淋的专用设备。想吃哈根达斯，排队一小时是常有的事。Hobson's 的人气就更旺了，无论刮风下雨，都能在西麻布的十字路口看到近 150 人组成的队伍。

自那时起，"Robert's""Steve's""Swensen's""Donatello's"等冰淇淋专卖店陆续登场，只要是能看到人群的地方，旁边就一定有家冰淇淋店——这样的情况一直持续到 1986 年。

在同一时期流行开来的还有在门店厨房现烤现卖的"美式曲奇"。从五六年前开始在美国城区走红的**手工曲奇**连锁品牌接连登陆日本市场。

美式曲奇的尺寸比较大，每一块的直径足有七八厘米。面团中加了足量的黄油与白糖，以及颗粒分明的坚果与巧克力，柔软却有嚼劲，风味醇厚（在英语中被形容为"soft and chewy"），让日本消费者眼前一亮。

曲奇专卖店遍地开花，每天早上一开门，便有诱人的甜香一阵阵地飘出来。品牌名都是创始人的叔叔、婶婶的名字，比如"诗特莉饼干"（Aunt Stella's）、"菲尔斯曲奇"（Mrs. Fields）、"大卫曲奇"（Davids Cookies）、"阿莫斯曲奇"（Famous Amos）……演绎着十足的手作感。这些品牌的商品都是称重散卖的，100g 的价格在300 ~ 400 日元左右，并不算便宜，好在可以只买一点点。那时街头巷尾总能见到只买了一块带着余温的曲奇，边走边啃的姑娘。

在美式曲奇出现之前，市面上只有装在漂亮罐子里的礼品装曲奇，或是大型零食厂商出品的纸盒装曲奇，所以在日本人看来，这种卖法带来了不小的文化冲击。"Morozoff"、"神田精养轩"等老牌西点厂商也纷纷推出了美式曲奇。只是超过100日元的单价可能还是太贵了，如今路边店已经完全不见踪影了，只有"诗特莉婶婶的曲奇"（诗特莉饼干）还在百货店的地下食品卖场坚持营业。

生于法国的慕斯成了"口感信仰"的出发点

在美式蛋糕与美式曲奇的气焰愈发嚣张的时候，**"慕斯"**为欧式糕点出了一口气。以"更轻盈"为关键词的"新派糕点"（nouvelle gâteau）是与新派法餐同时受到关注的概念，而慕斯正是在这股潮流中诞生的。

慕斯的材料与巴伐露（bavarois）基本相同，但最后要加入打发的蛋白与鲜奶油，提升空气含量，打造更轻盈的口感。"Mousse"在法语中本就有"泡"的意思，那稍纵即逝的口感，是日本人从未在西点中体验过的。

早在 20 世纪 70 年代，巴伐露就已经在日本的西点店普及了，但那个时候还没有慕斯。直到 80 年代中期，用慕斯做的"小糕点"（petit gâteau）[40] 才出现在街边西点店的货架上。在我看来，日本人对西点、面包口感的关注，就是从慕斯开始的。"口感"这个词在当时都还没怎么普及，但是随着慕斯的横空出世，西点与面包便头也不回地走上了追求**新口感**的道路。

80 年代的法餐热潮才刚刚兴起，女性杂志等媒体上便频频出现极力称赞法餐厅甜点的文章，说"餐厅的甜点比西点店卖的蛋糕好吃多了"。法国进修过的大厨们率先引进了慕斯，他们把柔软、易碎又易融化的慕斯用于西餐厅的甜点，是因为它们适合现做现吃。

西点师们岂会放过这座价值连城的宝藏。他们纷纷撸起袖子，为了冲破老牌经典款海绵蛋糕、蒙布朗和泡芙的条条框框，对原本只能在餐厅吃到的慕斯做了一番改良，研发出了能外带的配方，催生出了一大批精致的慕斯小糕点。

于是乎，日本人不必特意去西餐厅也能吃到一如餐厅甜点的西式糕点了。慕斯的流行，其实也是**高级甜点的大众化**。这一倾向持续发展，终于在 1990 年造就了前所未有的大爆款——提拉米苏。

慕斯席卷西点店的时候，日本刚好处于泡沫经济时期。西式糕点的需求量持续上升，以至于西点师们时常需要熬夜备货。在这样的大环境下，人们为了缩短劳动时间，开发出了借助速冻冷柜实现的生产体系。而慕斯和这种生产体系的契合度极高，因为它的品质几乎不会因冷冻打折扣。

引进新体系之前，西点师们得先把基底做好，放进冰箱冷藏，第二天早晨再完成最后的点缀工作，而速冻体系使批量生产成为可能。提前做好一大批慕斯，把速冻冷柜塞满，再根据预估的销量取出适量的产品解冻，同时做点缀，工作效率就高多了。对工作条件十分恶劣的西点师们而言，慕斯也是从天而降的救世主。

注释：

1   1985 年上市的千元豆腐（"天领豆腐"）引爆了日用食品的"千元高档美食"热潮。明星食品推出的"新中华三昧特别版"（附带杀菌软袋装配料）和高桥乳业出品的低温灭菌高脂泽西奶"高桥泽西牛奶"更是引发了舆论的热议。
2   田中康夫在 1980 年发表的作品，人称"名牌小说"。同年的文学奖得主。比起故事本身，442 条极具批评性的注解更值得一看。
3   1975 年（昭和五十年）由光文社创刊，起初为《女性自身》双月增刊，1978 年改为月刊，是面向女大学生的时尚杂志，通过启用业余模特赢得了读者的支持。
4   1980 年由妇人画报社创刊的时尚杂志。"Vingt-Cinq ans"是法语，意为"25 岁"。主打高档名牌，走名媛路线。
5   这个称呼来源于街道给人整体印象，其实主打地中海美食的餐厅并不多。

6　与 19 世纪以来徒具形式的古典法餐相对的概念。追求新派法餐的潮流出现于 20 世纪 60 年代后期。新派的特征包括缩短加热时间以充分发挥新鲜食材的优势、采用低脂酱汁等等。

7　1981 年的畅销书《金魂卷》提出了一种全新的观点：深入剖析所谓的全民中产时代，你便会发现社会是由 "富人"（金）和 "穷人"（贫）这两个阶级组成的（这两个词也是第一届流行语大奖的得主）。作者在书中也对富大厨和穷大厨进行了对比和讲解。

8　1976 年由平凡社创刊的杂志。主要介绍美国的生活方式，对年轻人的风俗产生了巨大的影响。

9　1976 年由讲谈社创刊的杂志，是广受年轻人欢迎的约会指南。

10　雷诺特还在巴黎开设了高档西点、熟食店与烹饪西点学校。据说现在的西点师都或多或少受到了此人的影响，无一例外。

11　领导新派法餐运动的国宝级大厨。2018 年 1 月去世，享年 91 岁。

12　在法国的罗阿讷（Roanne）有他经营的米其林三星餐厅，因为有众多日本厨师前去进修而闻名。

13　1582 年创业的老字号，位于巴黎塞纳河畔。它不仅是餐厅，更是历史悠久的社交场所，留下了各国王公贵族的足迹。

14　该业态的先驱是位于东京四谷三丁的 "PAS A PAS"（1985 年开业，夜市套餐仅需 2500 日元）。定价自选三道式套餐（Prix Fixe 前菜、主菜与甜点均有若干种选项）就是从这种小餐馆普及开的。

15　1981 年与吉之岛开展业务合作，铺开连锁店的 "红龙虾"（Red Lobster）就是这种业态的典型。

16　将西式高档熟食与面包、蛋糕组合在一起的餐饮店，堪称 "中食" 的先驱。

17　咖啡吧 "Red Shoes" 的设计者松井雅美、1987 年在东京六本木开业的迪斯科舞厅 "TURIA" 的设计者山本小铁等等。

18　名字里虽有"意大利"，但它实质上是一家美式餐厅，菜单里跟意大利沾边的只有意面。"ITATOMA" 成了它的昵称，分店至今遍布全国各地。

19　因汉堡包、美式蛋糕与派受到消费者的欢迎。

20　由于《POPEYE》认真做了好几期特辑，休闲、运动的西海岸文化逐渐受到了年轻人的追捧。

21　艾尔·敏德尔（Earl Mindell）著。译者是作家丸元淑生，他是"系统烹饪学"的倡导者，后来成了营养烹饪领域的权威。

22　只在周五晚上放飞自我还不过瘾，周四晚上也要用来娱乐。荣获 1988 年新语大奖的银奖。

23　简称"特保"，即标明了"有望达到特定保健目的"的食品。经消费者厅长官（2009 年 8 月之前是厚生劳动大臣）批准或认可后，可标明该产品有助于（或适于）维持、增进健康。

24　根据国家制定的规格标准，只要产品中含有 12 种维生素与 5 种矿物质，生产商即可进行自我认证，在产品上标明营养成分的相应功能，无需上报审批。产品的形态多种多样，有片剂与胶囊，也有明显更偏向食品的。

25　对东南亚的饮食文化概论与各种菜肴进行了图文并茂的讲解。绝佳的民族特色料理入门读本。

26　本书由随笔、美食硬照、菜谱与民族特色料理店指南组成，略偏人文研究的内容十分有趣。

27　介绍了能在小吃摊与小饭馆吃到的泰国大众美食的魅力与最具代表性的菜式。

28　荣获 1982 年度每日艺术奖。通过照片与文字记录了作者从伊斯坦布尔出发，经高野山抵达东京的 400 天流浪生活。

29　讲述了主人公从香港出发，途径印度的德里直到伦敦的大巴之旅，被誉为背包族的圣经。

30　"コンパ"在今天一般指联谊、聚餐，但它原本指的是发源于大阪的餐饮业态。店里基本都有圆形吧台，以调酒师调制的鸡尾酒为卖点，但价格十分亲民。比大叔们爱去的廉价小酒馆、托利斯酒吧（译注：トリスバー，主要销售用三得利托利斯威士忌调制的各种酒精饮料）更洋气，适合年轻男女随意交谈，享受愉快的时光，作为一种全新的社交场所受到了消费者的欢迎。

31　不同于日后出现的英式小酒馆，20 世纪 70 年代风靡一时的西式居酒屋里都是沙发卡座。年轻的工薪族与白领丽人可以进去点杯水兑威士忌，提前感受成熟人士的心境。

32　1970 年播出的电视广告。

33　美国热门电视剧《霹雳娇娃》（Charlie's Angels）的主演之一。

34　从头到脚一身黑的年轻人。衣服自不用说，连鞋包都是黑色的。

35　一种外出着装风格，在年轻人中风靡一时。所谓的"陆地冲浪者"（只是穿得像玩冲浪的，平时压根不下海）也不在少数。

36　多指乍看整脚，细看却别有一番风味的插画与漫画。渡边和博、汤村辉彦是这种类型的代表。

37　下北泽的"乐餐馆"（くいもんや楽）被视作该业态的始祖。店家本想将小鲹鱼切成规则的立方体，结果刀工不过关，切口参差不齐，于是便将这道菜命名为"刺身乱剁"，装在大碗里送上桌，没想到这道菜一上市就火了（《会切番茄就能开餐馆，会拔瓶塞就能开酒馆——居酒屋之神教你打造人气旺店》）。

38　在东京港区有数家门店，吸引了众多热爱蛋糕的女生。

39　与港区青山的"Strawberry Farm"是同一集团旗下的姐妹品牌。1966 年（昭和四十一年）创业，历史悠久，"铁人"坂井宏行（译注：后文会具体介绍《料理铁人》节目）年轻时曾在这家店工作过。

40　不同于寻常的海绵蛋糕，不是先做一块大的，再切成小块，而是由许多配件拼装而成的，结构往往比较精巧。

fashion food

第 3 部

自我增殖的
流行美食
20 世纪 90 年代

20世纪90年代仍处于
泡沫经济时期

泡沫经济时期发生了什么

在20世纪末的最后10年里，流行美食日趋产业化。酱油、味噌、杯面、袋装面包、便利店饭团……连各种日常食品都开始标榜食材是哪里产的、有怎样的特色云云，非得给产品添加点故事元素不可。企业称其为附加价值，但是从本质上看，这也不过是流行美食的历史所带来的结果罢了。偏离食品本质的**信息消费型流行美食**就这样统治了日本的饮食界，开始了自我增殖。

1990年（平成二年），始于20世纪80年代中期的泡沫经济迎来了巅峰，土崩瓦解的脚步声也渐渐响起，把这一年比喻为"时代的转折点"再合适不过了。

在1988年，日本全民都能明显感觉到1985年（昭和六十年）的广场协议所带来的经济繁荣，然而享受到恩惠的仅限于资产家与房地产等部分行业的上班族。绝大多数日本人的工资并没有上涨，消费行为却在热潮的影响下出现了显著的变化。

日元升值让出国游变成了和国内游一样轻松随意的休闲方式，而出游的目的则从"观光"变成了"购物与美食"。女性游客的人数是男性的两倍之多。统计数据显示，每 5 个女游客里就有 1 个女白领（《Hanako》1993 年 12 月 31 日号）。

夜晚的银座出现了面向女性群体的酒吧与迪厅。白领丽人总是尽情玩乐到凌晨两三点，全然不把末班车的

《Sweet Spot》第 1 册
（中尊寺 Yutsuko，扶桑社，1989 年）

时间放在心上。与此同时，她们厌倦了扫荡名牌奢侈品，争当"好女人"的日子，虽然剪了当下最流行的**一刀切长发**，穿着当下最流行的**紧身衣**，却偏爱大叔的生活方式（比如在高架铁桥下面喝小杯装的酒）。这种"大叔型辣妹"[1]在当时很受追捧。

异想天开到教人瞠目结舌的餐饮店也在那个时代粉墨登场了。比如丝毫不受切尔诺贝利核电站的事故、东欧民主化运动和柏林墙的倒塌等大事件的影响，于1989年在东京芝大门开业的"华沙俱乐部"。店内主打红色，共有三层（酒吧、餐厅和舞厅），分别以社会主义阵营的过去、现在与未来为主题。墙上饰有列宁的巨型浮雕。顾客仿佛置身于秘密基地一般，还能品尝到苏联的伏特加与各种波兰美食。这种"毫无节操"的餐饮店在当时就是最时髦的。

在1989年，日本还掀起了空前的"歌剧热"。同年5月到9月，东京广尾的古巴大使馆原址出现了一家只有4个月寿命的餐饮店，名叫"Molts Beer Dining Opera"[2]。它耸立在150坪的广阔土地上，外观神似巴黎的歌剧院，天花板上挂着闪闪发光的水晶吊灯，纸糊的天使人偶在空中交错。店家会在挂着帷幕的舞台上搞经典场景的幻灯片联播（称"歌剧洋片"），或是请摇滚乐队现场表演。走无国籍路线的菜肴都是用剧目和歌手命名的，最推荐的饮品是倒在带把手的啤酒杯里的生啤……虽然里里外外都很恶俗，但店门口总是大排长龙，热闹非凡。

之后这里便拆迁了，摩天大楼在合并出来的空地上拔地而起。全新的音乐厅、博物馆与剧场纷纷开业。**形似大型设施的餐饮店**也越来越多了。空间制作人将这些店打造得犹如电影与话剧的布景。红极一时的咖啡吧之所以在 1988 年后走向衰败，正是因为这些以虚构性为卖点的大规模餐饮店夺走了它们的客源。

极尽奢华之能事的餐饮店也是在同一时期登场的。其中最奢侈的当属 1988 年开业的两家鱼子酱餐厅——位于东京原宿的"Salon Lanvin Caviar Bar 1988"（サロン・ランバン・キヤビア・バ—1988）与青山的"La Maison de Caviar"。两家店均以"畅享**香槟**与**鱼子酱**"为理念。

在世界三大珍馐中，属鱼子酱最为稀有。2006 年，受华盛顿公约的影响，里海产的鱼子酱被禁止出口了，于是在这两家店就用伊朗捕捞的大白鲟（Beluga）低温杀菌冷藏品，加工出顶级鱼子酱。当时只卖 3000 日元 / 30 g，特别实惠，消费者们自是赞不绝口。亏得日本的泡沫经济崩溃了，里海的鲟鱼才能捡回一条命，令人倍感欣慰。

即便是在泡沫经济崩溃（1991 年）之后，奢靡的风气也维持了很长一段时间，流行美食依然势头不减。消费习惯一旦养成，就无法轻易改变了。

"意饭"和泡沫一同降临

虽然鱼子酱、香槟和歌剧是泡沫时代最具代表性的三大元素，但当时人气最旺的终究还是**"意饭"**（イタめし＝意大利饭菜）。

泡沫经济的到来，率先在时尚家居界掀起了一波意大利热潮。来自米兰的品牌更是席卷了全日本，"阿玛尼"的宽松西装成了泡沫绅士的战斗服，"Alflex"与"Cassina"的沙发也是奢华家装不可或缺的家具。餐饮界的变化紧随其后。

虽然日本人已经在 20 世纪 70 年代体验过披萨与意面的热潮，但当时的披萨基本是美式的，意面也以和风为主。直至 20 世纪 80 年代中期，正宗的意大利菜仍旧非常小众。在 1985 年的东京，能提供全套意餐（从前菜到甜点）的"像样的"意大利餐厅不过 15 家左右。

直到 1986—1987 年，风向才出现了转变。在意大利进修过的厨师们陆续回国，在街头巷尾的餐馆就任主厨，为顾客们送上了原汁原味的意式美食。

米兰的高档餐厅"Marchesi"也是在同一时期成了意大利第一家拿到米其林三星的餐饮店。而"新派意餐"（Nuova Cucina）[3]的倡导者，名厨葛提耶洛·玛切希（Gualtiero Marchesi）也成了时代的宠儿。所以最早回国的留意厨师们都以精致的米兰式新派意餐为武器，开的餐厅一律走高档路线，顾客都不敢不穿着正装去。

至此，这些意式餐厅的发展和 80 年代前期的法餐厅如出一辙。高档意式餐厅的确博得了一些爱尝鲜的美食家的关注，然而走法餐的老路，就意味着缺乏新意，难免会给人留下"炒冷饭"的印象，存在感自然难以提升。直到"意饭"（イタめし／イタメシ／イタ飯）这个叫法出现的那一瞬间，意餐才真正吹响反击的号角。

至于"意饭"是谁最先喊出来的，又是在什么时候出现的，如今已经不得而知了。不过据我调查，它在杂志中的首度亮相，应该要追溯到《Hanako》的 1988 年10 月 6 日号。油井昌由树在其专栏"意饭 KO 之旅"中如此写道——"刚从米兰回来，**那边的意饭真是美味得让人不知所措啊。东京的意式餐厅只给前菜和意面，可是在意大利还有肉和鱼，最后配上点缀了水果的吉拉多（gelato）冰淇淋，根本停不下来。"**

"意饭"这个叫法真是妙极了，也不知道是谁想出来的。意大利的"意"，加上一个"饭"字，再把"意式餐厅"改称为"意饭屋",便找到了撩动日本人内心深处的突破口。

在历史与艺术等方面,意大利的确堪称世界一流。但是论经济实力,它可比英美法德差远了。日本人在欧美列强面前也一直抱有某种劣等意识。也许"意饭"就是有史以来第一种让日本人产生亲切感的西餐,也是它将日本人从法餐带来的自卑感中解放了出来。

泡沫经济时期的"意饭屋"也的确采用了与高档法餐厅截然相反的策略,走的是"拒绝正规"的休闲路线。餐单上都是非常简单⁴的家常菜。而且顾客不一定要点套餐,可以随意选择自己想吃的菜品。再加上有面条(意面)与米饭(烩饭)可选,日本人吃起来就更没有心理负担了。

主菜里的肉和鱼,做成了烤鸡肉串和烤鱼的感觉,烤熟了再淋上橄榄油与柠檬汁即可食用,非常简单。而且意餐没有法餐那般浓厚的酱汁,在营养学层面也得到了"清淡健康"的高度评价。葡萄酒的品种也不像法餐厅那样,多得让人眼花缭乱。只要记住"基安蒂酒"(Chianti)(译注:产自基安蒂地区的红葡萄酒)和"巴罗洛"(Barolo)(译注:产自意大利北部皮埃蒙特的红葡萄酒)这两种就够用了。总而言之,意饭特别好懂。

村上龙也抒发过这样的感慨:**"去意大利餐厅的时**

候，心里总是欢欣雀跃的。可是一想到自己马上要去很好的法餐厅了，心情就会难免会有点沉重呢，甚至有点郁闷。"（《an·an》1990年11月9日号）这番话怕是说出了大多数斥巨资吃法餐的日本人的心声。其实法餐厅那令人生畏的气氛给大家留下了不小的"心理阴影"。

泡沫时期的享乐主义心态，给法餐长久以来受人憧憬的格调与礼节打上了"繁文缛节"的标签，又把意饭的随意感升华到了"潇洒时髦"的高度。

还有一点很关键，那就是在法餐厅表现得"规规矩矩"的大叔们突然察觉到，要想通过"请客吃饭"讨女孩子的欢心，意饭屋的性价比是最高的。一流酒店的主餐厅（Main Dining）原本都是做法餐的，谁知在90年代后期，以帝国酒店为首的众多顶级酒店也纷纷转投意餐阵营[5]，撼动了餐饮界的等级制度。

"意大利人生来感性，随心所欲。他们从公元前就开始烹制、享用美食，所以吃意餐的时候啊，最好也要像他们一样用本能去感受。它不像法餐那样受形式与礼节的约束，跷着二郎腿吃也无妨"、"意大利菜不该安安静静地吃。它需要褒义的吵闹与喧嚣，需要欢声笑语。"（《non-no》1989年10月20日号）——意饭屋的大厨们可谓春风得意，气宇轩昂。

于是乎，意饭便成了文明开化以来第一种能让日本人光明正大地抱着**泡居酒屋的心态**享用的西餐。

套路型意餐 —— "Buona sera 式"意饭屋的繁荣

意饭屋迎来了开店狂潮。从法餐"跳槽"过来的大厨也不在少数。

在这样的大环境下，1989 年 11 月在东京惠比寿开业的"Il Boccalone"成了日本意餐界的象征。顾客一推开大门，便能听到店员用欢快的语气跟自己打招呼，"Buona sera"（晚上好）！。只见硕大的生火腿挂在明档厨房的天花板上，厨师们站在宽敞的操作台前，一会儿用豪爽的动作切肉，一会儿把整条鱼送入烤炉，用炭火大胆加热。墙上贴满了意甲球队与歌剧的海报……这些意饭屋完全再现了"日本人心目中的意大利"。

那感觉就像是在外国走进了 一家充满日本元素的日本料理店 —— 绑着头巾的师傅吆喝着"欢迎光临！"，背景音乐则是悠扬的古琴曲。墙上喷涂了富士山与浮世绘。服务员则是艺伎打扮的和服美女。

这家店瞬间吸引了全社会的广泛关注，开业才一个月就需要等位了，连订座都成了难事一桩。这种风格也被传承了下来，而这类强调正宗感的意式餐厅则被统称为**"Buona sera 式"**意饭屋。

这一切都显得如此浮躁。不过也多亏了意饭的走红，正宗的意大利菜与食材才能迅速普及开来。"橄榄油"与"巴萨米克黑醋"[6]走进了寻常人家的厨房，"马苏里拉芝士"[7]、"墨鱼汁"、"芝麻菜"（rucola）[8]也获得了大众的认可。刺身变成了"卡帕奇欧"（carpaccio），加料吐司（canapé）变成了"普切塔"（bruschetta），三明治变成了"帕尼尼"（panini），意面的统称也从"spaghetti"变成了"pasta"……总之叫法全变了。

在这波热潮中，改变最为显著的恐怕是**意面**的款式。"香蒜辣味意面"（spaghetti aglio olio e peperonchino，简称 peperonchino）让早已吃惯了"日西合璧"式和风意面的日本人感受到了一场舌尖上的文化冲击。它的做法十分简单，把大蒜与辣椒切碎了，用橄榄油煸炒后加入煮好的意大利直面，搅拌均匀即可。只是它不同于日本人熟知的培根奶油意面和番茄蛤蜊意面，味道更具冲击力，让大家痛感"这才是正宗的意大利风味"。

其实这款意面在它的老家是很大众的款式，并不是什么特别的菜肴，奈何名厨们异口同声道："它既是最好做的，也是最难做的，因为它太简单，没有弄虚作假的空间。"以至于日本人都把它当成了档次很高的名菜[9]。现如今，香蒜辣味意面已经成了便利店意面的常规款，市面上甚至出现了这种味道的膨化食品，地位一落千丈，也不知当年拿它做文章的大厨们过得可还好。

在泡沫经济时期的意饭屋，"意式"披萨并不受重视，"加州式"披萨却莫名流行了起来。这种披萨的特征是酥脆的薄底，以及融合了多国籍美食的"创意"馅料。当年我也在好奇心的驱使下尝过，不过现在回想起来，那饼底的口感特别粉，一点也不好吃。馅料的个性也有些过头了，又是大葱味噌，又是坦都里烤鸡的，和披萨的饼底搭不搭，怕是得打个问号。

到了意饭热潮彻底退去的 20 世纪 90 年代后期，美式披萨终于走上了返祖路线，化身为"**意式披萨**"。"意式石窖加柴火"成了标配，再加上政府放宽了进口限制，使用意大利产的披萨专用面粉制作饼底的餐饮店也不再稀罕了。

意式披萨有许多种"地方特色款"，比如饼底偏厚的那不勒斯式、饼底偏薄的罗马式与米兰式等等，不过最佳的制作方式都是以 450 度左右的高温迅速烤制。没过多久，日本人便在披萨专卖店"Pizzeria"欣赏到了"Pizzaiola"（意：披萨厨师）的英姿。他们顶着柴火散发出的滚滚热浪，埋头烤制一张又一张披萨……

提拉米苏新鲜上市

在 20 世纪 90 年代的流行美食界，"提拉米苏"就是最耀眼的明星。它搭上了意饭热潮的顺风车，瞬间成长为人气爆款。业界公认的导火索，是《Hanako》1990年4月12日号的一篇文章——"意式甜点新女王，**提拉米苏紧急大速报**"。话虽如此，提拉米苏并不是从石头缝里蹦出来的。早在爆红之前，它就已经在高档意式餐厅站稳了脚跟，大家也知道"提拉米苏是一种很好吃的甜点"。

文章只有短短的8页，也不是那一期的主要特辑。"都市丽人怎么可以不知道哪里能吃到美味的提拉米苏呢"——语气强硬且煽情的标题也是《Hanako》的惯用手法。

谁知杂志一上市，便冒出了一大批冲着提拉米苏杀去意饭屋的女孩子。面向男性读者的周刊杂志起初只是抱着看热闹的心态去报道这种诡异的流行现象而已，后来竟也刊登起了正经的分析论文了。回过神来才发现，各路媒体都被提拉米苏占领了。

这波提拉米苏热影响广泛，而且扩散到全国的速度也是惊人得快。西点店迅速加入战局，对配方进行了改良，推出了可外带的提拉米苏。在同年夏天，这款甜点已经出现在了冰淇淋店、家庭餐厅与快餐店的菜单上。1年后，战火蔓延到了大型厂商的量产型零食，如巧克力、甜面包、饮料与糖果。连咸口的可乐饼、汤和肉冻都冒出了各种蹭热度的提拉米苏款[10]。最终，流行美食之星终于登上了便利店的货架。

　　渐渐地，连冷清的咖啡馆门口都贴出了"提拉米苏新鲜上市"的告示，一如拉面馆在夏天贴的"中式冷面新鲜上市"，颇为落魄。到了1992年，对流行格外敏感的女生们就已经觉得提拉米苏过气了，不好意思再提了。曾经的女王只能在街边的西点店和量产型零食领域苟延残喘。然而到了1993年，许多家庭餐厅的菜单上都已经找不到提拉米苏的身影了。

　　要知道在不久前，提拉米苏还是只能在一小部分餐厅吃到的甜点啊。在如此之短的时间内从高档美食演变为大众食品的例子，怕是找不到第二个了。流行美食总会在"下凡"进驻便利店的同时失去其时尚性[11]，但要是运气够好，便会逐渐扎根于日本的饮食文化中。提拉米苏在日后一度卷土重来，至今仍是西点店与便利店不可或缺的经典款甜品。

推动热潮的日本产山寨版"马斯卡彭"奶酪

　　为什么提拉米苏能以史无前例的速度普及开来呢？最关键的原因，在于它正巧赶上了意饭热潮。不仅如此，它还是自20世纪70年代爆红以来长年称霸西点界的王者——芝士蛋糕的亲戚。换言之，提拉米苏走的是流行美食的王道，有流行的先天优势。

提拉米苏里的奶油非常容易做。把奶味足的奶酪、打发的蛋黄与糖（也有加鲜奶油、蛋白的版本）搅拌均匀即可。说到底，它其实也是从 80 年代后期开始流行的一种慕斯。不过提拉米苏的"美味"比法国的慕斯更好懂，也比以往的芝士蛋糕柔软得多，让日本人觉得格外新鲜。这种轻盈而柔滑的口感是前所未有的，即便提前做好备着，新鲜的口感也能保持很长一段时间。

更难得的是，提拉米苏的名字好记（系井重里如是说："我当时就觉得提拉米苏［Tiramisu］一定会火。因为它的名字念起来跟俄罗斯方块［Tetris］很像。"《Hanako》1993 年 12 月 31 日、1 月 7 日号），语感也很可爱。因为"tiramisu"一词有"带我飞上天"的意思，所以女性杂志称之为"天使的甜点"，面向男青年的杂志则把它称作"升天蛋糕"。不过说来说去，提拉米苏之所以能红成这样，还是得归功于原料厂商开展了积极主动的促销活动。

提拉米苏本该用产自意大利北部的新鲜奶酪——"马斯卡彭奶酪"（Mascarpone cheese）来做，奈何当年这种奶酪的零售价格高达 1600 日元 / 250 g，十分昂贵。而且它还不耐放，所以进口量也非常有限。用如此难搞的原材料批量生产大众糕点绝对是痴心妄想。

就在这时，与正版马斯卡彭奶酪只差一个字的山寨版"Mascapone"（マスカポーネ）闪亮登场了。它是不二制油研发的纯植物性食品原材料，1988年7月上市。就在厂商面向全国各地的西点店开展"提拉米苏推广活动"的时候，收录了提拉米苏特辑的《Hanako》出版了。这下可好，订单如雪花片般涌来，工厂全力生产也是供不应求，不得不婉拒客户的状态持续了好久（《AERA》1991年1月22日号）。

山寨版提拉米苏呈奶油状，非常柔软，便于加工。价格只有正版的1/3，保质期却比正版长了一倍还多，足有60天。虽然味道跟正版不太一样，也有人骂它是假冒伪劣产品，但要是没有这项大发明，日本人就不可能以低廉的成本和简便的工序批量生产提拉米苏，流行美食界的超级大爆款也就不会诞生了。

总而言之，空前的提拉米苏狂潮席卷了食品界、餐饮界和分销界。自那以后，企业有意"制造"的流行美食明显变多了。

昙花一现的流行甜点系谱

糕点餐饮界与各路媒体都打起十二分精神，四处寻觅**提拉米苏的接班人**。正如大家所期望的那样，芝士蒸面包、法式烤布蕾（Crème Brulée）、现烤芝士蛋糕……
新面孔接连登场。有的在日本扎下根来，有的却是昙花
一现。一言以蔽之，20 世纪 90 年代的流行美食界就是
由甜品引领的。

话说回来，"糕点"（菓子）是在什么时候悄然变
成"**甜品**"（sweets）的呢？这种变化的源头貌似也是
《Hanako》。从 1991 年 2 月 7 日号的"甜品——这家
店的这款糕点"开始，提到"甜品"的频率逐年上升。
"怀旧甜品是少女永恒的心头好"（1992 年 3 月 5 日号）、
"民族特色甜品"（同年 6 月 25 日号）、"广尾是日本头
号甜品激战区"（1995 年 2 月 23 日号）、"温柔派浅草甜
品大集合"（1996 年 7 月 18 日号）、"银座甜品 BOOK"
（1997 年 11 月 5 日号）、"东京甜品 502 款"（1998 年 12
月 2 日号）……久而久之，这个词就扩散到了所有女性
杂志。

日本的、欧美的、中国的、东南亚的……统统都是
甜品。这个词完美概括了风格各异的所有糕点，简直太
方便了。与此同时，无论是老字号的羊羹，还是便利店
的甜面包，无论一款食品是出自欧洲宫廷，还是来自香
港的小吃摊，不管它们在文化、品质层面存在多大的差
异，只要用上"甜品"这个新的统称，它们便会焕发出
全新的活力。

即便是日式糕点铺的红豆糯米团（豆大福），只要把它改称为和风甜品或者红豆甜品，它就能光明正大地登上流行美食的宝座。后来当日本人把"咖啡馆（喫茶店）"改称为"café"（カフェ）的时候，这种餐饮业态也被赋予了新的印象，原理其实是一样的。

万万没想到，最先脱颖而出的甜品竟是大型面包厂商推出的**"奶酪蒸面包"**。别看它名字里有"面包"这两个字，其实是质地神似海绵的蛋糕。一撕开包装袋，奶酪的香味扑鼻而来。它的口感非常细腻，轻盈却湿润的松软口感深深震撼了日本人。奶酪蒸面包也是从芝士蛋糕衍生出来的，口感也"偏软"，这两点与提拉米苏不谋而合，但它的价格十分亲民，一包只要120日元左右。从这个角度看，它的确称得上意料之外的伏兵。

引爆这波热潮的是1990年1月由日粮面包推出的"奶酪蒸面包"。同年11月，该产品达成了月产量600万个的伟业，即便如此还是供不应求，可见它是多么畅销。其他厂商自是立刻跟进。

每家的产品都是清一色的椭圆形，名字也是大同小异，什么"蒸芝士面包"（第一屋面包）、"软芝士"（山崎面包）、"芝士蒸面包"（敷岛面包）、"芝士蒸蛋糕"（木村屋总本店）、"芝士蒸蛋糕"（富士面包）……简直太容易混淆了。不过正因为各大厂商都推出了类似的产品，才产生了协同效应，"同时买好几种，边品尝边比较"成了一种新的流行。最终，在"柔软"这方面更胜一筹的"软芝士"拿下了芝士蒸面包大赛的头名。

到了1991年，蒸面包的市场规模便已突破400亿日元。糕点、面包厂商也是乘胜追击，接连推出各种新口味。酸奶味、草莓味、红薯味、香蕉味、巧克力味、味噌味、表面有配料的……蒸面包领域可谓百花齐放。

《Hanako》力推的提拉米苏接班人是一款来自法国的甜点"烤布蕾"。制作时不会用到牛奶，只需用鲜奶油与蛋黄调制出香草风味的面糊，倒入浅浅的烤碗，烘烤后撒上红糖，再用喷枪烤成焦糖即可。表面香脆，下面则是柔滑的软馅，味道和布丁有几分相似，但是浓厚得多，所以只吃一点点就觉得很满足了。"隆重发布！91年的甜点女王就是法式烤布蕾。"（1990年11月29日号）——杂志为烤布蕾摇旗呐喊，大肆宣传，可惜它并没有流行起来，也许是因为强调法餐格调的力度大过了头。

大阪也贡献了一位提拉米苏接班人，那就是"**现烤芝士蛋糕**"。它的发祥地是一家开在难波的店，名叫"陆郎叔叔的店"（りくろーおじさんの店）。1990年，这家店先在大阪本地红了起来。走红的原因不仅仅在于实惠亲民的价格（直径18厘米的大蛋糕只卖500日元）。"能买到新鲜出炉、热气腾腾的蛋糕"才是吸引顾客的关键元素。现做现卖，这分明是章鱼小丸子和大阪烧铺子的经营思路。这款蛋糕算是舒芙蕾（soufflé）的亲戚，空气含量高，味道也不是特别甜，一个人吃下一整个也不觉得腻。那它为什么能卖得这么便宜呢？因为店家把所有制作步骤都写进了操作手册，小时工也能烤出完美的蛋糕，大幅削减了人力成本（《女性自身》1993 年 6 月 8 日号）。

1992 年左右，照搬这套做法的"山寨店"在全国遍地开花，现烤芝士蛋糕也成了需要排队买的人气甜品。东京最旺的一家店是松屋银座地下的"麦哲伦"（マゼラン）。无论什么时候去，都有四五十人排队等候，每天的销量高达 2000 ~ 2500 个。

1992 年，美国电影《双峰》（*Twin Peaks*）一上映便受到了影迷的热烈追捧。片中的主人公是一位 FBI 探员，喜欢把**"樱桃派"**当早饭。拜电影所赐，这款甜品也风光过一阵子，但没过多久便销声匿迹了。

菲律宾的环境问题，是高纤椰果留下的后遗症

谁都没想到，来自东南亚的"木薯粉珍珠"（タピオカ，tapioca），也就是用木薯的淀粉加工而成的珍珠状小球会异军突起。把它的流行定性为"民族特色料理热的余波"倒也不是不行，不过最吸引消费者的其实是它神似蛙卵的独特形状，以及介于葛粉糕、蕨粉糕与糯米团子之间的弹牙口感。日本人对"诡异"美食的偏爱也是从珍珠开始的。

在我看来，正是珍珠让日本人在追求好看又好吃的美味的同时，对"有那么一点点奇怪"的食品萌生出了兴趣。

在珍珠之后走红的就是鼎鼎大名的**"高纤椰果"**（**nata de coco**）了。加入醋酸杆菌（Acetobacter xylinum）的椰汁经过发酵后，表面会出现一层凝胶状的固体。将它切成丁，便成了菲律宾的特产高纤椰果，乍一看很像日本的寒天（琼脂）。它的口感柔软却富有嚼劲，与软糖和乌贼刺身有着异曲同工之妙，但又有些许不同。"富含纤维的低卡减肥食品"成了高纤椰果的宣传口号。

据说高纤椰果走红的原因是家庭餐厅"Denny's"在1992年将高纤椰果纳入了甜品菜单。到了第二年，这款甜品便进入了各类餐饮店，市面上还出现了相关的家用的瓶装、罐装产品，同样受到了消费者的热烈追捧，在日本掀起了一场高纤椰果旋风。产品供不应求，以至于超市与百货店接连断货，而这也进一步激起了人们的购买欲。

大型贸易公司大举赶往菲律宾采购原材料，在当

252

Fashion Food
日本流行美食文化史

地掀起了一波"椰果特需"。生产商纷纷投资采购设备，计划增产。谁知等到万事俱备的时候，热潮已经降温了。菲律宾当地只留下了巨额负债、没有用武之地的工厂、遭到滥砍滥发的热带雨林与排放的醋酸造成的环境问题。高纤椰果是失控的流行美食引发国际问题的经典案例，我们理应牢记这个教训。

在高纤椰果之后流行开来的是卷土重来的意大利甜点——**"意式奶冻"**（panna cotta）。1992 年，三得利意欲复制提拉米苏的成功，推出了商用"意式奶冻速溶粉"。森永乳业也在 93 年推出了杯装量产品，可惜热潮很快便迎来了尾声。毕竟意式奶冻是一款很简单的甜品，说白了不过是用明胶凝固的鲜奶油，人们会很快吃腻也是在所难免。

更短命的流行美食是 1994 年的**"兰香子"**。它是泰国产的香草种子，吸水后会逐渐膨胀，在黑色的小颗粒四周形成凝胶状的膜，简直跟蛙卵一模一样。富有弹性的膜加上一咬就炸的种子，造就了比珍珠更加诡异的口感，受到了女高中生的疯狂追捧。

就好像毛豆饼在巴黎伦敦大肆流行一般

到了 20 世纪 90 年代后期，大家都以为"后提拉米苏时代"已经告一段落。谁知三个来自欧洲的新面孔横空出世——它们分别是 17 世纪在法国波尔图地区的修道院诞生的 **"可丽露"**（canelé）[12]，历史能追溯到中世纪的 **"比利时华夫饼"**（waffle）[13]，以及源自法国布列塔尼地区，为了消耗做面包时余下的面团应运而生的 **"布列塔尼黄油蛋糕"**（kouign-amann）[14]。这三款甜品都是在发祥地代代相传的烤制糕点，简单而朴素。

不过话说回来，人们为什么将视线投向边远地区的传统糕点呢？要是当地人知道自己吃惯了的东西在遥远的日本掀起了热潮，他们肯定会大吃一惊的吧。那感觉就好像日本东北地区的毛豆饼突然在巴黎和伦敦大肆流行一般。

1999 年，葡萄牙出生、澳门长大的 **"葡式蛋挞"**（egg tart）红透了半边天。将蛋糊倒入螺旋相叠的酥皮，经过一番烘烤，小巧的蛋挞便大功告成了。只是好景不长，不等大家搞清葡挞跟早已存在于广式茶餐厅的蛋挞仔有什么区别，它就已经过气了。

倒是 **"嫩滑布丁"** 从 90 年代末一直火到今天。布丁在日本走上了独特的进化之路，最终演变出了这个"终极版"。

早在文明开化年间，来自英国的 **"蛋奶布丁"**（custard pudding）就踏上了日本的土地。正统的做法是

先将焦糖酱倒入金属模具，再加入用全蛋和牛奶调制的蛋液，送入烤箱，用水浴法烘烤。然而在1964年（昭和三十九年），市面上出现了两款速溶布丁粉，彻底颠覆了布丁的基本概念。它们分别是好侍食品工业的"布丁预拌粉"（プリンミクス）和狮王牙膏的"妈妈布丁"（ママプリン）。

传统的布丁做法是通过加热让蛋液凝固，但布丁粉里加了凝固剂（明胶、琼脂），只需用热水冲开再冰镇即可。烤出来的布丁是比较硬的，速溶粉做的布丁却是细腻柔滑的山寨版。可山寨版的口感偏偏很对日本人的胃口，走进了千家万户。妈妈们撸起袖子，把烤箱当蒸炉用，费时费力做出来的正版布丁反而遭到了无情的驱逐。

1971年（昭和四十六年）上市的日本第一款量产型布丁，森永乳业的"卡仕达布丁"（カスタードプリン）与格力高协同乳业在不久后推出的"噗啾布丁"（プッチンプリン，1972年上市）也是无需烤制的冰镇型布丁，口感柔嫩有弹性。后来，商家对口感做了进一步改良，实现了入口即化的效果，嫩滑布丁就此诞生。

据说嫩滑布丁的始祖是东京惠比寿的西点店"Pastel"[15]。这家店卖的布丁几乎是奶油状的，用鲜奶油、牛奶和蛋黄制作的蛋糊醇香浓厚。大型厂商也参考这款产品，在追求柔软的道路上越走越远，市面上甚至出现了稀软得能一口"喝"掉的布丁。

极端的软化倾向影响到了整个甜品界，并延续到了之后的 2000 年代，催生出了无限接近液体的杏仁豆腐等流行美食。说大家是在追求"舌尖上的快感"还算是好听的，究其本质，这其实是一种成人的婴儿化现象。

始于"露天"的咖啡馆西化现象

同一时期，在意饭的猛烈攻势下风光不再的法餐界出了一个起死回生的大爆款，那就是"露天咖啡馆"。顾客可以坐在有宽大的房檐遮挡的人行道上喝咖啡。在巴黎，这样的咖啡馆随处可见。

传统的日式咖啡馆曾经盛极一时，但是从 1982 年开始，它的数量不断减少 [16]。原因显而易见——这种咖啡馆的客单价不高，而且翻台率极低，压根不赚钱。许多"考究老板开的咖啡馆"由于泡沫经济时期的地价飞涨造成的店租与人力成本上升无奈关门。日本引以为傲的"咖啡馆文化"终于迎来了落幕的时刻，"西式咖啡馆"（café）文化取而代之。

1993 年在东京广尾的外苑西大道开业的"Café des Pres[17]"走的是最正统的法国路线。店面的结构、菜单乃至服务形式，一律向法国看齐。服务生穿着被称为"tablier"的长围兜，英姿飒爽地端茶送水。顾客需要在餐点饮品上桌的同时付款，而不是吃完去收银台结账。

在当时的日本人看来，露天咖啡馆无异于特别超现实的异度空间，第一次尝试还是需要鼓起勇气的，不过一壶综合咖啡（两杯的量）只需 600 日元左右，并不是很贵。而且坐上好几个小时，店员也不会横加干涉。一旦掌握其中的规则，你就会觉得它用起来相当"顺手"。

在 1994 年，"Café des Pres"在东京原宿的表参道开设了第二家门店。才刚开业，便是连日大排长龙，座无虚席，彻底引爆了**露天咖啡馆**的人气。日本人又特别爱跟风，这下可好，很多老店也纷纷砸墙搞露台，丝毫不把呛人的尾气放在心上。才两三年年的功夫，原宿与青山就成了露天咖啡馆的竞争最为激烈的地方。

西式咖啡馆无论是露天的还是室内的，都有各种酒精饮品供顾客选择，餐点的种类也很丰富，有效提高了人均价，这才是制胜的关键。传统咖啡馆的小食不外乎吐司和店主亲手制作的芝士蛋糕，但是在西式咖啡馆，点法棍三明治、尼斯沙拉[18]和气泡矿泉水才是最潮的。

渐渐地，街头巷尾衍生出了一批与意大利菜、美国菜、泰国菜、中国菜、复古西餐、甜品、烘焙、熟食等完全不同流派的咖啡馆——更加侧重餐点的西式咖啡馆。

所谓的"街边餐吧（diner café）"[19]业态也登场了。这些餐吧以纽约等地比较常见的街边餐馆（diner 是提供各种典型美国食品的复古风餐厅）为模板，菜单上足有 50 多种融汇了日本料理、西餐与中餐的餐点，即便是深夜也能吃到像样的饭菜。

1996 年，以"星巴克"为首的**"西雅图系"**咖啡连锁品牌先后登陆日本，拉开了"咖啡馆战国时代"的帷

日本第一家"星巴克"
（银座松屋大道店提供：日本星巴克）

Fashion Food
日本流行美食文化史

幕。大家都很熟悉的意式浓缩咖啡（espresso）应该也是在那个时候获得了自己的第一批粉丝。

比露天咖啡馆晚一拍流行起来的是附设在家居杂货店、服装店内部的西式咖啡馆。这是一种**"一箭双雕"的业态**，目的是将"喜欢在时髦的咖啡馆喝茶的女生"和"喜欢淘好看的日用杂货与衣服的女生"一网打尽，又称"品牌咖啡馆"、"复合型咖啡馆"[20]。这类咖啡馆的餐点选择也很丰富，以甜品见长的店尤其多。

紧接着出现的是和传统日式咖啡馆非常接近的西式咖啡馆。店主往往比较年轻，缺乏在餐饮界工作的经验。店开在离车站稍微有些距离的地方，屋里摆着二手家具，桌椅有时都不成套，不过店主的绝佳品位体现在了整家店的角角落落，进去坐坐相当舒服。虽然没有专业厨师坐镇，但"外行人"也有外行人的法子，餐点的种类还是很丰富的。这类咖啡馆被统称为**"暖心系""治愈系"**[21]。在京都比较常见的那种用年头久的铺面房改造而成的咖啡馆就属于这个类型。泡沫经济的崩溃催生出了一大批空置商铺，开店的门槛也相应降低了，没有雄厚的资金也能实现。于是乎，"开间咖啡馆当老板"便成了年轻人触手可及的梦想。

"失去的 10 年"
带来的转变

好景不长的牛肠锅

1991 年，泡沫终于破裂。1992 年，"牛肠锅"突然爆红。它被誉为"后泡沫时代的主角"和"东京的晚餐新经典"，在辞旧迎新的宴会季迎来热潮的巅峰，却在 1993 年夏天便淡出了人们的视野。转瞬即逝的牛肠锅热潮，正是泡沫经济孕育的最后一朵无果之花。

牛肠锅源自福冈。把各种牛的内脏放进装有高汤的大锅，盖上堆成小山的韭菜与卷心菜，加入大量大蒜、红辣椒等佐料，炖一会儿便能上桌。它在泡沫经济全盛期的博多格外受欢迎，短短两三年里竟开出了 100 多家专卖店。久而久之，这股风就刮到了东京。

内脏在东京是面向"大叔"群体的大众居酒屋的经

典食材，照理说是跟女生无缘的东西。谁知新式牛肠锅店不仅有男性顾客光顾，连年轻的白领女性和穿着紧身衣的辣妹们都杀来了。牛肠锅能拉近女下属和男上司之间的距离，还有填平代沟的功效，自然也成了公司聚餐的首选。

据说东京的第一家牛肠锅专卖店是位于银座八丁目的"牛肠锅·元气"[22]。它当年的人气之旺已经在业界留下了不朽的传说——明明从 11 月中旬到年底的位置都被订满了，可店里每天还会接到 300 多通订座电话。光六本木一地就开出了 10 多家牛肠锅店。不少店是急急忙忙改装的，还能通过店内装潢的蛛丝马迹看出它原来是寿司店、美发厅或意饭屋呢（《文艺春秋》1993 年 10 月号）。

涩谷的公园大道附近也是无处不见牛肠锅，人称"涩谷牛肠锅一条街"，而且每家店都是大排长龙。没过多久，原材料便供不应求了。内脏明明是最讲究鲜度的食材，进口的冻品却大行其道，韭菜的价格也暴涨到了原先的 6 倍。谁知入春以后，生意竟突然冷清下来。到了夏天，连那些原本满口赞扬的媒体都开始泼冷水了，说"牛肠锅气数已尽"。

走在闹市区的街头，便能看到一面面用阴文印着"牛肠锅"字样的旗帜随风飘扬……那是多么令人怀念的风景啊。据说牛肠锅当年之所以会火，是因为它"便宜、美味又健康"。然而要想吃个饱，顺便喝上两三杯啤酒，两个人无论如何都得花上 1 万日元左右，绝对不算便宜。如雨后春笋般冒出来的"蹭热度"牛肠锅店的味道也不敢恭维，缺乏冲击力，自然熬不过对火锅类美食本就非常不利春夏两季。不过"内脏是低脂肪、低热量、富含维生素的健康食品"这一营养学知识倒是牢牢刻在了日本人的脑海中。

牛肠锅的确没有红太久，但它的昙花一现，为原本被归入"猎奇食品"范畴的肉类打开了通往流行美食的大门。后来，意饭屋的**炖牛肚（trippa）**、法餐厅的**野味（gibier，用野鸟、野兽的肉烹制的菜肴）**、在烤肉店一度被视作二等品的内脏肉**横膈膜（ハラミ）**都成了女顾客的最爱——肉食女子就此诞生。

暴饮暴食为哪般？后泡沫时代的餐饮界

在泡沫的余烬牛肠锅如旋风般横扫日本之后，**全面降价**与**畅吃自助**以破竹之势袭来。"想用最少的钱吃到饱（要是味道也好就赚到了）"——这是一种完全暴露了本能的，极具世纪末色彩的现象。

经济萧条是让大家勒紧了裤腰带没错，可日本人已经在泡沫时代尝到了美食的甜头。就在这时，主打日本料理、西餐、中餐、民族特色料理甚至是甜点的各种畅吃餐厅从天而降，一如挂在鱼钩上的鱼饵。其实这种业态早就在日本出现了，只是原来一般叫"buffet"或者"viking"，店里的气氛也有点装模作样假正经的意思。但今时不同往日，人们把理性抛到了九霄云外，把最直截了当的两个字——"畅吃"（食べ放题）挂在店门口。大多数畅吃餐厅都设有时间限制。

有人为了吃回本，不顾一切埋头狂吃，也有人把畅吃当成一种游戏去享受。大胃王比赛、拼酒量比赛在江户时代的文化文政时期也是流行过的，但平成的大吃大喝少了几分追求新奇的狂劲，有种露骨的暴饮暴食感。而且畅吃餐厅的盛况一直持续到了 2000 年代初。那明明是"失去的十年"，经济非常萧条，日本人的食欲却依然旺盛得可怕。

东京电视台的"全国大胃王锦标赛"节目创造了极高的收视率，冠军也会红得跟演艺明星似的。电视台和情报杂志只要推出以畅吃餐厅为主题的专辑，就一定能收获热烈的反响。

牛肠锅的巅峰期出现在 1992 年。但是在 1993 年春天，它的位置就被"畅吃型涮锅"取代了，之后还出现了牛排、巴西烤肉（churrasco）、日式烤肉、烤牛肉、寿喜锅、蟹肉、寿司刺身、法餐、意餐的畅吃版，连怀石料理跟北京烤鸭的畅吃餐厅都冒出来了。

因放宽牛肉进口限制诞生的 "畅吃型涮锅"

早期畅吃餐厅虽然也提供烤鸡串、咖喱饭等平民美食，但它们的关键特征在于"彻底粉碎了高高在上、遥不可及的高档美食的价格体系"。

主打牛肉的畅吃餐厅之所以多，是因为政府在1991年4月**放宽了牛肉进口限制**，使海外的廉价牛肉得以进入日本市场。"放开肚子吃牛肉"——日本人长久以来的夙愿终于成真了。

老字号日本料理店"筑地植村"的畅吃涮锅套餐用的是澳大利亚产的牛嫩肩里脊，男性顾客收3000日元，女性顾客收2300日元。对比今天的市场价，你也许会觉得这家店并没有便宜到哪里去，可是在当时，这样的价位能吃上牛肉简直跟做梦一样。

我与涮锅的第一次亲密接触应该也是在畅吃餐厅发生的。每家店的肉都跟纸片一样薄，一放进热汤便会迅速收缩起皱，佐料也给得很少，别提有多抠门了。不过大家都吃"疯"了，仿佛那肉片是自己的杀父仇人似的。原本比寿喜烧更高级的涮锅是在这股热潮之后才逐渐普及开来，走进了千家万户。

久而久之，市面上甚至出现了"雪蟹＆烤牛肉无限量畅吃＆畅饮，限时90分钟，男性3500日元，女性

2500 日元"这般便宜得惊人的畅吃餐厅，直教人担心会不会亏本。不过在萧条经济大环境下，低价畅吃作为流失了大量顾客的餐饮店的求生战略还是颇有成效的，显著降低了人均价，提升了客流量。

肉与海鲜的畅吃餐厅背后往往是肉制品公司与水产公司，开餐厅也有清理库存的功效。由于顾客吃得多，食材成本率难免会偏高，但定额制可以将人均价维持在一个稳定的水平，所以店家不至于亏损。为保证翻台率限制用餐时间也是相当高明的策略。

更关键的是，畅吃能有效削减店家的人力成本。需要制作的菜品是固定不变的，前厅的服务员全用小时工也没问题，正式员工能少则少。全面降价的浪潮也冲垮了以往的用人体系，震撼了餐饮业的结构。

寿司被放上传送带，回归快餐的行列

寿司与牛肉、蟹肉并列为畅吃三巨头。东京的"雏鮨"就是一家主打高级寿司的畅吃餐厅，在创业后短短2年的时间里便开出了14家门店。1993年刚开业时的价格是每人4300日元，限时90分钟。金枪鱼、海胆、鲍鱼等高档食材上起来也是毫不含糊，吸引了大批的顾客，连日大排长龙。

因价格最亲民备受关注的是由 80 年代风靡一时的休闲餐厅"Italian Tomato"转型而成的寿司店"伊太都麻"。店里有 30 种寿司可供选择，价格竟低至 1500 日元（1993 年刚开业时）。不过真正让寿司成为大众美食的是 20 世纪 90 年代后期的**新浪潮回转寿司**热。

以往的回转寿司总是与寒酸、落魄这样的字眼联系在一起。干巴巴的寿司在传送带转圈的穷酸景象随处可见，让人不好意思走进去消费。然而在泡沫经济崩溃之后，明亮精致的回转寿司店多了起来，商品的质量也有了显著提升，"便宜没好货"成了过去式。这是因为在原有的大型连锁品牌相继开设分店的同时，因商务宴请需求的减少而受到冲击的日本料理店、居酒屋和水产公司等商家也纷纷加入了回转寿司的战场，使竞争变得愈发激烈。

在 1996 年的日本寿司市场，回转寿司的份额高达三成，门店数足有 4000 余家，之后更是以每年 500 家的速度持续增长（《AERA》1996 年 4 月 20 日号、《周刊 POST》1999 年 2 月 12 号）。形形色色的军舰卷、长鳍金枪鱼的鱼腹肉（ビントロ）、比目鱼鳍（エンガワ）等传统寿司店没有的油脂型寿司、沙拉、培根、三文鱼等面向年轻消费者的"片假名寿司"……店家还开发出了各种回转寿司特有的商品，保守派看了绝对要皱眉头。

寿司本是"江户时代的粗俗快餐"，却一步登天成了高档美食，吃起来是既麻烦，压力又大。新客人不敢进店门，跟寿司师傅面对面也尴尬得很。点单的顺序教人发愁不说，店里连个菜单都没有，也不敢开口问价格……而回转寿司将这些障碍一扫而空，顾客只需要像翻看商品目录那样浏览从眼前通过的寿司，一边计算价格，一边按自己喜欢的顺序拿就行了，想拿多少就拿多少。寿司就这样再次回归快餐的行列，同时也走向了民主化。

如果说以往的回转寿司向原本吃不了寿司的群体敞开了大门，那么新浪潮回转寿司的功绩就在于它笼络了原本对寿司店敬而远之的女性群体，同时也成了家庭聚餐的好去处。在90年代以后出生的孩子心里，寿司会"转"简直再正常不过了。也多亏了回转寿司，寿司才能在大米和鱼的地位岌岌可危的时代荣升为孩子们的最爱，受欢迎程度甚至超过了汉堡包。回转寿司就这样演变成了新型的家庭餐厅。

2500日元，史上最合算的固定价格自选三道式套餐

法餐也受到了全面降价浪潮的冲击。受经济大萧

条的影响，高档法餐厅苦苦挣扎，艰难度日，提供**固定价格自选三道式套餐的法餐厅**却悄然走红。晚市套餐的价格在 2500 日元左右，前菜、主菜与甜点都有若干种可选。

话说"法餐"在日语中的说法也是在 20 世纪 90 年代从"フランセーズ"（法语 Française）变成了"フレンチ"（英语 French）。至今仍有一小撮守旧派美食家愤愤不平，认为"用英语称呼法餐简直岂有此理"。但不可思议的是，改口用英语之后，法餐的权威性的确大打折扣，给人留下的印象也变得更轻松随意了。

东京的定价自选法餐厅集中在丰岛区、新宿区、文京区这几个区的边缘地带，基本都是一位厨师和一位服务员就能撑起来的小店。内部装潢绝不奢华，墙上却装饰着有法国风情的海报与画作，打造出时髦的氛围。店里只提供套餐，不接受单点。换言之，它们走的是薄利多销路线，专挑便宜的地段开店，尽可能压缩人力成本，菜品的种类也控制在最少，以便让食材合理地周转。

话虽如此，"留法归来的大厨"还是想方设法采购价廉物美的食材，尽心备料，不遗余力地展现自己的实力。要知道，如果大环境足够好的话，他们本可以在高级法餐厅工作的。所以这些餐厅的菜品水准非常高，造就了日本法餐史上最"合算"的时代。

在 2000 年代经济回暖之后，2500 日元的套餐不知不觉消失了，但意饭屋带头引进了定价自选模式，后来连日本料理店和中餐馆都跟进了。

怎么拨都看不到头的荞麦深山密林

20 世纪 90 年代还有一款悄然兴起的美食，那就是荞麦面。热衷于荞麦面的发烧友与常去畅吃餐厅和低价餐厅的群体截然不同，他们禁欲而克己，有着异常强烈的探究心，最前沿的信息都来自他们。

即便是无法种植水稻与小麦的荒地，荞麦也能茁壮成长，所以它原本是一种救荒作物。照理说救荒作物的流行能从侧面体现出经济的萧条，只是热潮早在泡沫经济的全盛期 1990 年就已经开始了。

那年上市的精装版大开面全彩页影集《**BEST OF 荞麦面**》收录了"从北海道到九州冲绳的各地风土孕育的 150 碗荞麦面的正脸"，每张照片中的面都与实物一样大。就是这本书将曾经的超级平民食品拽到了聚光灯下。

这本书的编辑内藤厚（笔名：里见真三）在制作"B 级美食"系列的同时推出了"BEST OF"系列，而这本"荞麦面篇"就是继"拉面""盖饭""新派拉面"与

"寿司"之后的第 5 册。堆成小山的竹屉荞麦面（盛り蕎麦）在他的笔下被形容为"怎么拨都看不到头的荞麦深山密林"（译注：森林与竹屉荞麦面有读音相同的部分，一语双关）；面团里加了芝麻的黑色荞麦面则被戏称"这可不是加了墨鱼汁的意面哦！"。文笔妙趣横生，洋溢着诙谐的灵气。

编者显然将荞麦面归入了 B 级美食的系谱，不过上面提到的荞麦面发烧友则指的是一头栽进"怎么拨都永远看不到头"的荞麦面深山的人（以中老年男性为主）。

"女生们逐渐察觉到，知道哪里有时髦的荞麦面馆是很潮的，现在她们都管荞麦面叫高级美食啦"（"都市女性至少知道 3 家好吃的荞麦面馆"《Hanako》1990 年 1 月 25 日号）—— 换做年轻的女性消费者，这么轻描淡写一番就差不多了。可是换成严肃认真、潜心钻研的男性爱好者，事情就没那么简单了。

"在仅由面和汤组成的简单结构与日本人的细腻和智慧相辅相成，带来无限深度的那一刻，围绕细节中的细节激烈讨论的'荞麦面专家'就此诞生 ——"、"虽然荞麦面是一种极其简朴的食品……不，正因为它简朴，'荞麦面食客'们才会为它激情碰撞。色泽、粗细、嚼劲、粉质、产地、是否增加了黏性的食材、面汤的浓淡、调料汁（译注：在酱油里加入砂糖煮成）的做法、高汤的熬法、佐料的种类……有多少'荞麦面爱好者'，就有多少种'理想的荞麦面'"（"献给荞麦面爱好者的面馆指南"《dancyu》1991 年 4 月号）—— 从如此夸张的文字也能看出，荞麦面发烧友对这种食品的热爱几乎升华到了"信仰"的高度。荞麦面的神圣性已经让他们彻底神魂颠倒了。

店主是 S，顾客是 M—— 考究型手打荞麦面

中老年荞麦面发烧友有极强的求道心。在兴趣的驱使下**自己动手"做荞麦面"**也成了一种流行。

从 1992 年前后开始，"手打荞麦面班"成了文化中心最受欢迎的兴趣班，总是座无虚席，盛况空前。培养专业荞麦面师傅的班里也出现了越来越多的业余爱好者，学生以 30 ～ 50 多岁的上班族为主。在公司内部组织"手打荞麦社团"的企业、同好者聚在一起形成的"荞麦面研究会"也频频登上商界杂志。据说有很多人是因为同年夏天在富山县利贺村举办的"世界荞麦面博览会"[23] 才爱上这款美食的。

只用荞麦粉和水制成的面条看似简单，但你越是想做出像样的东西来，难度就越是高。业界甚至有"揉面练三年，切面三个月"这样的说法，光是达到"能揉出

让人满意的面团"的水平都很费时间。不少发烧友觉得手打荞麦面与揉捏陶土有着异曲同工之妙，又有种自己变回了孩子，玩起了泥巴，与荞麦粉尽情嬉戏的感觉。他们在这个过程中品味到了"男人的浪漫"，最后干脆辞职开店的人也不在少数。

发烧友大力推崇的手打荞麦面馆有若干个非常典型的特征。首先，店里要静寂如禅寺，要有种仿佛在说"给老子专心吃面"的氛围，让顾客过度紧张。而在发烧友自己开的"新浪潮荞麦面馆"里，店主则会穿着禅宗僧侣日常穿着的"作务衣"，极具象征性。

其次是"竹屉荞麦面原教旨主义"。客人要是点了带配菜的款式，是很有可能遭到鄙视的。还有店主那不由分说的威慑感——如果客人夸了一句"真好吃"，那店主则会用严肃表情回应说："好吃是理所当然的。"在这种环境下，店主自然成为了 S，而顾客则成为了 M，而且顾客们也都积极主动地享受这种关系。

在高档美食纷纷走向大众化的大萧条时代，荞麦面却反过来升级成了高尚的食品。这也许是因为荞麦面卖得再贵，最简单的笼屉款也花不了 1000 日元，所以消费者能用最低的预算成为荞麦面专家。于是乎，平成年代的流行美食便从廉价的本土食品中接连诞生了。

靠本地小吃振兴当地经济

在 20 世纪 90 年代，不同于正统派乡土料理的**本地小吃**逐渐在全国打响了知名度。它们的历史比较短，在经济高速发展期之后渐成气候。比如东京的"月岛文字烧"、栃木县的"宇都宫饺子"、岩手县的"盛冈冷面"、香川县的"讃岐乌冬面"……以面粉为原料的比较多。当时，受"B-1 大奖赛"（稍后详细介绍）等活动的影响，"本地 B 级美食"开始萌芽了。

最早受到关注的是**文字烧**。早在泡沫经济的全盛期，它就已经成了各路媒体的焦点。月岛西仲大道商店街更是名气响当当的"文字烧一条街"，街边的每家店门口都排着队。在泡沫崩溃之后，文字烧的人气也没有丝毫的衰减。1997 年，月岛文字烧振兴会正式成立，以本地小吃为核心的经济活化运动进一步升级。月岛的文字烧店在 1996 年还只有 35 家，到了 2006 年却多达 71 家，数量在 10 年里翻了一番（《文字烧的社会史》）。

在战后的东京，只要是平民区的粗点心店，都有文字烧卖。不过从 50 年代后期开始，月岛出现了面向成年人的文字烧专卖店。到了 80 年代，店家又开发出了配料组合十分新颖奇特的文字烧款式，有加明太子的，也有加年糕、纳豆和奶酪的。能在洋溢着怀旧风情的平民区商店街品尝到的进化版文字烧已经完全具备了成为流行美食的条件。

宇都宫市是全日本饺子消费量最高的地方。在 1990 年，该市的政府职员为了提高本地的知名度，决定拿饺子做做文章，在第二年绘制了一幅"饺子地图"。1993 年，"宇都宫饺子会"宣告成立，用饺子振兴本地经济的活动步入正轨，**宇都宫饺子**也渐渐为全国人民所熟知了。**盛冈冷面**则是咸兴（与平壤齐名的冷面产地）出身的第一代在日朝鲜人按日本人的口味开发而成的，后来演变成了盛冈市的特色美食。

讚岐乌冬面是历史悠久的乡土食品没错，但作为"本地小吃"受到媒体追捧的却是快餐模式的自助乌冬面。"清汤"、"锅捞蛋伴"等等和传统相距甚远的粗犷吃法特别合年轻人的胃口。1993 年，城市情报杂志出版了一本连载合集——《可怕的讚岐乌冬面》，引爆了乌冬热潮。人们纷纷像朝圣的香客一样搞"乌冬巡礼"，拿着这本书遍访零散分布在县内的冷门面馆，而乌冬面也成了香川县的一大旅游资源。

自那时起，人们开始站在"B 级美食"的角度重新挖掘那些被埋没的个性小吃，而这些小吃也在振兴地方经济的过程中发挥了重要的作用。泡沫时代之前的流行美食总是"向外看"的。我们也不得不承认，和那些舶来品相比，本地小吃的确少了几分洋气，但它们拥有无限的本地人脉。进入 2000 年代之后，也有新的本地小吃接连登场，作为接地气的**回归日本型**流行美食开花结果。

日趋多样的拉面与半专业级"发烧友"的出现

在本地美食中，人气最旺当属"本地拉面"。

像拉面这般存在于全国各地，但发展路线各不相同，分化程度极高的美食怕是找不到第二种了。这是因为它本就是外来的食品，并没有固定的规格形式，很容易根据本地的特产与口味进行改良。

在泡沫经济崩溃后，各路媒体开始竞相介绍"本地人习以为常，在别处却压根不存在"的拉面。由于经济萧条被迫削减预算的各大电视台大搞拉面特别节目，因为采访拉面不需要太多制作经费，却能争取到高收视率。乡土色彩浓重的拉面成了绝佳的报道题材。

在巧妙利用媒体提升知名度方面，福岛县的**"喜多方拉面"**称得上业界的大前辈。喜多方市有着老仓库鳞次栉比的优美街景。在 1983 年，市政府在旅行杂志《RURUBU》（日本交通公社）买下一整页用于宣传，为本地拉面打开了突破口。现在回过头来翻看当时的页面，你也会觉得那是非常正经的旅游指南，一点广告味

《RURUBU》1983 年 7 月号
（日本交通公社提供：JTB 出版）

都没有，关于拉面的文章也不过一小块，毫不起眼。也
许是"老仓库之城与拉面"这一组合的意外性勾起了读
者的旅游兴致，据说杂志刚刚上市，市政府便接到了大
量的咨询电话。

于是乎，大量游客冲着拉面涌向喜多方，助力这款
本地拉面成功进军东京市场，填补了 20 世纪 70 年代的
札幌拉面热潮退去后形成的空白。喜多方这座无名小城
也摇身一变，成了人尽皆知的"拉面王国"。

偏粗的扁平卷曲面条，配上酱油味的清汤，再加上
笋干、叉烧、大葱等配菜，便是一碗喜多方拉面。它的
搭配十分简单，倒是很接近昭和二三十年代在东京比较

常见的拉面。它的风味复古而清淡，并没有强烈的个性。随后火起来的"佐野拉面"（栃木县）也属于同一种类型。

然而从1993年开始，需要排队等位的拉面馆陡然增多，"拉面热潮"在东京成了人们悄悄议论的话题。拉面的个性化与多样化也是在同一时期呈现出来的倾向，前所未有的浓厚汤底与新颖配菜粉墨登场。与此同时，**"考究大叔"也开始了品牌化**。与荞麦面一样，拉面也"出息"了，成了"堪登大雅之堂"的美食。

另外，社会上还涌现出了一批**"拉面爱好者"**与**"拉面评论家"**，以1992年在《电视冠军》节目主办的"第二届拉面王锦标赛"上拔得头筹的武内伸为首。他们对拉面馆如数家珍，竞相品尝各地的拉面，主动发布最前沿的信息。

"做的人"自不用说，连"吃的人"都被捧成了明星，变成了大红人，这正是拉面的特别之处。它脱离了饮食界的金字塔结构，没有固定的传统样式，无论做成什么样子都能被大众接受，而且大家还愿意就它发表自己的见解，这也是拉面的优势所在。

因互联网加速发展的拉面信息化

市面上还出现了以拉面为主题的餐饮休闲设施，那就是 1994 年 3 月 6 日开张的**"新横滨拉面博物馆"**。"以五感品味拉面文化"是它的核心理念,总建筑成本高达 30 亿日元。内部再现了昭和三十三年(1958),也就是日清鸡味拉面诞生那年的平民区街景,并设有 8 家"超美味拉面馆",还有展示画廊与小卖部。刚开业便人气爆棚,节假日要排队等候 1 小时才能入场,每天要接待近 1 万名游客。

从全国千余家拉面馆中脱颖而出的 8 家面馆有 3 家来自东京,另外 5 家分别来自札幌、喜多方、横滨、博多与熊本。里见真三在品尝过后发表了这样的感想:每家的面都很油(《文艺春秋》1994 年 7 月号)。

新横滨拉面博物馆的成功,证明了本地拉面在首都圈也能得到认可。自那以后,全国各地的本地特沙拉面纷纷进军东京。最先火起来的是九州的"豚骨拉面"[24],紧接着是"旭川拉面"[25]。到了 1998 年,市场便呈现出了群雄割据的状态。有些地方城市甚至为了振兴本地经济,想方设法研发有本地特色的新拉面。

渐渐地,超出了地区与传统的范畴,强烈突出店主个人特色的**自我表现型拉面**(比如用龙虾或乌骨鸡熬汤、在面里加入芝麻、海藻等食材)受到了消费者的欢迎。而这些拉面馆的店主也成了大家口中的"拉面教主"。他们打造的"个人特沙拉面"[26]也成了香饽饽,和企业合作策划的杯面产品的纸盖上还印着他们的大头照呢。

与互联网的结合，更加快了拉面的爆红速度。在热潮刚刚萌芽的1995年，网络上便出现了大量的拉面专题网站。发烧友们以极其狂热的视角点评各家面馆的味道，交换情报，久而久之甚至对每家面馆的生意产生了影响。

明明是价格亲民的B级小吃，却能像正统的高档美食那样，成为渊博知识与无限激情的释放点，还有比拉面更值得评论的对象吗？拉面发烧友们格外了解面的做法，也不知道他们是怎么做的功课，"无化调"[27]"双拼汤"[28]"背里脊油肉系"[29]……他们写评论的时候会运用大量的专业术语，没点背景知识根本看不懂。从这个角度看，拉面与20世纪90年代的御宅文化也有很高的契合度。

于是乎，从90年代到2000年代初，高度信息化的拉面迎来了空前的热潮，至今势头不减，"拌面"[30]"浑汤系"[31]"沾面"[32]等新型拉面也相继问世了。

大正复古风可乐饼备受瞩目

所谓"中食"，就是购买便当、咸面包、熟食等已经由店家烹饪好的食品，带回家或工作地点吃。因为它介于"下馆子"（外食）与"自己做饭"（内食）之

间，所以才叫"中"食。这类食品在美国一般被称为
"home meal replacement"（家庭餐食取代品）或"meal
solution"（膳食解决方案），包括"ready to eat"（即食食
品）、"ready to heat"（加热即食的包装食品）、"ready to
cook"（做过预处理的净菜套包）、"ready to prepare"（食
材套包）等等，特指"企业通过产品，替主妇分担掉部
分在家中进行的烹饪步骤"。

现如今，中食的概念已经深入人心了。然而在 20
世纪 90 年代初，这个词的日语读音（究竟是"なかし
ょく"还是"ちゅうしょく"？）都还处于模棱两可的状
态。可就在这样的时代背景下，中食界竟然出了个大爆
款 —— 在当时卖 60 日元一个的土豆可乐饼。

它的名字也非常直截了当，就叫**"神户可乐饼"**，
由神户的 Rock Field 公司推出。它现在已经成了中食界
的龙头企业，旗下有"RF1""Itohan"等 6 个品牌，全
国各地均有分店。这家凭借高档西式熟食的生产和销售
为人所知的公司在 1989 年 4 月于神户的南京街开设了
"神户可乐饼"的元町店。新店才刚开张便排起了长队，
不等上 20 分绝对买不到，遇到生意好的时候，不到傍
晚店里的东西就被抢购一空了。

同年年末，神户可乐饼进驻大阪的高岛屋百货店，
并从那时起迅速增加在百货店地下楼层的门店数量。在

刚 开 业 时 的 日 本 第 一 家
"神户可乐饼"（元町店）
（提供：Rock Field）

东京的百货店首次登场时更是在食品卖场掀起了一股
"可乐饼旋风"，需要拉绳子划定排队区域的状态持续了
许久。1990 年 4 月期的销售额还只有 3 亿日元，1 年后
竟飙升至 19.8 亿日元，全年卖出的可乐饼足有 1800 万
个（《NEXT》1991 年 9 月号）。靠可乐饼大获成功后，
Rock Field 乘胜追击，进军其他熟食市场，以"RF1"
这一品牌在百货商店地下的食品卖场再度掀起"沙拉
旋风"。

　　"用中食将女性从家务劳动中解放出来"是社长岩
田弘三的一贯主张。他曾公开表示："我要把菜刀和砧
板赶出日本家庭的厨房！"招来了家务专家与营养专家
的白眼。据说他决定在泡沫经济全盛期开启可乐饼业务

的时候，公司内部有不少反对的声音。大家都想不通："为什么偏要在这个节骨眼上卖可乐饼？"但岩田社长大胆预测，时代将"从追随欧美转变为回归日本"（《财界》1994年2月20日号），于是便为可乐饼配上了全新的品牌印象，让它重新站到了聚光灯下。

神户可乐饼的印象战略十分巧妙。首先是张贴在店门口的"可乐饼宪章"。宪章共有6条，重点突出自家选用了产地直送的土豆与来路纯正的牛肉，制作方法费时费力，售价却很亲民。通过商品名强化与神户挂钩的时髦印象，并借助招财猫商标演绎大正复古感。除了最经典的几种口味，还经常推出土豆炖肉味、寿喜锅味这样的和风款，以及加了河豚、大阪烧等材料的个性款供消费者选择。买了当场就吃的顾客也不在少数，那场面简直跟麦当劳刚登陆日本时一模一样。还有不少顾客一口气买好多回去送人呢。

正如岩田社长所说——"熟食不是零售业，而是信息产业"（《President》1999年2月号）。是什么令小小的可乐饼摇身一变，成为最时髦的流行美食，让顾客心甘情愿排队等候呢？正是Rock Field的策划力与商品理念。没过多久，市面上便出现了一批业态相似的可乐饼专卖店。海螺、羊栖菜、牛蒡胡萝卜、通心粉、梅干……各家推出了五花八门的可乐饼，在中食界开启了"可乐饼战国时代"。然而,光在口味和馅料上动脑筋,又如何敌得过神户可乐饼那独一无二的故事性呢。

平平无奇的可乐饼就这样加入了长久以来一直以新奇为佳的流行美食。这件事正意味着**流行美食的变质与转型**。基于炒冷饭的爆款越来越多,还有不少普通食品的改良版悄然走红,这说明流行美食渐渐开始"向后看"了。追捧可乐饼也就罢了,要是很久很久以前的味道与日本特有的美食成了礼赞的对象,那就不单单是倒退,而是民族主义了。

带有怀旧主义色彩的粗食渐成潮流

1995 年,就在人们对前一年的大米短缺[33]还记忆犹新的时候,畅销书《**劝粗食篇**》出版了。这本书否定了战后的营养改良运动和以它为基础的饮食常识,劝导大众趁现在回归"粗食",狂卖了 140 万册。

作者给欧美型的饮食习惯起了个绝妙的别名——"膳食生活的 55 年体制"。摆脱以欧美为理想的"错觉",重新审视日本传统饮食习惯的价值正是此书的主旨。那么具体该怎么办呢?只要保证不吃红肉、牛奶和面包,吃糙米而非精米,搭配酱菜,味噌汤顿顿不落,小菜只需要吃一点点就够了,以蔬菜和鱼肉为主。

总而言之，只要回归贫苦年代的粗茶淡饭，健康就有了保障[34]，特别简单明了。

在泡沫经济刚崩溃的时候，《清贫的思想》（中野孝次，草思社，1992 年）也非常畅销。这本书提倡简朴到极点的生活，教导大家去追求精神层面的富足。如此看来，把粗食定位为过度饱食产生的反作用力倒也未尝不可，但《劝粗食篇》并非泛泛而谈的唯心论，而是细致深入地讲解了欧美型的饮食习惯对日本人的健康造成了多么恶劣的影响。就是这种贩卖焦虑的煽情主义引爆了人气。

在作者看来，绝大多数疾病的根源在于饮食习惯。糖尿病、心脏病、高血压等生活习惯病的患者之所以暴增，特应性皮炎等过敏疾病之所以蔓延，就是因为大家吃了太多不该吃的东西。作者还在书中写道，家畜的饲养成本极高，而且个个都是药罐头。大量摄入蛋白质会成为机体的负担，引起"不完全燃烧"。牛奶中的钙质比桃虾、羊栖菜的少，且很有可能在灭菌时被破坏殆尽，再加上过半的日本人有乳糖不耐症，所以完全没必要喝牛奶。白糖会教人心神失常，美国有许多罪犯与"精神分裂病人"患有过量摄入白糖引起的低血糖症……如此这般，全是些让人大跌眼镜的爆炸性言论。

提到传统饮食习惯的时候，则是滔滔不绝的溢美之词——少吃副食多吃米饭，有助于促进新陈代谢，能让头脑变得更聪明。乌干达人平时会吃很多膳食纤维，所以大便偏重，不太生病，因此日本人也应该改吃糙米，多摄入纤维。孩子的过敏与女性的便秘、体寒、贫血、月经不调和皮肤问题都能靠大碗大碗的米饭解决。为了"全球的健康"，日本人也应该多吃主食大米。

作者的语气是如此坚定，老实人看了怕是真会买账。"好好吃饭"的确很重要，但是仗着日本的传统与风土，嚷嚷着驱逐"片假名商品"（译注：来自海外的外来语一般用片假名写），改吃"平假名食品"，那就相当蹊跷了。

意面→乌冬、沙拉→凉菜、火腿→竹轮也就罢了，好歹能减少油脂的摄入，还是有点道理的，可油炸食品→天妇罗、西式腌菜→米糠腌菜能有多大区别呢？至于橙子→蜜桔、白兰地→烧酒，那简直跟二战期间的"禁止烫卷发"差不多了。

美味能否拯救世界？泡沫味十足的"慢食"

粗食热潮才刚刚退去，倡导回归传统和地方主义的意大利**"慢食"**（slow food）便在世纪之交来到了日本。

1986年，麦当劳的第一家意大利门店在罗马开业。

也是在这一年，以反对批量生产、批量分销与过度高效化导致的全球性食品同质化为主旨的"慢食协会"在意大利北部的小城普拉（Bra）成立了。

无论走到世界的哪个角落，吃到的都是一样的东西——这样的美式快餐会摧毁意大利的固有文化。为了与之抗衡，协会提出了极具煽动性与战斗性的行动纲领："此时此刻，我们必须把自己从冲向灭绝的速度中解放出来，无愧于智人之名（Homo Sapiens）。为了坚定不移地捍卫与享受平静用餐的快乐，唯一的方法就是对抗**快节奏生活这一世界性的疯狂**。"（捍卫人类享受美食的权利的国际慢食运动《慢食宣言》）

其实慢食协会原本是隶属于意大利共产党的文化组织[35]，会长卡洛·佩特里尼（Carlo Petrini）参加过 20 世纪 60 年代的学生运动，从 70 年代开始在左翼报刊开展活动。说当时的意大利相当于"全共斗时代"的日本，大家应该会比较好理解吧。换言之，慢食是从"以食品为主题的反美左翼运动"起步的。意欲"通过美味改变世界"，是一种非常具有意大利色彩的思路。

具体的活动方针为下列 3 点：保护岌岌可危的传统菜肴、食材与葡萄酒（称"诺亚方舟运动"），保护提供高品质食材的小规模生产商，面向包括儿童在内的消费者推进味觉教育。协会的第一个日本支部成立于

2001 年。

当时"慢食"已经作为一个营销术语受到了国内食品界的瞩目。杂志上介绍的慢食情报全是意大利游记,由橄榄油、生火腿、奶酪等食品的产地旅行手记和本地餐厅指南组成。换言之,那时的慢食已经变成了借传统之名的"终极美食"。

慢食和粗食一样,全盘否定美式膳食生活,劝导人们趁现在回归传统的"美食"。然而我每每接触到这种提倡回归传统饮食的思想,都会不由得产生这样一个疑问:"**你们要让谁来做这些美食呢?**"传统食品从置办食材这一步开始就很费时费力了,难道他们是想把女人重新赶回厨房吗?如果真是这样,那还是中食与熟食更有助于推动社会的变革,毕竟中食企业是在减轻女性的负担,代替她们打造"妈妈的味道"。

不过我大概是杞人忧天了。在日本,慢食也作为一种"时尚"被大众消费掉了。人们甚至不记得慢食是与快餐对立的概念,只当它是"有益健康的环保食品"。这是一场典型的"缺乏问题意识的信息消费",也是"美食的文化化"酿成的啼笑皆非的结果。

流行周期
不断缩短

酒精饮品进入修养主义时代

也许是因为日本人在泡沫经济时代喝得太猛了，在20世纪90年代的酒精饮品界，人们更重视质量而非数量，能让人借题发挥，围绕产地、制造商、原料与酿造方法显摆渊博知识的酒势头最猛。

如前所述，鸡尾酒、烧酒和干啤都曾在日本风靡一时，唯独日本酒被孤零零地甩在后头。就在这时，有一种日本酒伺机而动，意欲收复失地——它就是"**吟酿清酒**"。吟酿酒的原料米需对表面进行打磨抛光处理（精米），只剩原来的60%以下。不同于添加了大量的酒精与糖，口感"甜得发黏"的廉价酒精饮料，吟酿有着"带果香的优雅香味，跟葡萄酒一样好喝"，在女性群体中也发展出了一群忠实粉丝。

1992 年 4 月，日本酒取消了以往"等级制度"（将酒分成特级、一级与二级），正式采用以原料与酿法为准的新品质标识体系，而这也加快了日本酒的多样化。其实长久以来，正是国税局审查员通过品尝、主观判定等级，从而阻碍了日本酒品质的提升。

泡沫经济的土崩瓦解严重影响了大型酿酒厂商的业绩。那些原本向大厂商销售桶装原料酒[36]的本地酿酒厂为了生存，开始大力生产成本高且费时费力的大吟酿（精米率 50% 以下）、吟酿（60% 以下）、纯米[37]等高档清酒，试图靠味道杀出一条血路。

高档清酒背面的标签上不仅写有酿造时使用的原料，还标明了大米的品种、精米率、酵母的名称、下料的方法、有无加热工序、味道的类型等信息，在显摆清酒小知识的时候能派上不少用场。还有不少吟酿品牌将传统的一升瓶改成了更小、更轻的四号瓶（与葡萄酒瓶相同），再配上时尚感十足的正面标签，彻底改头换面，披上了时髦的外衣。

风味的选项也变得更丰富了，从清爽的**淡丽型**，到重口味的**浓醇型**，什么样的都有。市面上甚至出现了对标博若莱新酒的鲜榨生酒、神似香槟的起泡酒、陈年葡萄酒之类的陈酿酒等前所未有的日本酒。主打日本酒的考究型居酒屋也开出了不少。店里凑齐了几十种个性鲜明的日本酒，顾客还能品尝到和它们最搭的下酒小菜。

日本酒靠着"葡萄酒化"重获新生，而葡萄酒本身也迎来了又一波热潮。受日元升值的影响，**葡萄酒从1994年开始全面降价**，一瓶只卖500日元是理所当然的，在折扣店甚至能找到单价200日元以下的产品。

1991年，有法国学者发表了著名的**"法国悖论"**（**French Paradox**），称法国人的吸烟率很高，黄油、红肉等动物性脂肪的摄入量也高于其他西方国家，但是心血管疾病的死亡率偏低，其中的关键就在于红葡萄酒。同年11月，美国热门电视节目《**60 Minutes**》介绍了这一学说，立刻引爆了红葡萄酒热，火到"红葡萄酒从全美酒铺的货架上消失了"。热浪迅速抵达日本，使红葡萄酒后来居上，超过了原本消费量更大的白葡萄酒。

除了来自法国、意大利、西班牙、德国等欧洲国家的产品，出自智利、美国、澳大利亚、南非等新兴产地的葡萄酒也加入了战局，打响了超低价葡萄酒大战，笼络了一批原本不怎么喝葡萄酒的消费者。

"希望成为一个会品葡萄酒的人"

在1995年的"世界最佳侍酒师大赛"[38]中，来自日本的田崎真也一举夺魁。这场胜利来得正是时候。田崎立刻成为电视台与报刊杂志的宠儿，主导了各种旨在让葡萄酒变得更加平易近人的启蒙活动，比如"教你挑选最适合搭配土豆炖肉的葡萄酒""500日元葡萄酒大比拼"等等。

在形容葡萄酒的时候，田崎的措辞总是十分精妙。啤酒呢，是为了体验它的爽口感；日本酒呢，是为了体验酿酒师的传统手工技艺；而葡萄酒呢，则是能品出当地的风土气候；——他能用各种令人拍案叫绝的新颖关键词去剖析葡萄酒。田崎的活跃表现也让葡萄酒界的向导**"侍酒师"**（sommelier）走进了大众的视野。后来，"sommelier"一词的意思演变成了更宽泛的"品鉴师"，为日后的蔬菜、甜品、温泉、大米等各种品鉴师的诞生奠定了基础。

葡萄酒热潮还引发了另一种现象 —— 侍酒师学校也跟着火了。

早在泡沫经济尚未崩溃的1990年，业界就已经出现了这方面的征兆，但学员人数是从1994年度开始大幅增长的。学员的大半是30岁左右的女性，职业大多是空乘。这是因为侍酒师资格要求有5年以上的烹饪、餐饮（含酒精饮品）服务业的工作经验，而在机上服务的工作经验刚好是符合条件的。截至1996年，日本航空足有 200 多位手握侍酒师资格证的员工，成了全球侍酒师最多的企业，还因此被载入了吉尼斯世界纪录呢。

要想成为合格的侍酒师，知晓葡萄的品种、产地的土壤、酿造方法等农业化学基础知识自不用说，历史与文学素养、一尝便能说出品牌的敏锐味觉也是必不可少的，而且还得深入学习各种葡萄酒与菜肴的契合度。我们完全可以说，葡萄酒是偏差值最高的酒。（译注：所谓"偏差值"，是指相对平均值的偏差数值，是日本人对于学生智能、学力的一项计算公式值，也是评价学习能力的标准。）

1993 年，德仁皇太子与小和田雅子（译注：当今天皇与皇后）正式订婚。在记者招待会上，雅子在被问及"喜欢的饮品"时如此回答："我希望成为一个会品葡萄酒的人。"这句话说出了所有被葡萄酒吸引的女性的心声。对学历高、上进心强又精通品牌时尚的她们来说，葡萄酒不是用来"喝醉"的，而是为增长见识服务的**"修养型酒精饮品"**。

因地域特色不明显而走向衰败的本地啤酒

1993 年夏天，大型啤酒厂商推出的"本地啤酒"在市场上十分走俏。比如风味清淡，适合搭配日本海鱼鲜的"北陆造"(麒麟麦酒)、适合搭配京都料理,极尽奢侈的"千都麦酒"(三得利)、麦汁浓度比普通啤酒高出约 20% 的"名古屋麦酒"(朝日啤酒)……它们都是将本地人对口味的偏好体现在产品风味上的区域限定产品。本地化的浪潮终于涌向了啤酒。

1994 年 4 月,政府对酒税法进行了修订。法律规定的啤酒最低产量,即每家啤酒厂商必须达到的年产量从 2000 千升一举降低到 60 千升。

放宽管制带来的后果就是,从第二年开始,小规模生产的**本地啤酒**在全国近 20 个地区陆续诞生。北至北海道,南至鹿儿岛,参考欧洲传统酿造方法的各类啤酒闪亮登场。有模仿德式威森啤酒(Weizen,白啤酒)和黑啤酒(Dunkel)的,有参考英式艾尔啤酒(Ale,上层发酵啤酒)的,还有的引进了比利时兰比克啤酒(Lambic,用野生酵母发酵的啤酒)的做法。

本地啤酒厂商有一半是原本就从事酿酒业的酒厂,剩下的则是来自其他行业的新面孔,"用啤酒振兴本地经济"的色彩比较浓重。长久以来,日本的啤酒市场一直处于被四巨头垄断的状态,而本地啤酒有着大牌产品所没有的个性风味。就是在这种稀奇感的推波助澜下,它们受到了热爱啤酒的日本消费者的热烈欢迎。到了 1998 年,啤酒厂商的数量甚至突破了 260 家。

然而在那个时候，本地啤酒的人气已经开始走下坡路了。由于价格偏贵（一小瓶要 300～500 日元不等），消费者很快便"翻脸不认人"，抨击本地啤酒"又贵又难喝"，以至于大多数厂商的处境都很艰难。

虽说"本地"是当时的流行关键词，可本地啤酒的酿造方法完全照搬欧洲，并没能在口味层面打造出独有的个性，所以也没能像本地色彩鲜明的 B 级美食那样取得成功，这正是热潮迅速降温的主要原因。而且在同一时期，大型厂商研发出了价格低廉的发泡酒，这也加快了消费者冷落本地啤酒的速度。

在日本经济遭遇战后第二次负增长的 1998 年 2 月，发泡酒"麒麟淡丽〈生〉"隆重上市。如果把它的单月销量换算成 350ml 的易拉罐，那就是足足 1 亿罐。在这个惊人的记录诞生后，发泡酒市场蓬勃发展，啤酒也进入了重价廉多过品质的时代。

在男人的世界笑傲江湖——"喂～茶"

软饮界的竞争总是分外激烈。90 年代，茶饮料、罐装咖啡和各种风味水饮的销量显著增长。

照理说"茶"本该是自己泡着喝的饮品，人们一般不会考虑花大价钱去买泡好的茶，但 80 年代的乌龙茶却让罐装茶饮在日本普及开来。那时"无糖饮料"本身就比较稀罕，再加上"分解脂肪、瘦身纤体"的神奇功效一传十十传百，使罐装乌龙茶的市场规模迅速扩大至2000亿日元。自那时起，市面上便陆续出现了煎茶、混合茶、大麦茶等各种茶饮的罐装版。

茶饮久置容易氧化。乌龙茶是半发酵茶，防氧化措施还比较容易做，可日本茶的色泽与香味特别容易因氧化大打折扣，所以民间一直都有"不喝过夜茶"的说法。不过伊藤园凭借"完全隔绝氧气的密封制法"与"混搭茶叶"解决了这个问题，在1985年3月推出了日本第一款罐装"煎茶"。这款产品起初无人问津，谁知

刚上市时的罐装"煎茶"

在 1989 年将产品名改成"**喂～茶**"之后，销量顿时有了起色，成了在 90 年代独领风骚的绿茶饮品之王。

1996 年，O-157 大肠杆菌引发的集体食物中毒频发，而绿茶也作为富含儿茶素（catechin，有杀菌抑菌作用）、能有效预防食物中毒的健康饮品为大众所熟知，人气也得到了彻底的巩固。同年，政府放宽限制，允许厂商使用容量 500 毫升的迷你塑料瓶装饮品，于是绿茶饮料的容器也从易拉罐逐渐切换成了塑料瓶。

产品名"喂～茶"原本是伊藤园在 1968 年播出的电视广告中的台词。岛田正吾饰演的丈夫一身和服，坐在套廊，对妻子喊道："喂～茶！"让妻子端茶来。这样的剧情设定特别能触动男性观众的心弦。

1986 年，《男女雇用机会均等法》正式实施，让女员工端茶送水不再是理所当然。为什么"喂～茶"这一商品名会在那样的大环境下大受欢迎呢？也许是大叔们分外怀念他们还享有权威的"好时代"吧。而事实上，绿茶的主要消费群体的确是 30 ～ 69 岁的男性消费者，据说他们经常在工作期间，尤其是开会期间喝茶。他们希望绿茶能针对紧张、压力与焦虑发挥出舒缓效果，也期待着绿茶里的咖啡因能提神。

不过女性消费者也很喜爱"喂～茶"。因为它是便利店饭团与便当的好拍档，有益健康，还没有热量，自然博得了雷打不动的人气。厂商搬出怀旧情结也没用，因为女生们连自己喝的茶都懒得自己动手泡了。

话说回来，2004年3月上市的三得利"伊右卫门"也拍了具有古装剧色彩的电视广告，剧情也传统得很，讲的是贤妻（宫泽理惠饰）全力支持一心一意忙工作的丈夫（本木雅弘饰）。再加上复古的竹筒形塑料瓶，获得了消费者的热烈追捧，刷新了软饮料的首年度销量纪录。看来绿茶饮品只要拿家庭港湾的平和与温馨做文章，就一定能大卖。

职场男士的好拍档，罐装咖啡

罐装咖啡其实是**日本人的发明**。自从UCC在1969年推出了日本第一款罐装咖啡[39]之后，各大饮料厂商迅速跟进。到了1983年，罐装咖啡便超过碳酸饮料，成了软饮界的销量冠军。

罐装咖啡的普及与自动售货机密切相关。在1985年，"乔治亚"（GEORGIA，日本可口可乐）力压长久以来的业界老大UCC，成为销量最高的罐装咖啡产品，关键就在于日本可口可乐[40]旗下的自动售货机比UCC更多。

换言之，在自动售货机的罐装咖啡销售量比零售业更多。

罐装咖啡的爱好者是 25 ～ 35 岁的男性。职业多为出租车司机、长途卡车司机、建筑工人、跑外勤的销售员等等，总的来说就是挥洒汗水的体力劳动者。为了用糖分犒劳疲惫不堪的身体，提神醒脑，他们一天要喝好几罐咖啡。而且忠诚度高是这一人群的显著特征，非罐装咖啡不可，用咖啡馆的咖啡是绝对不行的，也从不"见异思迁"尝试其他饮料。据说主流的 190 毫升小罐是最适合小歇的容量。

三得利在 1992 年推出的 "BOSS" 以印象战略威胁到了"乔治亚"的统治地位。"BOSS"一词代表了"职场男士的理想"。在电视广告中，"职场男士的老大哥"矢泽永吉穿着西装闪亮登场，精准狙击到了罐装咖啡的重度消费群体。现在由美国男星汤米·李·琼斯（Tommy Lee Jones）出演的"外星人琼斯的地球调查"系列也有非常连贯的主题，那就是"职场男士的好拍档＝罐装咖啡"。

总而言之，若将截至 1999 年的罐装咖啡消费量换算成小罐，那就意味着每个日本人每年要喝掉足足 91罐，可见这是一个规模惊人的巨型市场（《SUNDAY 每日》1999 年 5 月 23 日号）。难怪厂商都要请大明星做广告呢。

然而，职场男士也怕"代谢症候群"（Metabolic syndrome）[41]。也许是因为随着健康意识的日益增强，不敢再每天喝好几罐高糖罐装咖啡的男性消费者越来越多了，以至于罐装咖啡市场在2000年代前期到中期陷入了停滞状态。于是各路厂商纷纷推出无糖、低糖与微糖版的罐装咖啡挽回颓势，后来又通过在咖啡豆的产地、烘焙与萃取方法上做文章的新产品博得了人气。

让水壶卷土重来的矿泉水

矿泉水在人们普遍认为"水和安全不要钱"的日本流行开来，其实是一个具有革命性意义的现象。因为在这个水资源丰富的国家，"掏钱买水"居然成了司空见惯的事情，这跟茶饮料的流行完全不是一个概念。

自从"六甲美味水"在1983年上市后，人们对"天然水"的关注度便日益高涨。1986年，政府解除了针对未杀菌矿泉水的进口禁令。起初是叫好不叫座，但是在1989年，家用矿泉水的产量第一次超过了商用产品[42]。到了20世纪90年代，日本终于进入了"买水也要挑牌子"的阶段。

造成这种现象的大背景，是对自来水是否安全的担忧。由于媒体大肆宣扬自来水不仅不好喝，公寓楼的水箱更是细菌繁殖的温床，使大众对自来水产生了越来越强的焦虑与不满。生活排水造成的水源地环境污染也成了严重的社会问题。虽然没有真的出现"因为喝了自来水而患病的人"，但大家都开始怀疑"自来水对身体不好"了，家用净水器的销量也是水涨船高。

商家赋予矿泉水的附加价值是"自然"与"健康"。日本的水其实是矿物质含量较少的软水 [43]，大多数国产厂商却对这一点避而不提，将"矿泉水"一词用在产品名中，再配上"南阿尔卑斯"（译注：赤石山脉的别名）、"谷川岳"等产地（产品标识基本都是毛笔字），走"山清水秀"路线。

而真的富含矿物质的进口矿泉水则以品牌和保健效果为诉求点。虽说外国矿泉水的硬度比较高，但是和食物中的矿物质相比，水里的实在少得可怜，所以"喝水补充矿物质"也没有什么实质性的意义。而且日本人喝惯了软水，照理说硬水应该是很不合口味的，然而各路媒体疯狂宣传矿泉水的神奇功效，减肥、美肤、缓解便秘、排毒、把身体调节成弱碱性的、调节内分泌……简直把矿泉水捧成了魔力水，也推高了商品的人气。

1993 年，将法国产的"依云矿泉水"装在专用的皮套里斜挂在肩上渐成流行，使日本人养成了"随身携带塑料水瓶"的习惯。换言之，让"自备水壶"卷土重来的正是矿泉水。

然后在2011年（平成二十三年），福岛核电站事故造成的自来水核污染令矿泉水的需求量呈现出爆炸式增长。此时的日本人已经没有闲心追求附加价值了，因为他们面对的是"只为了保障安全购买矿泉水"的紧急事态。

无限接近清水的软饮料，风味水饮

"风味水饮"是颜色和味道都比较淡、近乎清水的低卡饮品的总称。"宝矿力水特"等等运动饮料也属于这一范畴。

在90年代率先走红的风味水饮是1991年2月上市的**"可尔必思水语"**（**Calpis Water**）。上市首年度便狂卖2050万箱。就算拿朝日超爽干啤在1987年创造的记录（1350万箱）做对比，这也是一个万分惊人的数字。

不过是用水兑的可尔必思而已，怎么能火成这样？关键在于名字取得好。它搭上了刚刚兴起的矿泉水热潮，和矿泉水的关键词"自然"与"健康"挂上了钩，使大正年间诞生的"初恋的味道"再次走向时代的前沿。

到了 20 世纪 90 年代后期，更接近清水的近水饮料（near water）逐渐崛起。它们口味淡雅，带有丝丝清甜，而且热量低，大口大口喝也没有心理负担。近水饮料能大致分成两类，一类是添加了营养成分的"功能性"水饮（比如三得利的"维生素水"[Vitamin Water]、麒麟饮料的"Supli"），另一类则是添加了果味的"果汁"水饮（比如 JT 的"桃之天然水"、三得利的"小夏"[なっちゃん]）。

这类饮料基本上都不难喝，但也不会特别好喝。只比清水稍微多了点味道，定位模棱两可的饮品之所以能大卖，而且还一直火到了今天，也许正是"感觉喝着对身体好"的印象战略使然。软饮料本该是嗜好品，然而单单因为一款饮料好喝就去喝，消费者会产生负罪感，多多少少要用"喝了对身体好"做借口，否则就不敢放心大胆地喝。这种现象出现的大背景是"必须保持健康"的强迫观念，以及对营养功能的过度期待。

因为在 1996 年，有关部门将"成人病"正式改称为**"生活习惯病"**[44]。人们原以为糖尿病、脑卒中、心脏病、高血压、高血脂等健康问题与年龄的增长有关，殊不知这些疾病无关年龄，而是营养摄入不均、饮食过量、饮酒、吸烟、运动不足、压力的日积月累等不健康的生活习惯导致的。

想当年，生不生病是天命，绝非个人可以控制的。可是生活习惯病的概念一出，人们就不得不为自己的健康负责了，于是营养功能的附加价值便得到了进一步的提升。消费者追求长生不老仙药的美梦与欲望，也在日后催生出了一款又一款不可思议的热门商品。

柴米油盐 —— 生活必需品的品牌化

在20世纪90年代，还诞生了许多从随处可见的基本食品中走出来的流行美食。

比如从意饭热潮衍生而出的**橄榄油**被宣传成了降低胆固醇、预防动脉硬化与心血管疾病的保健油，说是吃再多也不会胖，迅速走进了千家万户的厨房。做意面的时候，只要用橄榄油代替普通的沙拉油，就能打造出近似于意饭屋的味道。而且橄榄油不同于"买了却不知道该怎么用"的巴萨米克醋，用途广泛，各种炒菜都能用上，所以需求量直线上升。1996年的进口量几乎是1988年的6倍，到了1998年更是增长到了88年的10倍，市场蓬勃发展。

高档的特级初榨橄榄油（extra virgin olive oil）尤其受欢迎。无论是设计精致考究的标签，还是因品牌与产地而异的香气和味道，都跟葡萄酒有得一拼。橄榄油颠覆了"油"在日本人心目中的固有概念，还催生出了用橄榄油而非黄油抹面包的习惯。

自那时起，葡萄籽油、苏子油等风味绝佳，而且有助于降低血黏度的植物油接连走红。在 1999 年，市面上还出现了防止脂肪在体内堆积的**功能性植物油**，比如花王的"健康 ECONA 烹饪油"[45] 和日清制油的"日清均衡膳食油"。

1997 年，政府废除了盐的专卖制度，带红了用传统工艺制作的"**自然盐**"。精制盐中的氯化钠含量高达 99% 以上，而自然盐含有镁、钙、钾等各类矿物质。于是媒体开始大肆宣传自然盐的味道更鲜美，而且有益健康，买盐就该选天然的。人们吃惯了的精制盐反而沦落成了反自然的化工品。

除了日本国产的，市面上还出现了来自世界各地的盐。冲绳产的"粟国之盐"、法国产的"盖郎德盐"、德国的"阿尔卑斯萨尔茨"（Alpen Salz）岩盐等国内外名牌盐也陆续登场。于是乎，日本便迎来了连盐都要根据产品特色挑着用的时代。

1993 年的大米短缺与随之而来的外国大米紧急进口为人们重新评价国产大米的价值创造了绝佳的条件。不过随着 1995 年《新粮食法》正式施行，大米开启自由销售时代之后，新潟县的高档品牌"**鱼沼越光**"集万千宠爱于一身，同时也催生出了一批谎报产地的假冒伪劣产品。

跨年龄层的流行美食情报

如果说20世纪70年代女性杂志的起点是"将下厨变为爱好，将用餐变为休闲"，那么90年代的媒体则是把美食打造成了彻头彻尾的**娱乐手段**，从美食的娱乐化走向了美食情报本身的娱乐化。在电视与杂志争相传播的美食情报洪水中，流行美食跨越了年龄层的鸿沟，迅速扩散。新的流行美食来了又去，去了又来，流行周期

《dancyu》创刊号
（1991年1月号）

也变得越来越短了。

在杂志界，《东京 Walker》（角川书店）、《POTA TOKYO》（小学馆）等城市生活情报杂志，以及《SERAI》（小学馆）、《dancyu》等男性杂志（在泡沫时代的前期也出版了不少面向男性读者的美食情报杂志）向流行美食情报的大本营女性杂志发起了攻势。

1990 年 12 月由 President 社创刊的《**dancyu**》有着非常直截了当的宣传口号——"'美食'即娱乐"。创刊号的刊头有这样一句话："用最浅显易懂的话来说，这本杂志是为有点挑剔的贪吃鬼服务的情报杂志。换个装腔作势的说法，那就是美食知识分子的娱乐杂志。"作为一本添加了足量"文化"香料的美食娱乐指南，它的内容的确是完美迎合了读者的需求。

"dancyu"是"男儿当下厨"（男子厨房に入ろう）的缩略语。不愧是鼓励实践的杂志，讲解烹饪步骤的照片格外多。不厌其烦地展示名店的人气美食是怎么做的，毫不吝啬地分享其中的门道与诀窍。介绍一道菜用整整 10 页，配上 99 张照片（"酥皮烤鲈鱼"1991 年 5 月号）也是常有的事。也难怪，这毕竟是一本连白煮蛋的做法（"白煮蛋，看似简单，其实不然"）都要用 18 张照片来讲解的杂志啊。它对菜谱的解说已然超过了家常菜实用食谱的水平，光是翻看都觉得饱。

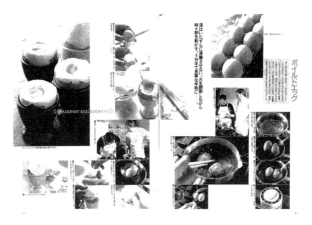

《dancyu》1991 年 4 月号
（President 社）

　　餐厅指南页面也是煞费苦心，配上了丰富多彩的小
知识。专栏请到各路义化名人做客，还提供了全面的邮
购信息。无微不至的贴心设计不仅打动了男性读者，也
拉拢了一批女性读者。据说女生们会视情况灵活运用不
同杂志里的美食指南，自掏腰包的时候参照《Hanako》，
上司请客的时候参照《dancyu》。

　　然而，男同胞的下厨时间有没有增加呢？并没有。
总务厅当年公布的统计数据显示，妻子花在家务上的时
间依然很长，而丈夫的家务时间并没有丝毫的增长。也

许对男人来说，"烹饪"这一行为无论如何都必须发生在专业的厨房而非家里的小厨房才行，不然他们根本不能像娱乐项目一样发挥出堪比专家的高超技艺。

明星主妇料理研究家横空出世

与此同时，一颗新星在家庭烹饪领域冉冉升起——她的名字叫栗原晴美（栗原はるみ）。

1992 年上市的《**想听你说一声"多谢款待"。**》是一本私小说（译注：日本大正年间产生的一种独特的小说形式，以第一人称叙述故事）形式的食谱。故事的主

《想听你说一声"多谢款待"。》
（栗原晴美，文化出版局，1992 年）

角是一位普通的家庭主妇，从小看着厨艺高明的母亲长大，又碰巧嫁了个好客的老公（前新闻主播栗原玲儿）。看到大家尽情享用自己烹制的菜肴，她总是格外欢喜，一不留神便成了料理研究家……除了自己投身料理研究大业的来龙去脉，书中还记录了140道菜的做法与它们背后的小故事。在那个年代，家常菜的菜谱基本都是按教科书的风格编写的，所以这种自传式的结构极具划时代意义。

家庭主妇在机缘巧合下成为活跃在荧幕上的料理专家……撇开这个梦幻般的成功故事不谈，书中介绍的菜谱还是非常出色的。毫不死板，却也没有"烹饪即创造"之类的理论强加于人。做法简单，卖相也好看。最关键的是，在翻看照片、阅读文字的过程中，读者能清楚地感觉到作者的绝佳品味。

麻利地完成在常人眼里微不足道的家务劳动，充分享受这个过程，发挥自己的才干——对栗原的生活方式产生共鸣的女性（人称"晴美控"［ハルラー］）不在少数，"**明星主妇**"就此诞生。

《想听你说一声"多谢款待"。》的累计销量已经突破了100万册，至今依然摆放在书店的货架上。作者出版了累计销量达2000万册的季刊杂志（《栗原晴美的美好食谱》与之后的《haru_mi》，扶桑社），不光介绍自己的菜肴，还有关于时尚穿搭、家居摆设方面的内容，甚至开设了销售食材、杂货与厨房用品的商店和咖啡馆，已然跟实业家没什么两样了。

栗原晴美的成功赢得了大人气，这使得"主妇们不得不在萧条时代外出打工"和"将主妇的理想生活方式打造成事业"自相矛盾了起来。

不走寻常路的美食指南

在出版界，有两本剑走偏锋的非典型美食指南赚足了人气。它们分别是《恨米其林》（恨ミシュラン）与《东京把妹好店》（東京いい店やれる店）。

《恨米其林》是一本靠毒舌走红的书。它本是《周刊朝日》的连载，每一期都有名店与旺店被西原理惠子的漫画与神足裕司的文字贬得体无完肤。单行本一出版便收获了热烈的反响。

跟正牌米其林指南一样，书中也会给餐厅评分，只不过给的不是星星，而是"恨米度"，以西原和神足的大头像表示。最糟糕的餐厅是两种大头像各5个。大头像越少，就说明这家店越好。顺便一提，创业百余年的"神田薮荞麦"拿了3个西原（给出的评语是"还不如东长崎站前的'荞麦七'"）和2个神足。

神足的点评文字还算比较客气的，西原漫画却是频频暴走，将老字号的权威打得粉碎，替那些不敢当面指出"国王没穿衣服"的老百姓出了一口恶气。

"终于让我碰上了／恨米其林史上最糟糕的餐厅／打死我都不去第二次"——见作者骂成这样，读者反而会产生无限的好奇。而且书中的坏话都写得很有水平，堪称"拿餐厅当笑料的相声"。与此同时，它也痛彻批判了日本人从 20 世纪 80 年代开始尽情享受的消费生活。不过正是朝日新闻社的权威，才能让这样一本带有娱乐色彩的书与读者见面。

再看 1994 年 7 月上市《东京把妹好店》。它才刚上架，第一批印制的 10 万本就被一抢而空，人气可见一斑。书腰上印着"美女危在旦夕！"，开篇第一页便大胆宣布——"想和美女共度春宵的色鬼同志们，这本书是献给你们的把妹餐厅指南。"

本书用"裤裆"给餐厅评级，谁能拿到象征最高等级的 3 个裤裆，谁就是"东京引以为傲的世界级把妹好店"。编者是在 80 年代靠《排场讲座》大获成功的 Hoichoi Productions。光看书名，你也许会觉得它是在向老牌美食指南——文艺春秋的《东京美味好店》（1967—）致敬，但它从头到尾都是针对约会的战略指南。编者曰："只要严格按照本书操作，只需 3 次约会便能将意中人拿下。"据说有很多还没从泡沫时代的消费美梦中醒来的男性读者真把它当实用指南用了。

书中的指示可谓细致入微，有不少地方甚至有些啰嗦，不过光是翻看其中的文字都是乐趣横生。编者把泡沫经济文化遗产的寿命延长到了 90 年代，同时一语道破大家早已察觉到，却不敢公开说的事实 —— "去餐厅的目的并不是吃东西"。单凭"从味道以外的角度点评餐厅"这一点，它就值得我们送上掌声与喝彩。顺便一提，书中共有 8 家拿到 3 个裤裆的好店，其中之一就是之前介绍过的提供定价自选三道式套餐的法餐厅。

厨师化身为商品价值极高的明星

受经济萧条的影响，制作成本低廉的美食节目在各大电视台泛滥起来。其中人气最旺的当属富士电视台的《料理铁人》（1993 年 10 月—1999 年 9 月播出）。这档节目呈献给观众的是专业大厨的巅峰对决，堪称美食界的格斗技。

挑战者要从日本料理、法餐与中餐（从 1997 年开始新增意餐）的 3 位"铁人"中选择 1 位，提出对决的申请。双方以同一种食材为主题，在 1 小时内完成烹饪，最终的胜负由评委打出的分数决定。换言之，人气漫画

《美味大挑战》的世界在真人的演绎下成为现实。总的来说，这是一档老少咸宜的综艺节目，上至爷爷奶奶，下至还没接触过高档美食的小学生，都能乐在其中。

由于对战双方都是专业厨师，制作的菜肴自然会比较复杂，外行人很难看懂。所以节目组特意请播音员来到现场，用连串的专业术语进行详细的实况转播，例如："啊！大厨把小牛胸腺肉（ris de veau）漂白（blanchir）了呢！""大厨貌似对填（farce）了鹅肝的鸽子做了重口味的调味（assaisonner），目前正在淋酱汁（arroser）！"还请美食评论家服部幸应担任特邀评论员，全程讲解。

节目的配置简直跟职业格斗比赛有得一拼，而且厨师们的激烈碰撞营造出了如今已经很难在职业格斗比赛中体验到的"真刀真枪一决胜负"的氛围。让日本料理和法餐的厨师一起拿鹅肝做文章，让中餐和意餐的厨师以南瓜为主题自由发挥……这样的跨界对决也非常值得一看。收视率长期稳定在 20% 左右，相关的书籍与录像带也十分走俏。

我一般只在认识的厨师上节目时看一眼，却发现挑战者的角色设定实在是夸张得可以，什么"从厨房献上用温柔包裹的'四季之歌'的男人"、"将粗食家'远藤周作'带上美食之路的男人"、"法餐界首屈一指的烈马"……不得不感叹电视台就是会炒作。

某位大厨曾向我透露过，节目组会提前一个多月开碰头会，并给出三种候选食材，方便参赛者"押题"，正式开拍前还会进行反复的彩排呢。

拜这档节目所赐，"大厨"成了全国上下无人不知无人不晓的职业[46]，关于食材与烹饪方法的知识也因它广泛普及开来，这一点还是值得肯定的。如今耳熟能详的"食材""口感"等词语也是因为在这档节目里用得比较多才能为大众所熟知。然而"把厨师捧上天"这一点实在是让我烦透了。

无论调到哪个频道，都能见到所谓的"明星大厨"。去到百货店的地下食品卖场和便利店，就能看到某某大厨的策划的熟食或甜品。"上电视"成了衡量厨师社会地位的标准。颜值高、口才好的厨师比手艺好的更占便宜，这也让我难以接受。商品价值开始和厨师本人，而非他制作的菜肴挂钩。和演艺事务所签约的厨师也不再稀奇了。

而且受"跨界对决"的影响，将日本料理、西餐和中餐胡乱组合在一起的**"创意菜"**在日本全国蔓延起来。跑去地方小城的正经饭馆，端上桌的竟是佐以高纤椰果的刺身与黑色的墨鱼汁饭团，店里的厨师还煞有介事地介绍："这是道场式[47]创意菜。"——类似的笑话层出不穷。传统当然不是非遵守不可，但是眼睁睁看着那些有真本事的厨师都开始做重创意多过味道的菜了，心里可真不是滋味。

《料理铁人》还登上了美国的有线电视台，拿到了艾美奖的提名。美国版《Iron Chef America》也在2005年开播了。名厨严格调教见习厨师的真人秀[48]也收获了极高的人气。总而言之，外国也紧跟日本的脚步，掀起了厨师明星化的浪潮。

注释：

1　出自1989年4月中尊寺Yutsuko在周刊杂志《SPA!》（扶桑社）开启的连载《Sweet Spot》的主人公小山田暖（在大型商贸公司上班的紧身衣女白领）。作者本想将大叔型辣妹描写成好女人的其中一个成长阶段，读者却认为她是在刻画以保健饮品、高尔夫、卡拉OK为三大神器的年轻女性的风俗，大叔型辣妹也因此成为揶揄的对象。

2　使用了能让人联想到阿尔诺·布雷克（Arno Breker擅长古典英雄像的纳粹雕塑家）的装饰元素，引发了来自海外的批判。

3　对传统乡土料理进行拆解，再以独特的感性与崭新的技巧将其重构的轻简版意餐。相当于"新派法餐"的意大利版。

4　根据我的经验，如果是关于意餐的书籍，食谱部分的字数仅需法餐书籍的一半左右。

5　1997年10月，帝国酒店将1934年（昭和九年）开业的招牌餐厅"Prenier"（译注：意为"法式鱼肉菜"）改装为"Chicherone"（译注：意为"向导"），引来媒体的热议。同年，新高轮王子酒店开设了"Ristorante Il Leone"（狮子餐厅），新大谷酒店则开出了打着"新生代餐厅"旗号的"Bellevue"（法语：美景）。

6　意大利北部摩德纳市的特产，是一种茶褐色的甜味果醋。陈酿的高级产品价格高昂，小小一瓶要卖到数千日元。

7　意饭走红之前的进口马苏里拉奶酪有不少的德国、丹麦的产品滥竽充数。意大利南部产的"正版"马苏里拉奶酪是用水牛奶做的。

8　十字花科的蔬菜。具有神似芝麻的浓烈香味，非常符合日本人的口味，迅速普及开来。

9　高档餐厅的意面一般是 40 ～ 50g（干面）一份。食材成本再高都不会超过 1000 日元，却有餐厅卖到了 2000 日元以上。

10　只是在食材中稍微加了一点马斯卡彭奶酪就被冠以"提拉米苏"之名的蹭热度食品。

11　由于单价低、保质期短，曾经的便利店行业对甜点的开发并不上心，就算开发了也是以耐放、不易变形为重，味道是次要的。女性消费者因为便利店甜点"看起来廉价、奶油不好吃"对其敬而远之，男性顾客占了六成以上，毕竟便利店的主力客群本就是男性消费者。因此从 2000 年代后期开始，各家便利店均大力强化甜品部门，提升商品的质量，以争取女性消费者，并积极与著名西点师合作，推出联名款商品，充实甜品货架。罗森在 2009 年（平成二十一年）9 月推出的"精品瑞士卷"（Premium Roll Cake）一炮而红，掀起了便利店甜品旋风。如今，便利店已然成为流行美食的摇篮。在热爱甜食却"不好意思进西点店"的男性群体中，进门无负担的便利店甚至成了"男性甜品"热潮的主战场。

12　外皮香脆、内芯湿润柔软、富有弹性的小型烤制糕点。装面糊的模具上刷有蜜蜡。

13　不同于有果酱、卡仕达酱夹心的日式华夫饼，口感较硬。

因大阪的糕点公司在街头小吃亭销售现烤华夫饼而走红。

14　Kouign-amann 是布列塔尼语，意为"黄油糕点"。表面有一层香脆的焦糖膜，下面是口感与羊角包相似的发酵蛋糕。现在已经登上了便利店的面包货架。

15　1993 年作为餐厅的甜点推出，之后以"嫩滑布丁"的商品名上市。因 1998 年被电视节目介绍而驰名全国。

16　商业统计显示，日式咖啡馆在 1982 年还有 161,996 家，到了 1999 年却锐减至 94,251 家。

17　母公司是在东证一部上市的餐饮企业"平松"。

18　用土豆、金枪鱼、白煮蛋等食材做成的南法式沙拉，以分量足著称。

19　据说 1997 年在世田谷的驹泽公园附近开业的"Bowery Kitchen"开创了这股潮流。

20　如餐具、杂货品牌"Madu"旗下的"Café Madu"（东京的青山店与涩谷店分别于 1994 年和 1996 年开业）。该业态的先驱是 1981 年在涩谷 PARCO PART3 内开业的"Afternoon Tea"（日用杂货店与茶室的复合体），但真正流行起来是从 20 世纪 90 年代开始的。

21　据说 1994 年在镰仓开业的"Café Vivement Dimanche"是开山鼻祖。从 1999 年前后开始，同类咖啡馆在东京逐渐增加，比如惠比寿的"Neuf Café"、涩谷公园大道的"Café Après-midi"。

22　1990 年 6 月开业。价格的确便宜，一人份只需 800 日元，但女性消费者都能轻松吃下两三人份，而且还能单点配菜加入锅中。店内使用不会产生烟雾的电磁炉，放的BGM 是爵士乐，内部装潢走的是咖啡吧的路线。店家甚至准备了讲解内脏营养价值的小册子。八成顾客是女性，厕所里放着一次性刷牙套装。

23　于 1992 年 8 月 7 日～9 月 6 日举办，吸引游客多达137,000 人，相当于本村人口的 100 倍还多。

24　面汤白浊的油腻型拉面。早在 20 世纪 80 年代就发展出了一小撮狂热爱好者，但是最近才广为人知。

25 其特征在于以小鱼干等海产品熬成的鲜美面汤和含水量低的蜷缩状曲面。

26 求道型拉面师傅无师自通，自行研发而成的独创拉面。代表人物有"面屋武藏"的山田雄、"支那荞麦面馆"的佐野实与"中村屋"的中村荣利等等。

27 不使用化学调味料。

28 分别熬制以猪骨、鸡骨为原料的肉汤和以木鱼花、小鱼干等海产品为原料的海鲜汤，按比例调和而成的面汤。

29 用滤网将猪的背里脊油肉撒在面碗中，面的表面会被油脂粒覆盖。

30 用酱汁拌着吃的面，没有面汤。

31 浓厚、粘稠、有一定浓度的面汤。

32 跟竹屉荞麦面一样，把煮好的面条放凉，沾热酱汁吃。

33 1993年，史无前例的冷夏造成农作物大面积歉收，以至于大米严重短缺，甚至从米店的货架上消失了。谁知紧急进口的泰国米、中国米和美国米都因为味道不好差评不断，还有人对外国米的安全性提出了疑问，为日后重新评价日本国产大米的价值创造了条件。

34 平时就着少量的咸味小菜或腌菜吃大量的米饭，就会造成营养不均衡与盐分的过度摄入，引发脑卒中、胃癌等疾病，所以日本人的平均寿命，无论男女，在战前都只有四十多岁，但作者完全没提到这一点。

35 1989年脱离党派，成为独立的国际组织。

36 小规模酒厂作为承包商向大型厂商销售原料酒。随着日本酒消费量的减少，大型厂商开始自行生产原料酒，所以原本靠桶装原料维持生计的小型酒厂不得不调整经营方针。

37 精米率50%以下的称"大吟酿"，60%以下的称"吟酿"，酿造过程中未添加酒精，只用大米、水和米曲酿成的称"纯米"。

38   由国际侍酒师协会（ASI）主办，每 3 年一届。

39   含奶量较高，所以被归入了"乳饮料"。

40   自动售货机与零售店的不同点在于"定价销售"，因此能
      为厂商带来更高的利润率。论自动售货机的市场份额，
      日本可口可乐长年独占鳌头。截至 2013 年（平成二十五
      年），全国共有约 222 万台自动售货机，其中有 98 万台
      销售的是该公司旗下的产品。在东日本大地震发生后不
      久，时任东京都知事的石原慎太郎表示"应该把自动售
      货机都关掉"，听起来像是在公开叫板可口可乐集团的巨
      大资本。

41   世界卫生组织（WHO）在 1998 年公布了代谢症候群的
      诊断标准。该术语也是在那之后逐渐为人所知的。

42   直到 20 世纪 80 年代前期，用来勾兑威士忌的商用矿泉
      水产品还占有九成的市场份额。

43   水的硬度根据钙与镁的总含量计算得出。按 WHO 的标
      准，1L 中的钙镁总含量在 0 ～ 120 mg 之间的水为软水。

44   1969 年 12 月，在厚生省公众卫生审议会的倡导下，"成
      人病"正式改称"生活习惯病"。与此同时，有关部门的
      工作重点也从二级预防（早期发现、早期治疗）转移到
      了一级预防（预防疾病的发生）。"生活习惯病"的命名
      者是日野原重明博士。

45   因安全问题在 2009 年停产下架。

46   铁人渐成国民偶像，以至于"厨师"一度闯入小学生理
      想职业排行榜的前三名。

47   初代日料铁人道场六三郎。他一贯主张"食材无国界"，
      在节目中发表了各种融合多国食材的创意菜，比如用加
      了巴萨米克醋的橙醋拌的"橙醋鹅肝"、将奶油奶酪和蓝
      纹奶酪混在一起，用白味噌调味的"奶酪豪迈锅"等等。

48   比如英国明星大厨戈登·拉姆齐（Gordon James Ramsay）
      破口大骂年轻厨师的《地狱厨房》（*Hell's Kitchen*）。

f a s h

i o n

第 4 部

疯狂扩散的

流行美食

21 世纪初

f o o d

充满不安与危机的
2000 年代

逐渐浮出水面的饮食风险

进入 21 世纪之后，全球化的进程不断加速。饮食自然也不例外。**饮食的全球化**，意味着国家、民族的饮食多样性消失的同时全球饮食逐渐驱向同质化。换句话说，食品的生产与供给上升到了全球层面，全世界人民开始"同吃一锅饭"了。于是发达国家与发展中国家的贫富差距、食品产地的环境惨遭破坏等各种问题也接连显现出来。

大洋彼岸的美国一旦爆发疯牛病（BSE 牛脑海绵状病[1]），"牛肉饭"便会从牛肉饭连锁店的菜单上消失。澳大利亚一旦遭遇干旱，面包与蛋糕便会全面涨价。日本人能通过这些发生在身边的事情切身感受到，自己每天无意中吃下的食品几乎都无法在本国自给自足，早已变成了产自国外，经过制造加工等工序，再拼凑到一起的**"多国籍工业制品"**。

饮食界丑闻频发的 2000 年代，同时也是人们对饮食的担忧与危机感日益增强的时期。

终于疯牛病、大肆流行的禽流感与口蹄疫，还有接二连三的 O-157 大肠杆菌感染影响到了日本国内……除了这些世界级的问题，雪印集体食物中毒事件 [2] 与之后接连发生的食品异物混入，再加上以雪印牛肉造假事件 [3] 为首的一系列产地、品种、品牌、原料假冒事件，撼动了人们对食品品牌的信仰，也让明治以来的营养食品代名词 —— 牛肉与牛奶的消费量一落千丈。

就在减肥保健食品致死的事故频发、蔬菜检测出超标农药残留导致日本人愈发不信赖中国产品的时候，震撼全社会的**毒饺子事件** [4] 爆发了。"中国的东西果然很危险"、"噩梦终于成真了"……很多人产生了这样的感慨。这件事使日中感情恶化。

再加上媒体开始大肆宣传"按热量计算的食品自给率跌破40%" [5]，人们的危机感就愈发强烈了。在地球的某个角落发生的天灾人祸，也许会对自己眼前的餐桌产生负面影响。进口能否长久稳定？未来充满了未知数。过度全球化的食品与低到极点的自给率是息息相关的，不可能只解决其中的一个。提升自给率与保障食品安全就此挂钩，**"地产地消"** 逐渐成为备受关注的饮食界关键词。

农林水产省投入大量的预算，搞了各种旨在提升自给率数值的活动。另外在 2005 年，政府出台了《食育基本法》，大搞"食育"运动，试图通过实践健康的膳食生活增进国民的身心健康，实现自给率的提升。

法案的导言中有这样一句话："先人在青山绿水的大自然中悉心孕育的日本'饮食文化'——具有地域多样性、丰富多彩的味道与浓郁文化气息的饮食习惯正面临着消亡的危机。"可见法案格外强调传统的延续，并将家庭定位为食育的平台大加重视。将其主旨总结成一句话，就是家长（＝母亲）要在家中为孩子烹制有日本特色和本地特色的餐食，如此一来孩子才能身心健康，茁壮成长。这分明是号召国民回归传统的家庭观。

泡沫经济的崩溃带来的经济萧条一直持续到 2000 年代。也是在这一时期，和饮食有关的各种风险逐一浮出水面。全社会高度关注饮食当然是好事，然而这种关注也引发了不少将食品简单粗暴地分成"对身体好的"和"对身体不好的"，以至于过度依赖保健食品与减肥食品的事件。

梦想与欲望催生出的食品信仰

更健康、更美丽、长生不老、青春永驻……向往这些乃是人之常情，可惜现实是残酷的。对生物来说，老化是再自然不过的现象。然而电视、报刊杂志与互联网上总是充斥着各种"对身体好"的保健食品，形成了一个巨大的市场。

相传晚年的秦始皇曾命人四处寻觅长生不老药，其实现代人苦苦追寻的也是同样的灵丹妙药。曾几何时，唯有高高在上的掌权者才有资格做永葆青春的美梦。如果能通过一日三餐将它轻松实现，那该有多好啊。你方唱罢我登场，让人们一次次如痴如狂的保健食品热潮，说白了就是全体日本人沉迷于追寻梦幻仙药的结果。"长生"怕是指望不上了，但是在各路媒体上传得煞有介事的营养情报教人不由得感觉到，"不老"好像还是有可能实现的。

日本人对营养抱有的过高期待由来已久。明治政府为了强健国民的体格，把"吃肉"视为国策大力推进，战后又在全国掀起了营养改善运动。早在生活水平显著提升的 20 世纪 70 年代，日本人便已认识到饮食与健康有着密不可分的联系，**"药食同源"**一词也广泛普及开来。

60多年前的日本人因贫瘠的膳食患上了各种各样的疾病，体格瘦弱，寿命也偏短。直到人们的饮食习惯正式西化之后，日本才成了全球最长寿的国家。在传统日本菜的基础上添加肉类与奶制品后，日本人便摄入了足够的营养，获得了强健的体魄。

然而事到如今，因过度摄入营养造成的肥胖与生活习惯病渐成社会问题，"营养满分"也不再是褒义词了。我们迎来了一个"没点有益于健康的附加价值，营养就无法被民众所接受"的时代。在这样的大环境下，以健康为主题的电视节目成了收视率的保障，而节目中介绍的食品也掀起了一波又一波爆炸性流行。

"作为一种思想，或是作为一种意识形态或信仰体系，现代营养学恐怕也算得上是各大近代自然科学中的异类。带着讥讽的视线看待营养学在现代广泛流行的社会现象，将其定义为伪科学的人也不是完全没有，不过在各种科学概念中，像营养与热量一般深度普及的寥寥无几。在我们所处的现代，营养学也许是餐食与菜肴的绝大多数选择原理或批判原理的出发点。"——梅棹忠夫在1982年（昭和五十七年）的演讲（味之素"饮食文化研讨会"）中说了这么一番话，并将这种观点称为"身体主义型饮食观"。随着时代的发展，这种倾向愈演愈烈，"食物盲从现象"（food faddism，过分夸大营养对健康与疾病产生的影响）⁶大肆蔓延，导致带有欺骗性质的保健食品横行于世。

古人云，心诚则灵。食品也能升级成信仰。只要有信徒，就会有人赚得钵满盆满。食物盲从现象和"做生意"也是深度相关的。

野火烧不尽的空想科学食品

煽动食品信仰的急先锋正是电视台的**健康娱乐节目**。其中最有人气的三档节目分别是《尽情看电视》（おもいッきりテレビ，日本电视台）、《发掘！真有其事大百科》（発掘！あるある大事典，关西电视台/富士电视台，以下简称"大百科"）和《老师没教的事》（ためしてガッテン，NHK以下简称"老师"）。今天说"芦笋能延缓老化"，明天说"肉桂能降血糖"，后天又说"香蕉能防癌"……这些节目每天都在宣传常见食品的惊人保健效果，把消费者耍得团团转。

2005年，"老师"和"大百科"双双聚焦寒天（琼脂），说它不光能减肥纤体，还有降血糖、降胆固醇的功效，以至于超市货架上的寒天被一抢而空。06年5月，《晴天好拍档》（ぴーかんバディ！，TBS）节目介绍了一种减肥方法：把白芸豆倒进锅里翻炒3分钟，炒成粉状，撒在米饭上一起吃。不料大胆实践这种方法的观众接连出现了恶心、呕吐、腹泻等症状，104人严重到不得不住院。

2007年1月7日播出的"大百科"是"**纳豆减肥法**"特辑，内容更是叫人喷饭。

总结成一句话就是，"每天早晚各取一盒纳豆，打开后充分搅拌，静置20分钟再吃，这样就能轻轻松松瘦下来"。从第二天开始，全国各地的纳豆都断货了，难以满足消费者需求的厂商不得不在报上刊登道歉广告。谁知热潮只持续了不到两星期，便有人爆出了惊人的内幕，说"节目内容是一派胡言"。小小的纳豆就这样引发了一场全社会关注的大事件。

观众们会被轻易蒙骗也是在所难免——因为节目的内容被看似可靠的科学信息粉饰过。

先是美国的大学教授（据说是生物学领域的权威）跳出来说："最新研究结果显示，一种叫DHEA的激素具有明显的瘦身功效。只要多吃富含异黄酮（isoflavone）的食品，就能增加DHEA的摄入量。"日本学者紧接着补充道："高效摄取异黄酮的最佳选择就是吃纳豆。"为了增加DHEA的摄入量，"一天两盒"是必须吃够的。"充分搅拌"能让纳豆进一步发酵，而且另一位学者站出来表示，在这个过程中增加的植物多胺

（Polyamine）能让人重焕青春，还有燃脂的功效。不仅如此，他还发表了一项实验结果：8 名志愿者（20 ～ 59 岁）连吃两星期纳豆，结果所有人的体重都减轻了。有些志愿者的中性脂肪数值原本居高不下，吃了纳豆以后也恢复正常了 —— 总之，这期节目设计得特别有说服力，所以引起了巨大的反响。殊不知它从头到尾都是**瞎编乱造**的，节目也因此惨遭腰斩。

也许纳豆减肥法是个比较极端的例子，但我们周围的确充斥着看似科学、实则建立在毫无依据的数据上的假冒伪劣保健食品。冷静下来想想，人怎么可能单靠吃某种东西减肥治病呢？奈何越是渴望健康的人，就越是容易被煞有其事的伪科学蒙骗。这些**空想科学食品**不过是扮演了"托盘"的角色，接住了大众的梦想与欲望罢了。

好食品与坏食品 —— 煽动焦虑的畅销书

在食物盲从主义的驱使下，人们总想把食品分成"对身体好的"和"对身体不好的"。2005 年上市的《不生病的活法》（病気にならない生き方）（译注：新谷弘实著）在短短一年时间里狂卖 100 万册，称霸图书畅销榜。作者将元禄时代（译注：1688 ～ 1703 年）以前的粗茶淡饭奉为"最理想的膳食模式"，对牛奶进行了一番口诛笔伐。

据说此书的作者是美国数一数二的胃肠道内窥镜外科医生。他说牛奶原本是给小牛喝的，人喝牛奶是违背自然规律的行为。酪蛋白（kasein）一进入胃部就会立刻凝固，所以没有比牛奶更不好消化的东西了。而且市面上销售的牛奶都是经过均脂（homogenize）处理和高温灭菌的，其中的乳脂都"生锈"了，会产生恶化肠道环境的毒素。说是让小牛喝店里卖的牛奶，只消四五天的工夫，小牛就会一命呜呼，这就是最好的佐证。更要命的是，牛奶还会让孩子过敏，患上白血病、糖尿病等疾病，喝得太多还会造成钙质的流失，引发骨质疏松症……说到这个份儿上，简直跟恐吓差不多了。

其实"钙质"正是日本人至今还没能足量摄入的营养素。原因之一，貌似是高举"牛奶有害论"的健康读本（比如 20 世纪 90 年代的《劝粗食篇》）拉低了牛奶的消费量。这类书籍每隔 5 年总会火一次。我当然没有能力判断牛奶对身体是好是坏，却很纳闷为什么总有人敌视牛奶，揪着牛奶不放。直到现在，还有不少人在嚷嚷牛奶是美国强加于日本的占领政策的一部分。这让我不禁觉得，牛奶之争的本质也许与科学无关。

2006 年出版的《食品真相大揭秘》（食品の裏側）

（译注：安部司著）也引发了社会各界的热议，销量高达 60 万册。它激起了广大群众**对食品添加剂的恐惧**。书腰上写着一行大字——"知道了保你怕得不敢吃"。乍一看还以为这是一本验证、揭露添加剂危害性的书，殊不知它的内容可以归纳成一句话："大家不妨把身边的加工食品翻过来，看看背面的原材料表，瞧瞧，加了那么多添加剂，多可怕啊！"不知为何，作者只是罗列了哪些食品包含哪些添加剂，却没有提及每种添加剂的毒性。

那作者到底想表达什么呢？"饮食之乱就是餐桌之乱。餐桌之乱就是家庭之乱。家庭之乱就是社会之乱。社会之乱就是国家之乱"——他用上纲上线的口吻劝导人们回归自己动手、丰衣足食的生活。还说孩子要是不懂得珍惜食物，就会不懂得生命的宝贵，于是就会轻易伤人。母亲花整整一小时做土豆沙拉的背影，比千言万语更有分量……反正是怎么唯心怎么来。

添加剂自然是有利有弊，可是光看这本书，你并不会对它们有深入的理解，因为书里并没有从科学的角度加以分析。我虽然不是添加剂的拥护者，但是现代化的食品加工业（在食品卫生法规定的范围内使用添加剂，用更低廉的成本打造味道好、不易变质的食品）显然要"科学"得多。

源自员工食堂的新型减肥读本

2010 年（平成二十二年）上市的《**体脂肪计 TANITA 的员工食堂**》及其续篇的累计销量已经突破了 542 万册（截至 16 年 4 月），简直红透了半边天。

"500 kcal（千卡）的饱腹套餐"——正如副标题所说，书中收录了 31 款低卡、低盐、低脂套餐。每款套餐包含米饭、味噌汤、一种主菜和两种副菜，总热量却能控制在 500 大卡以内。从形式上看，它是标准的"带食谱的烹饪指南"，但其本质是**与粗食一脉相承的减肥**

《**体脂肪计 TANITA 的员工食堂**》
（百利达，大和书房，2010 年）

读本。

但它并不像以往的粗食读本那样咄咄逼人，只是列出了一款款平凡而朴素的午间套餐罢了，这反而让读者产生了新鲜感。小菜看起来都像是外行人做的，照片也没有过分追求时髦感，越看越觉得"吃这些好像真能瘦"。书里还介绍了几位平时真的在食堂用餐的员工，把他们的照片、所属部门和年龄都登了出来，让他们亲口诉说体重的变化。其中有一位男员工竟在短短一年时间里减了 15 公斤。真实的例子摆在眼前，说服力自然非比寻常。

百利达（TANITA）是一家保健仪器生产商。它打造了日本第一台家用体重秤，也是全球第一台人体脂肪测量仪与体组成计的发明者。一听说这本书介绍的是这样一家公司的员工天天吃的**防三高套餐**，热衷减肥的女性读者自不用说，为肥胖烦恼的男同胞们也必然会产生兴趣，就连平时对烹饪书籍全无兴趣的大叔们都掏钱买了，难怪销量这么高。

然而，书中介绍的菜肴乍看简单，可是仔细阅读菜谱，你就会发现实际做起来还挺麻烦的，无论是食材的种类还是预处理的步骤都很多。而且每顿饭配三个菜也绝非易事，谁有时间做啊？这本书也乖乖落入了粗食的头号陷阱，那就是"费事"。

2011 年的畅销书也是一本介绍低卡套餐的食谱——《女子营养大学的学生食堂》（PHP 研究所）。自那时起，各种"员工食堂食谱"、"学生食堂食谱"乃至"学生营养餐食谱"接连登场，热潮经久不息。

贫富悬殊的产物？超大 VS 零度

各种"**超大号食品**"的突然走红，也许是对保健思想的叛逆。事情要从麦当劳在 2007 年 1 月推出的"超级巨无霸"（Mega Mac）说起。它有 4 块牛肉饼，热量高达 754 大卡，是普通汉堡包的足足 3 倍。虽然这款限时销售的产品只在菜单上停留了 2 个月不到，却卖出了1150 万份之多。

各大快餐品牌迅速跟进，分别推出了"蛋包意面双层汉堡"（First Kitchen 2 块牛肉饼＋鸡蛋包裹的那不勒斯意面）、"超大牛肉饭"（吉野家热量高达 1286 千卡）、"超大号温蒂汉堡"（Wendy's 夹了 3 块单片重达 100g 的牛肉饼）等超大号产品。在便利店的货架上，超大款也分外惹眼，比如分量足有普通版 2 倍的杯面、容量达普通款 3.6 倍的"Happy 噗啾布丁"（格力高乳业）以及山崎面包的"沉甸甸系列"。

要知道当时厚生劳动省才刚刚发布一项调查结果，

称 40 岁到 74 岁的日本人中有 1/2 的男性和 1/5 的女性患有代谢症候群或处于即将患病的状态，正在为此加快推进相关的对策。以 20 多岁的男性消费者为主要目标客群的超大号食品却收获了出人意料的销量。有分析人士认为，这是社会贫富悬殊带来的影响。

所谓的"人生赢家"偏爱以蔬菜为主的低卡食品，而低收入的"人生输家"往往不太注重健康，更倾向于选择价格低、热量高的食品。于是乎，在摄入热量方面有着绝佳性价比的超大号食品便在社会阶层两极分化的大背景下隆重登场，成了低收入群体的救世主。

全民中产社会土崩瓦解，贫富差距日益扩大已经成了摆在日本人眼前的事实，所以在 2000 年代，人们围绕"贫富差距"与"贫困"展开了热烈的讨论。不过将年轻人简单粗暴地分成"以腰缠万贯的 IT 富豪为首的赢家"和"以穷苦的飞特族为代表的输家"，用半开玩笑的笔法描写其生活方式的书本与杂志也是层出不穷[7]。

2005 年的畅销书《下流社会 —— 一个新社会阶层的出现》将下流群体定义为"收入低且在人生的各方面缺乏热情与能力的人"。作者三浦展在 2008 年又出了一本书，标题居然就叫《**下流就是容易胖！这样的生活是肥胖之源**》。他在书中给出了一套非常粗暴的逻辑：下流阶层之所以容易出胖子，就是因为他们怕麻烦，懒得运动，懒得自己做饭，成天吃高热量却没有营养的快餐和便利店食品。日本终于也进入了能根据一个人的身材判断其阶级的"体型等级社会"，自己动手做饭才是阶级斗争的最佳手段，能帮助下流阶层跨越阶级。

如果这是体型微胖的作者在自嘲，那大家还笑得出来。问题是，这年头每两个人里就有一个是三高，上流人群中应该也有不少胖子才是。再者，真正的经济弱者就算是有心做饭，也没有房子给他们动手实践啊。

不过在超大号食品风靡全国的同时，**"零度饮料""零度食品"**也完成了大跃进。所谓"零度"，就是热量、碳水、糖、酒精、脂肪、胆固醇中的某一项为零。喝了跟没喝一样，吃了跟没吃一样的零度食品完美契合了消费者的心态。它们并没有昙花一现，如今已经成了食品界的一大品类。

觉得糖分与脂肪好吃是人类的本能。把这些东西去掉，还能让人觉得好吃，不得不佩服厂商的技术的确了得。不仅如此，还有厂商在啤酒味的无酒精饮品中添加了 900 个蚬贝那么多的鸟氨酸（ornithine），有助于缓解机体的疲劳（"麒麟休息天的 Alc 0.00%"），别提有多贴心了。零碳水的日本酒与烤火腿、零热量的果冻零食、零脂肪的炼乳、零胆固醇的蛋黄酱……它们究竟是怎么生产出来的啊？研发人员经受的磨难可想而知。

然而，零度终究是零度，终究是剔除了营养成分的剩余部分。大家都不是吃云霞就饱的仙人，吃喝这种空虚的玩意儿又有何用？而且也没人能保证，吃零度食品能换来健康。

　　这样的热潮也让人愈发怀念"饮食＝获取营养"的田园牧歌时代了。超大与零度，都是完美诠释现代人饮食压力的关键词。

因大众
勒紧裤腰带诞生的
小爆款

对抗全球化 ——B 级本地美食走向全国

在食品的全球化不断发展的 2000 年代，**本地美食也作为与之对抗的文化**日渐崛起了。我们也可以说，本地美食的流行是食品同质化催生出的反作用力。

回顾历史，我们便会发现，在明治维新之后的 100多年里，日本人苦苦追求的一直是来自大洋彼岸的流行美食。然而柏林墙的倒塌使所有价值体系走向了土崩瓦解，在以欧美为中心的语境下探讨流行美食这件事本身也不再有意义了。

"B 级本地美食"的走红，象征着本地美食进入了全盛期。虽然 20 世纪 90 年代就已经出现了前兆，但真正的热潮始于 2000 年代中期。

所谓 B 级本地美食，就是诞生于战后的穷苦年代（但那个时候的城镇与人们比现在更有活力），扎根于当地老百姓日常生活中的食品。它们大多像炒面一样偏油，身上还留有旧时代的印记，即"油脂＝好东西"。用内脏等廉价食材代替红肉的美食也不在少数。所以 B 级的"B"也是"贫穷（日语发音：binbou）"的"B"。不过 B 级本地美食的魅力当然不仅限于亲民的价格。

生在印度的咖喱在明治时代经英国传入日本，在牵手福神酱菜的同时完成了日本化。而在战后的小吃摊，中式面条与生在英国的伍斯特沙司（Worcester sauce）融为一体，促成了炒面的日本化，造就了这款归化美食。

这类食品没有固定的配方与做法，所以人们会用当地常见的食材对它进行适当的改造，催生出和原版相距甚远的味道，最终在当地扎下根来。

撒着沙丁鱼粉或青鱼粉的富士宫炒面（静冈县）、佐以荷包蛋与福神酱菜的横手炒面（秋田县）、配料里包括鸡肉，用咸中带甜的味噌酱调味的蒜山炒面（冈山县）都能归入"炒面"这一大类，但它们各有千秋，浑身都是富有当地特色的巧思。青森县八户地区的"煎饼汁"（せんべい汁）[8]、琦玉县行田地区的"钱富来"（ゼリーフライ）[9]更是连名字都起得奇奇怪怪，让人巴不得赶紧杀到当地去一探究竟。在 B 级本地美食中，这种不走寻常路的个性派也不在少数。

原本只在当地受人喜爱的本地美食之所以能走向全国，应该是因为它们有着今天的日本人格外怀念的昭和色彩，也非千篇一律，却有着强烈的原创性。说得夸张些，B 级本地美食就是在贫苦的大背景下诞生的**战后复兴美食**啊。

从 2006 年开始每年举办一次的"B-1 大奖赛[10]"也进一步巩固了 B 级本地美食的人气。这是一项旨在激活地方经济的活动。各路振兴组织带着自家美食共聚一堂，最终的名次由游客投票决定。

到场游客的人数也在逐年增加。在八户市举办的第一届"B-1 大奖赛"（金奖：富士宫炒面学会）仅有 17,000 人，但是在富士宫举办的第二届大会（金奖：同上）却有 25 万人到场。第三届久留米大会（金奖：厚木炭烤猪下水探险队／目前已退会）是 203,000 人，第四届横手大会（金奖：横手炒面暖帘会）是 267,000 人，第五届厚木大会（金奖：甲府红烧鸡下水结缘队）是 435,000 人，第六届姬路大会（金奖：蒜山炒面同好会）是 515,000 人。到了第七届北九州大会（金奖：八户煎饼汁研究所），游客数便突破了 61 万人。

在横手炒面拿下金奖之后，造访当地的游客翻了一

在八户市举办的第一届"B-1大奖赛"
（提供：爱B联盟）

倍。厚木炭烤猪下水也在获奖后的3个月时间里为当地
带去了30亿日元的消费。首届大奖赛的举办地八户市
也表示，八户煎饼汁在2011年度带动的消费金额高达
563亿日元，实在了得[11]。

　　对沉寂多时的地方经济而言，本地美食的确是不
折不扣的救世主。所以近年来，各地都在积极开发新的
本地美食，北海道的"富良野蛋包咖喱"、"鹿肉咖喱"、
"鄂霍茨克北见盐炒面"就是典型的例子。农水省也在
2007年发布了"农村渔村乡土料理一百选"，大力宣传
历史悠久的乡土美食。

慢食携手地产地消，格外坚挺

说起"食品的反全球主义"，慢食可谓开山鼻祖。这个概念刚被引进日本的时候，人们误以为它是"反快餐运动"，后来又渐渐演变成了以意大利传统美食为中心的餐饮界术语。发展到今天，它已然变成了食品和餐厅在宣传时常用的营销术语，给人留下的印象跟"生态"、"有机"差不多。

在进口食品界，源自西班牙的慢食**"伊比利亚黑猪"**[12]在2004年从天而降，一炮而红。因为这种猪是在林区放养的，吃掉在地上的橡子长大，所以油脂带着丝丝清甜，而且吃了胆固醇数值也不会升高。它的流行从法餐和意餐的餐厅开始，后来蔓延到了日式烤肉、涮锅和炸猪排，最后甚至出现了用这种名牌猪肉的便利店饭团[13]。

疯牛病在日本国内的肆虐，导致牛肉的消费量大幅下降，而这正是伊比利亚黑猪大热的原因之一。餐饮市场曾一度陷入"是家店就有伊比利亚黑猪"的状态。照理说这种猪是不可能量产的，哪里来的那么多货源？敢情在市面上流通的是用谷物饲料养大的圈养猪，等级低，价格也便宜。国产猪肉的品牌化也在同步发展，于是猪肉便升级成了毫不逊色于牛肉的美味佳肴。

从2002年前后开始，慢食协会也在全国各地遍地开花。和意大利的总部一样，这些协会也致力于保护地方食品的多样性，开展了各种援助小规模生产商的活动。再加上地产地消运动的助力，各地或多或少都为"继承传统蔬菜"开始行动起来。

虽说这些活动稍稍回归了慢食的原点，但慢食的大本营——国际慢食协会的反全球化姿态显然变得更尖锐了，还隔年举办全球最大规模的食品展会，高举地域主义的大旗。相较之下，日本的慢食运动就相当温和低调了。

在杂志界，除了慢食的大本营《SOTOKOTO》（木乐舍），暖心系生活杂志《ku:nel》（Magazine House）、《天然生活》（地球丸）也积极宣传**"与慢食相伴的美好生活"**。"Radish Boya"（らでぃっしゅぼーや）、"大地守护会"等自然食品配送服务也逐渐普及开来。可以邮购的地方特产也越来越火了，各都道府县与地方自治体的直销店也在东京都内接连开业了。

2011 年 3 月发生的福岛核电站事故，让慢食和地产地消都变成了脱离现实的无稽之谈。不过社会上也涌现出了意识更为先进的，为激活地方经济服务的全新尝试，好比以"直接联通生产者与消费者"为理念的全球第一本附赠食品的情报杂志《东北食通信》（2013 年创刊）。

烧酒变成了时髦又健康的饮品

遥想当年，大家都是去"酒铺"买酒的。然而从 2001 年开始，由于政府逐步降低了酒类销售执照的门槛 [15]，成批的酒铺被迫改行、破产或歇业。便利店与超市成了酒类饮品零售业的主战场。在短短 2 年时间里，竟有 50 名酒商因为客户被抢走上绝路，失踪者更是多达 2441 人之多，酿成了一场空前的悲剧 [16]（《周刊 DIAMOND》2004 年 10 月 9 日号）。

酒就这样变成了"随时随地都能买到"的东西，于是市面上出现了越来越多能在家中随意享用的罐装版、瓶装版烧酒勾兑酒、啤酒、发泡酒和鸡尾酒。

都说 2000 年代的日本人"不像原来那样爱喝酒了"，年轻人远离酒精饮品的倾向更是显著。国税厅的统计数据也体现出，日本人的酒精饮品消费量在 1994 年迎来峰值，之后逐年下降。不过更明显的变化出现在"消费额"上。换言之，日本人不仅"喝得少"了，而且还变得更偏爱"便宜的酒"了，或是"不怎么出门喝酒了"。大家应该还对"家里喝"（家飲み / 家呑み / うち飲み）这个词的流行记忆犹新吧。日本人的饮酒行为的确变得更低调了。

烧酒却在这样的大环境下逆流而上，表现抢眼。继

20 世纪 90 年代的吟酿清酒、葡萄酒和本地啤酒之后，乙类的**"本格烧酒"**也掀起了热潮。

所谓乙类烧酒，就是以当地特色作物为原料，采用传统工艺制造酒曲与原浆，通过单式蒸馏法[17]突出原料风味的烧酒。用来调制烧酒勾兑酒、酸味鸡尾酒（サワー）的甲类烧酒[18]几乎是无色无味的，乙类烧酒却有强烈的个性，所以被大多数消费者敬而远之，只有一小撮发烧友例外。不过从 2001 年开始，以酒厂的鲜明个性为卖点的乙类烧酒品牌逐渐受到了关注。

烧酒界罕有全国性大型厂商，中小微酒厂占了大多数。带有地域特色的本格烧酒的流行，与本地美食和慢食有着异曲同工之妙，这些都是 21 世纪 2000 年代特有的现象。

甘薯（芋）是本格烧酒界当仁不让的主角。用甘薯做的芋烧酒原本并不受欢迎，因为大家觉得它有一股"芋臭味"。但是随着酒厂酿造技术的不断升级，甘薯原有的馥郁香味与甜味得到了完完全全的释放，于是它便作为一种佐餐酒率先俘获了女性消费者的芳心。鹿儿岛产的"森伊藏"（森伊藏酒造）、"村尾"（村尾酒造）、"魔王"（白玉酿造）和"伊佐美"（甲斐商店）更是被本格烧酒爱好者奉为"四天王"，成了大家梦寐以求的名酒，不亲口尝一尝，这辈子就白活了，以至于它们的价格曾一度被炒到定价的 10 倍。芋烧酒的火热也造成了原材料甘薯的短缺，引爆了淀粉厂商和酒厂的甘薯争夺战。拿劣质产品冒充高档烧酒的事件也是频频发生。

热潮在 2004 年达到巅峰。居酒屋连锁店、寿司店、割烹料理店等日式餐饮店自不用说，备有烧酒的法餐厅和意餐厅也越来越多了，专卖烧酒的酒吧也接连登场。明星侍酒师田崎真也把握住了机会，自己开了一家叫"真平"的烧酒酒吧，将它迅速打造成人气旺店，还出版了关于烧酒的书籍（《尽享本格烧酒》光文社新书 2001 年），致力于烧酒启蒙活动，为本格烧酒社会地位的提升做出了一定的贡献。

烧酒不像日本酒与葡萄酒那样需要严格控制存放地点的温度，口感与香味也不容易在开封后大打折扣，所以对餐饮店来说，它是一种销售效率很高的酒水产品。酒瓶也设计得很有味道，可以当摆设用。至于品牌名，除了让人倍感神秘的汉字组合（比如之前提到的四天王），"百年孤独"（黑木本店）、"随风起舞"（盐田酒造）等富有诗意的名字也很常见，瓶签的时髦感更是出类拔萃。

保健热也是本格烧酒突然走红的背景原因。零碳水，热量低，能增加体内的血栓溶解酶，降低血粘度，没有会引起痛风的嘌呤，适合减肥人士……商家大力宣传烧酒的各种保健效果，促使消费者（不论男女）告别啤酒和日本酒，转投烧酒阵营。

威士忌中的 B 级美酒 —— 嗨棒

2009 年，因为用苏打水勾兑的"嗨棒"（highball）火遍了全国，沉寂多年的**国产威士忌**终于东山再起。

三得利是这场热潮的幕后推手。它提出了一种全新的嗨棒调法，并展开了猛烈的营销攻势 —— 把威士忌与苏打水的配比从以往的 1∶3 改成更淡的 1∶4，加入柠檬汁，再倒进大号带把酒啤酒杯里喝。三得利还做了一批印有"角瓶嗨棒酒家"（译注：角瓶即三得利角瓶威士忌）、"嗨棒火热上市"字样的旗子、海报与专用酒杯，作为促销用品提供给销售自家威士忌的餐饮店。

话说嗨棒本是**"托利斯酒吧"**（TORYS BAR）的主力商品（第一家托利斯酒吧门店在 1950 年［昭和二十五年］于池袋开业，在之后的 10 年里于全国各地开出 2 万家门店）。在经济高速增长期，正是嗨棒抚慰了身心俱疲的上班族，让高高在上的威士忌走进了千家万户。同一时期，用烧酒代替威士忌的"烧酒嗨棒"诞生在东京的平民区，"チューハイ"（烧酒勾兑酒）这个词就是这么来的。

在"水兑"和"加冰"（on the rock）成为威士忌主流喝法的 70 年代之后，嗨棒曾一度被大众遗忘。这样一款酒之所以受到年轻人的欢迎，一方面是因为"嗨棒"这个名字不那么耳熟，听着新鲜；另一方面的原因貌似是它的酒精度数低，可以就着饭菜大口大口地喝。柠檬的酸味掩盖了威士忌特有的气味，造就了清新爽快的口感，配炸鸡块、烤肉等油腻的菜肴正合适。更关键的是，嗨棒的价格比啤酒便宜。

"怎么可以加柠檬呢！"、"用啤酒杯喝威士忌简直荒唐！"……据说三得利内部起初也有不少老员工对新型嗨棒大加反对。然而，让嗨棒卷土重来的正是正统派威士忌爱好者无法容忍的 B 级美食路线。也许迟迟不见好转的经济大环境才是热潮的真正推手。

站着喝、家里喝 —— 日本人的喝酒习惯变了

从 2005 年开始，站着喝酒的**立式居酒屋**迅速增加，这也许是消费者纷纷勒紧裤腰带的体现。情侣与姐妹淘站在酒馆里的光景变得随处可见了。

立式居酒屋给大众留下的印象本是"廉价却脏乱"，但 00 年代的立式居酒屋以"廉价、美味且时髦"为关键词。它们大多由餐饮集团经营，懂得如何在最大限度节省空间的同时营造昭和三十年代的复古感或西班牙餐吧的氛围，下酒小菜也格外精致时尚。葡萄酒与本格烧酒自不用说，连香槟都有，更有 Hoppy（译注：啤酒味软饮）、电气白兰（译注：白兰地风味的酒精饮品）等怀旧

饮品供顾客选择，价格当然也比坐着喝的酒馆便宜。由于开店所需的前期投资较少，老板的赚头也比寻常的餐饮店更多，新店如雨后春笋般开业的状态持续了许久。

对广大女性消费者而言，子弹杯酒吧（shot bar）还是可以去的，可立式居酒屋向来是"大叔的天堂"，是她们敬而远之的对象。吸引她们走进这种酒馆的是品种丰富、价格亲民的小菜与酒品，以及速战速决、喝完就走的简便感。无论是被上司约出来喝酒，还是跟关系并不算好的同性熟人聚餐，一个小时左右总能完事走人的，这种安心感也为立式居酒屋带来了不少顾客。

从经济愈发萧条的 2008 年开始，更省钱的"**家里喝**"渐成新风尚。顾名思义，"家里喝"就是一个人在家喝酒，或是把朋友约到家里喝酒聊天。这样的饮酒行为当然不是最近才有的，只是改用这种叫法之后，孤独感与穷酸味就不翼而飞了，真是不可思议。

朝日啤酒在同年开展的调查显示，省钱并非人们选择"家里喝"的唯一理由。很多人觉得在家喝酒比"出去喝"更放松，"居家派"竟在受访者中占了八成。三得利在 2009 年开展的调查也显示，在 20 ～ 29 岁的受访者中，有大约六成会在喝酒的同时用手机打电话、发短信或上网。酒曾是社交与沟通的道具，却在 2000 年代走上了转型之路，以"晚上小酌两杯"为主的"家里喝"也日趋多元化了。

"网罗了185款朴素、美味、吃不腻的经典小巷酒馆风味下酒菜。使用的食材少，做法简单，边喝边做都能搞定"——以此为宣传口号的食谱《下酒菜小巷》（おつまみ横丁）之所以热销100万册，也是托了"家里喝"热潮的福。

往洞里一插就能吃的"竹轮黄瓜"、切两下就搞定的"蔬菜棒"……书里收录的尽是些特别简单的小菜，直教人惊呼："这样的小菜有必要特地写成菜谱吗？"拜其所赐，同类的新书开本（译注：比B6略小、比文库本略长的开本）"三行食谱"一度在出版界掀起发行狂潮，而且定价是清一色的1000日元，引发了**食谱价格体系的全面崩塌**（以往的食谱一般卖1500日元左右），开启了美食编辑的苦难时代。

在儿童餐中寻求治愈
—— 带有成人幼稚化色彩的咖啡馆轻食

在20世纪90年代的城市呱呱坠地的西式咖啡馆终于在2000年代掀起了全国性的热潮。摆着时髦的桌椅，把自家印刷的《美好生活》当作低调装饰品的暖心系咖啡馆、餐点种类丰富的街边餐吧在各地接连登场。

这些西式咖啡馆不同于当年的日式咖啡馆，并非各抒己见、畅所欲言的舞台，而是家门外的"客厅或餐厅"。顾客更倾向独自造访，悠闲地享受只属于自己的时光。从那时起，一个人下馆子的**"单身贵族"**[19]女性便日渐增加，而咖啡馆成了广大女性消费者试水的绝佳选择。她们对咖啡馆有两点要求，一是治愈感与气氛，二是餐点的味道。

在这样的大环境下，**咖啡馆轻食**（カフェ飯 / カフェごはん）作为面向女性消费者的餐点发展起来。其显著特征是"走无国籍料理路线的主菜、配菜、汤甚至甜点的分量都很小，盛在一个盘子上"。卖相的确好看，时髦感也没得说，只是"米饭（或面条）、小菜与点心集中在一个盘子里"的形态仿佛与儿童餐如出一辙。说得好听点吧，就是幕内便当（译注：配菜种类很多的盒饭）的现代版。"可爱"成了等级最高的赞美。我们也许可以将这样的咖啡馆轻食称作"带有成人幼稚化色彩的流行美食"。

西点师做的甜品是"给自己的轻奢奖励"

与此同时，**"西点师"**（pâtissier）在 2000 年代的甜品界逐渐走向了品牌化。在欧洲进修深造，又在国际西点大赛上拿到名次的年轻西点师受到世人的瞩目。挑西点的时候看人名而非店名的时代就此到来。刚好在那个时候，厨师、侍酒师、美发师等更偏幕后的手艺人纷纷走到台前，摇身一变成了大明星。西点师也乘上了这股东风。有"明星西点师""超级西点师"坐镇的店总是大排长龙，还催生出了一批靠着在博客上点评各路西点师作品出名的**甜品发**烧友。

"pâtissier"是个法语单词，所以西点师们做的当然是法式糕点。从 2007 年开始流行起来的"咸味奶糖"、"咸味巧克力"等**咸味甜品**其实也是法国乡土糕点的变体。在注重健康，倡导减盐的今天，加了盐的甜品居然能火，可见唯独在甜品这方面，日本人的法国情结依然根深蒂固。

"巧克力师"（chocolatier 在法语中也有"巧克力专卖店"的意思）也沾了西点师的光，受到了越来越多的关注。喧嚣的情人节商战成了每年 2 月的固定节目。

在餐饮界整体长期通货紧缩的时候，唯有甜品的价格不降反升，现在连单价高达 700 日元的小糕点都不稀罕了。明明是一口就能吞掉的马卡龙和巧克力，却张口就要 300 ~ 500 日元。法式糕点在日本的火爆人气也让本国的著名西点师与巧克力师[20]嗅到了商机，纷纷进军日本市场。

话虽如此，西点再贵也不至于超过 1000 日元。曾几何时，西点还是只能在特殊的日子亨用的珍馐美馔，但是和美妙的心情最是相称的奢华美味，如今只需要出这点钱就能买到了呢。把西点师做的甜品当成"给自己的轻奢奖励"真是再合适不过了。

便当男子与妈妈做的卡通便当

话说之前提到的"三行食谱"是男读者多过女读者。近年来，"会下厨"成了男生的基本修养。据说对男生而言，厨艺既是一种基本的生活技能，又是走桃花运的必备条件。在简历的兴趣爱好栏和特长栏里写"烹饪"的男生也不那么罕见了。

遥想十多年前，从一条完整的鱼开始切切弄弄、把肉切成大块直接放在火上烤这般凸显男子汉气概的非日常烹饪行为还是"男人下厨"的最高境界，做一道菜要跟专业大厨一般费心费力，仿佛是在用行动表示"女人根本搞不定"。可现在的男孩子们的拿手好菜更有可能是意面或者炖菜。也就是说，他们主攻的方向貌似变成了极其日常也并不阳刚的菜肴。

不过在参加面试的时候说自己的特长是下厨，也能从侧面说明"不会下厨的男生还是比较多的"，当然了，

《便当男子》
（Kijima Ryuuta，自由国民社，2009 年）

如今缺乏烹饪能力的女生也不是珍稀动物。多亏政府在 1993 年和 1994 分别在初中和高中推行**家庭科男女共修制度**，年龄小于 35 岁的日本人至少都掌握了最基本的烹饪常识，成长在学校和社会都以"男女平等"为官方原则的大环境下。"会不会做饭"跟性别的关系已经越来越小了，这的确是不争的事实。

同时，人气综艺节目《SMAP×SMAP》（关西电视台／富士电视台）中有一个环节叫"Bistro SMAP"，团员分成两组，亲自为嘉宾烹制美食，一决高下。于是观众们便在其影响下形成了"厨艺好的男人就是帅"的印象。SMAP 的创意菜特别讲究，更接近以往的"男人的料理"，但有一点存在决定性的不同，那就是这些菜都是献给嘉宾的。

在 2009 年，**"便当男子"**一词突然爆红。这是因为带着自己做的便当去上班的男生一下子变多了。就在这一年，《便当男子》《男子便当 HANDBOOK》等各种面向便当男子的食谱接连出版。不同于普通食谱的是，它们并不是用料理研究家的作品堆砌而成的，而是请"正牌便当男子"现身说法，聊聊平时的便当生活，介绍自己的作品，内容特别接地气。读者能通过书中的照片与文字清清楚楚地感受到，大多数便当男子起初是为了节约餐费和保持身体健康才带饭的，结果动手尝试了之后，就享受上这个过程。

便当男子不会做费时费力的小菜，炒一个菜盖在米饭上了事、直接把炒乌冬面塞进饭盒也是常有的事。"基本都在车里吃"（快递员）、"会用心挑选和饭盒搭得起来的包"（大型银行职员）、"在建筑工地都是自己带饭的"（木匠）、"有家庭科的记忆就足够了"（公司职员）、"超大号饭团最经典"（编辑工作室员工）……不加修饰的感言显得分外可爱，看着都觉得如沐春风。

不过话说回来，便当真是个神奇的东西。只要往盒子里一装，无论内容是什么，看上去都像模像样的，不愧是日本引以为傲的传统样式。没时间也不怕，不擅长做菜也没关系，只要把昨晚的盛饭、冷冻食品、瓶装食品、罐头食品、便利店买的熟食统统塞进去，就成了一份正经的便当。不为义务，也不为爱好，不在乎别人的视线，自己动手做自己吃的东西——便当男子的增加，也许是日本家务史上的革命性突破。

与便当男子形成鲜明对比的是"**卡通便当**"。所谓卡通便当，就是用米饭和小菜"画"出动漫形象的便当。全国各地有各种定期举办的卡通便当大赛。作为日本御宅文化的一个分支，卡通便当在海外貌似也有很高的知名度。

早在卡通便当走红之前，主妇们发表作品的网站就已经存在了。不过真正引爆热潮的，还是家住枥木县的主妇"霞ん（かすみ）"在2005年开设的博客"★彡做给姐弟俩的3D虐待便当＆老公倦怠期暴怒虐饭！★彡"。标题本身已经很劲爆了，简介部分更是冲击力十足——"'做便当'等于'早起、没劲、麻烦'，而且没人感激你（怒！(￣‥￣）＝3／突然有一天／妈妈……终于炸了（￣　￣；）／随处可见的'爱情便当'，归根结底就是【虐待便当】啊！"

总而言之，这位妈妈因为家里人从没为她起早贪黑做的便当说过一句"谢谢"，一怒之下便开始竭尽全力制作特别极端的卡通便当了，而这个博客就是她的作品记录。她也在用自己的实际行动推动便当领域的意识改革——不用介意吃便当的人会有什么反应，反正每天都是要做的，那还不如让自己尽情享受这个过程，如此一来辛苦的家务也能变得乐趣横生。

她的作品有超级浓重的御宅色彩，还原度也非常高。要是每天打开盒盖时看到的是这般可爱到叫人毛骨悚然的卡通形象，吃盒饭的人怕是真的会冒出"找个角落躲起来"的念头。她的博客很快发展成了日均访问量高达2万的人气博客，后来还出了书（《爱之虐》［愛のギャク弁］）。平凡的主妇就这样成了卡通便当界的巨星。

便当男子做便当是出于必要，而妈妈们则是为了表现自我。如此看来，将义务转化为手工艺的卡通便当着实有些矫情。

话说从2011年开始，面向男性读者的烹饪实用杂志也掀起了创刊狂潮，呼应了爱下厨的男生不断增加的社会环境。《男子食堂》（Bestsellers）、《MKJ（Men's Kitchen Japan）》（F分之一出版）、《BISTRO男子》（主妇与生活社）、《料理男子》（President社）、《男子厨房》（角川Magazines）都是当时创刊的新杂志。

大家的内容都是针对初学者设计的，不过论贴心度，还是《男子食堂》更胜一筹。对那些原来只能看《ORANGE PAGE》（译注：生活情报杂志），或是请妈妈寄手写菜谱救急的男生来说，这些杂志简直是天降的救世主。杂志界人士也以为自己终于开拓出了一片新天地，谁知新杂志都没撑多久。男性烹饪杂志不同于女性杂志，都不会标明菜品的热量，这一点其实是很讨人喜欢的，真是太可惜了。

蹭热度商品百花齐放
——"能喝的生姜"和"能吃的辣油"

永谷园在 2007 年 6 月推出的"不怕冷小姐"的生姜系列和桃屋在 2009 年 8 月推出的"看着辣却不辣，只是一点点辣的辣油"有着同样的思路——食品本身是原来就有的，但厂商调整了它们的功能与用途，创造了新的附加价值，收获了巨大的成功。

"生姜系列"的主打产品，是以"生姜能暖胃"为卖点的快餐杯汤。聚焦女性的"体寒问题"正是它的成功秘诀。生姜是日本人用惯了的佐料。虽然大家都隐隐约约知道"吃生姜对身体好"，但直截了当打出"不怕冷"这三个字的商品名还是能让人眼前一亮。

为了方便职场女性购买，永谷园将销售渠道限定在"便利店"。杯子也以白色为主色调，能给人留下健康清爽的印象。突出可爱的卡通形象，热量则用大号字体标出。战略的每个细节，都是为了唤起苦于体寒的女性消费者的共鸣。也许是因为产品的热量比较低吧，据说为三高发愁的男性消费者也经常来买。见生姜系列反响热烈，永谷园在公司内部创办了"永谷园生姜部"，在官方主页积极发布关于生姜的最新情报。

该系列的成功也引爆了生姜本身的人气，以至于商店的货架上摆满了各种生姜商品。生姜糖浆、生姜果酱、加了生姜的软饮料、杀菌软袋咖喱和杯面……吃什么都要加点蛋黄酱的人叫"蛋黄酱控"（マヨラー），沉迷生姜的发烧友则被称为"生姜控"（ジンジャラー）。

桃屋的明星产品则是把"辣油"这款液体调味料的性质改成了"倒在米饭上吃的小菜"，成功开拓了**"能吃的辣油"**这一全新的食品类型。据说辣油市场因这款产品飞速增长至原来的 10 倍，可见它是食品界期盼已久的特大号爆款。

桃屋的辣油一上市便激起了热烈的反响，长期供不应求，而缺货又反过来刺激到了消费者的购买欲。半年后，SB 食品推出了同类产品"浇上去！小菜辣油有点辣"，其他厂商也迅速跟进。

肩负着振兴地方经济的期望，在原料中加入当地特产的"本地辣油"也接连诞生了，比如加了虾、蚬贝和鲑鱼子的"海鲜辣油"（北海道纲走市）、加了日本鳀和鱼酱的"美味！能吃的小鱼辣油"（长崎县云仙市）、加了鲣鱼块的"渔夫辣油"（高知县中土佐町）等等。餐饮店推出用"能吃的辣油"制作的菜品，食品厂商和便利店扎堆开发相关的膨化食品、饭团和熟食，蹭热度商品可谓百花齐放。市面上还出现了其他"能吃的"调味料，如"香脆酱油"（龟甲万）、"黄金之味酱汁配料增量版"（荏原食品工业）、"鲜辣番茄干"（可果美）等等。热潮的影响范围呈现出不断扩大的趋势。

辣油单凭"配料加量"这一条便成了时代的宠儿。它是如此朴素，称之为流行美食总感觉不太恰当，但今后的爆款也许都是从早已普及开来的食品中突然出现的，好比生姜，又好比从2011年的下半年火到现在的"盐曲"[21]。看来流行美食界也迎来了必须**有效利用资源**的时代。

走向世界的流行美食

无论是居酒屋与家庭餐厅的推荐菜，还是便利店便当和袋装面包的新商品，都得或多或少地附加一些信息，否则就拿不出手。今时今日，日本已经成了一个"万物皆向流行美食看齐"的国家。近年来，流行美食现象也渐渐出现在了欧洲与亚洲各国，只是比日本晚了30年罢了。

在2000年代前期风靡一时的"和风餐吧"里，你找不到一位苦修多年的专业厨师。这类餐饮店的菜式创意多过味道，人称"新派和食"。以自制豆腐为卖点的和风餐吧非常多，这是因为有设备厂商研发出了面向餐饮店的豆腐机，简便易用。

专攻流行美食的企业经营者与策划者只要提前把产品理念构思好，在门店安排几个小时工就够了。烹饪技术与食材品质都不重要，只要把故事性与时髦养眼的摆盘送到顾客面前就好。造成这种现象的原因正是正统菜肴的流行美食化。餐饮企业将菜肴变成了"产品"，于是员工要做的事就只剩下"完全按照操作手册进行的简单作业"了。餐饮业的通货紧缩与价格战更加剧了这一倾向。

日本的流行美食正在大举入侵世界各国。打头阵的就是寿司。在日本经济席卷全球的时候，各路欧美媒体争相报道"鱼肉中的蛋白质是日本人的长寿之源"、"日本人之所以聪明，就是因为鱼肉中的磷"，简直发展成了明治维新时期的肉食崇拜的鱼肉版。再加上大家都知道寿司历史悠久，有传统造就的独创风格，热潮自然就来了。

流行美食现象在全世界同步发生的时代终于到来了。在明治维新之后，日本一直是欧美的追随者。谁知回过神来却发现，自己竟站在了流行美食现象的最前沿。

在今天的日本，流行美食严重泛滥，饮食界的流行周期也变得越来越短了，红不过几天就过气的闹剧正在一遍遍上演。传统媒体释放的信息相对贬值，而网络信息[22]却在升值。消费者能轻松接触到和自己感兴趣的东西有关的信息，这也加快了流行扩散的速度。

放眼世界，恐怕没有一个国家像日本这样，在完成战后复兴之后享受到了如此悠长的和平岁月。虽说贫困与贫富差距问题在2000年代逐渐浮出水面，但日本毕竟不是非洲等地的最不发达国家。示威游行难得一见，消费意愿也比较平和。可就在这时，大地震与核电站事故骤然袭来。

面对如此变故，这个国家将走上怎样的道路？日本的流行美食和日本的餐桌将又将何去何从？在未来等待着我们的，又会是怎样的人气爆款呢？我只希望，今后的流行美食能远超我的预期。

在我看来，流行美食的全盛期应该是20世纪70年代到泡沫经济时期。虽然在消费的享乐主义色彩不再浓厚的 90 年代以后，也有工业化的流行美食接连登上历史舞台，但它们大多属于"炒冷饭"的范畴。也许我们的感觉在泛滥的商品中变得愈发迟钝了，所以才催生出了今天这些难以触动心弦的流行美食。

在我们的生活中，饮食的优先级好像也的确在下降。有越来越多的年轻人觉得便利店足以解决日常的吃饭问题，没有下馆子的欲望。这并非囊中羞涩使然，而是对饮食漠不关心的结果。莫非"享用美食"已经不再是一种休闲方式了吗？但与此同时，若将视线投向美食博客与点评网站的餐厅点评，你就会发现把可支配收入的大部分投入逛吃大业的美食家也比原来更极端了。看来是日本人的吃法呈现出了两极分化的倾向。

眼前的现状的确教人遗憾，但我并不想刻意否定。因为日本人至少有过关注饮食的时代，也发掘出了美食的种种价值。此时此刻，我们更应该趁势回归原点，再次将注意力集中在创造更美好的流行美食上不是吗？曾几何时，是美食帮我们打开了通往新世界的大门——我是多么想再次体验那份感动与心动啊。

注释：

1 20世纪90年代在英国最先发现的一种疾病。日本第一例
疯牛病是在2001年（平成十三年）9月确诊的，病牛位于
千叶县。2003年蔓延至美国，导致日本政府立刻对美国牛
肉下达禁令。

2 从2000年6月到7月，雪印乳业大阪工厂生产的低脂奶
在近畿地区引发大面积的食物中毒，约15,000名儿童出现
腹泻、呕吐、腹痛等症状。原因在于北海道的工厂生产的
脱脂奶粉混入了金黄色葡萄球菌。虽然症状相对较轻，但
被害者人数众多，被称为战后最严重的食物中毒事件。厂
商应对不力，食品安全措施的漏洞也被曝光，末了社长还
在新闻发布会上对要求延长发布会时间的记者大吼："少
啰嗦，我都没功夫睡觉呢！"舆论的猛烈抨击，使雪印的
地位一落千丈，不再是受消费者信赖的"名牌"。

3 因国内出现疯牛病病例，肉类产业深陷窘境。为帮助相关
企业渡过难关，农林水产省出台了"国产牛肉收购制度"。
雪印食品关西肉类中心借机将进口牛肉伪装成国产牛肉，
卖给农水省。此事因内部人员举报曝光。在那之后，日本
发生了一系列食品标记伪装事件（谎称进口牛肉是国产牛
肉、谎称普通牛肉是松阪牛）。

4 从2007年12月下旬开始，在生协（译注：日本生活协同
组合联合会）购买中国产冷冻饺子的消费者接连出现中毒
症状。2008年1月，有关部门在饺子中检测出了农药成分
甲胺磷。中方起初认为"农药成分在中国国内混入饺子的
可能性较小"，但在同年6月中旬，中国国内也发生了同
样的中毒事件。后来，中国警方查出投毒者是天洋食品厂
的前临时工，依法将其拘捕。

5 在"平成大歉收"发生的1993年（平成五年）曾骤降至
37%，但次年迅速恢复到原有水准。之后长期维持在40%
左右，但在2006年再次降至39%。

6　将这一概念引进日本的高桥久仁子称，食物盲从现象能大致分成 3 种模式："期望食品与食品成分发挥'药效'（如维生素能治疗癌症）""让号称能包治百病新奇食品流行起来（红茶菌就是最典型的例子）"以及"将食品简单粗暴地分成'对身体好的'和'对身体不好的'，将好的食品奉为万能神药，不好的食品则彻底谴责与攻击（得到赞誉的多为植物性天然食品，白砂糖等精制程度较高的食品、碳酸饮料、化学调味料、方便食品却被视作眼中钉）"。

7　不少媒体对年轻贫困群体百般奚落，说他们成天出入卖汉堡和牛肉饭的餐饮店，偶尔出去喝两杯，也只去"樱花水产"这种超廉价居酒屋，"网吧难民"的主食是杯面，非正式员工连食堂都没有资格进，只能把在家里煮好的米饭装进保鲜盒带上，就着拌饭料对付过去。

8　将烤得很硬的南部煎饼（专用的"高汤煎饼"，放在汤里煮也不容易碎）加入高汤做成的本地美食。

9　一种加了豆渣的可乐饼。不裹面糊，直接油炸，出锅后立刻放进酱汁里浸一下。因为形似椭圆形的金币（小判，錢），起初被称为"ゼニーフライ"，后来讹化成"ゼリーフライ"。

10　大赛的名称以"F-1 大奖赛"为灵感。主办方"爱 B 联盟"的名称也取自读音相同的"常春藤联盟"（美国东部名校组成的联盟）。据说这么取名的原因在于偏食值（与"偏差值"不过一字之差）之高。

11　这个数字由总务省的"绿色分权改革推进会议"分科会估算得出，是餐饮、零售、住宿、交通等直接影响金额与根据随之而来的各行业增产推算得出的间接影响金额的总和。

12　在西班牙养殖的一种黑猪。根据血统、饲料与饲养方法评定等级。在本国主要用作生火腿的原料，除本地人以外，很少有人吃它的上等精肉，但是日本进口的产品以精肉为主。在 2003 年之前，每年的进口量不足 20 吨，

2004 年度却飙升至原先的 100 倍，达 2145 吨。之后不断上升，在 2008 年达到 16,102 吨。

13　罗森的"新潟越光米饭团，红烧伊比利亚黑猪味"，190日元。

14　京蔬菜、加贺蔬菜、江户蔬菜、庄内蔬菜、难波传统蔬菜实现了品牌化。

15　"距离基准"（新店要与最近的老店隔开一定的距离）在2001 年 1 月作废，"人口基准"（按区域人口限制商店数量）在 2003 年 9 月作废。

16　新政一出，部分地区的中小微酒铺的经营将受到严重的影响，为保护它们的利益，国会于 2003 年在议员的提议下出台特例法案，在满足一定条件的全国 1274 个市町村限制新店开业。但在 2006 年 9 月，酒类零售市场实现了完全自由化。

17　用连续式蒸馏法制成的酒纯度极高，而单式蒸馏法更容易留下原料特有的香味与杂味。连续蒸馏是明治后期从西方引进的，但单式蒸馏器在 15 世纪便已传入冲绳，称"兰引"（译注：从葡萄牙语 alambique 讹化）。因此早在江户时代，用兰引酿造烧酒的工艺就已经在以九州为主的地区普及开了。

18　2006 年 5 月，日本对酒税法进行了修订，甲类烧酒改称"连续蒸馏烧酒"，乙类烧酒改称"单式蒸馏烧酒"。

19　据说"单身贵族"（おひとりさま）一词是在 1999 年创办"单身贵族发展委员会"（以支持独立自主的成熟女性独自享受美食与旅行为宗旨）的记者岩下久美子的发明。

20　该领域的先驱是 1998 年与东京的新大谷酒店合作，于酒店内开设日本第一家分店的皮埃尔·艾尔梅（Pierre Hermé），以及 2002 年与连锁面包店"安徒生"合作，在东京伊势丹新宿店地下食品卖场开设日本第一家分店的让-保罗·艾凡（Jean-Paul Hévin）。

21　将米曲、盐与水混合后发酵而成。历史可追溯至江户时代，是日本的传统食品。用途广泛，日本料理自不用说，也可以用于各类西餐与中餐，提升各种食材的鲜味，作为"神奇的万能调味料"受到了消费者的追捧。它之所以受到关注，并非因为本身好吃，而是因为它能将寻常的食材变得美味。像盐曲这样光凭"功效"受到关注，成为流行美食的例子是绝无仅有的。"幕后英雄"盐曲的流行，也许为我们指明了流行美食的未来发展方向。

22 餐饮店付费刊登的广告型网站"咕嘟妈咪"（GURUNAVI [ぐるなび]，1996 年开设）和用户点评型网站"Tabelog"（食べログ，2005 年开设）等美食站点往往会提供打折券等各种优惠，所以在外出用餐前浏览这些网站如今已经成了广大消费者的习惯。个人开设的美食博客更是不计其数。以往的美食网站好歹是有专业人士把关的，但是在现在这般美食信息泛滥的网络环境下，找到准确可靠的信息成了一件格外费劲的事情。

后记

上幼儿园的时候，我特别喜欢一档叫《Romper Room》（日本电视台系列）的节目。不愧是照着美国的幼儿节目翻拍的，无论是参演的孩子们，还是他们玩的游戏、看的绘本，每个细节都有浓重的外国色彩，洋溢着非日常的诱人香气。小绿老师一声吆喝："发点心啦！"孩子们人手一杯牛奶（那杯子还是当时很稀罕的塑料杯），齐刷刷仰头喝光……看到这样的场景，我的心中便生出了无限憧憬。现在回想起来，那也许就是我的流行美食初体验。那一杯杯牛奶，在我眼里仿佛变成了和家里的牛奶截然不同的饮品。

就在日本经济飞速增长的时候，我在爱尝鲜的父母身边度过了童年。在刚诞生不久的新型加工食品与零食的环绕下，我通过纸媒上的铅字贪婪地吸收美食情报。"这种吃的到底长什么样啊？""好想知道它是什么味道呀！"……在外国少女小说的日文版中频频登场的一款款尚未得见的异国美味也让我兴奋不已。

《绿山墙的安妮》里的柠檬派、《海蒂》里那一烤就化的奶酪……我在 20 世纪 70 年代亲身体验了"故事中的美食接连走进现实"的全过程，后来又碰巧进了烹饪书籍的编辑部。我明明想做文字方面的工作，可刚开始交到我手里的尽是些以拍摄照片为主的体力活，让我着实不知所措。不过多亏了吉田好男总编（他是一个擅长从文学角度深挖美食的人）的悉心栽培，我养成了把食品看成"作用于食欲之外"的东西，并从辩证的角度进行观察的习惯。

在 2000 年代初，我产生了一个念头，想对"食品作为一种时尚被大众消费"这一日本独有的文化现象，也就是流行美食的历史做个总结归纳。"别写成正统的食文化史或者美食史，也别以市场营销为语境，你就试着以饮食为切入点，写写（在当时）还没有人从学术角度分析过的有趣又奇怪的日本文化论吧！"在周遭的鼓励与鞭策下，我耗费漫长的岁月，终于写成了这本书。

近年来，膳食生活的恶化，尤其是家常菜知识与相关技术的衰退引发了日本民众的广泛担忧。严峻的局势当前，我并不觉得把握、分析流行美食的系谱，对每个时代的流行美食一一做出评价就能重新唤起人们对饮食的兴趣，进而为农林水产省的推进计划做出些许贡献，但这本书兴许能成为食育大业的一小部分——我怀揣着小小的野心踏上征程。然而在透过种种现象清楚地看到时代的欲望与价值观的同时，我也不由得痛感，本以为自己这些年来对饮食的流行总是抱着冷眼旁观的态度，殊不知自己是一头栽了进去，而且比谁都起劲。

除了各个章节提及的流行事例，在日本流行过的食品与饮品应该还有很多，不过这本书省略了所有被我判定为"不属于流行美食范畴"的东西。万一有我应该提却没有提的，还请不吝赐教。如果各位读者朋友能带着万般怀念大呼："对对对，当年还有过这种东西呢！"或是在惊讶中喃喃："还有过这样的时代啊……"同时任思绪穿越时空，重新体验曾经的种种，那就再好不过了。

书名（译注：原题"ファッションフード、あります。"，直译为"流行美食热卖中"）的灵感，来自90年代初的涩谷街头。写着"牛肠锅热卖中"的旗帜在街头巷尾随风飘舞的光景给我留下了深刻的印象，至今难以忘怀。旗帜之多，直教人怀疑在那场热潮中赚得最多的说不定是广告旗公司。在泡沫经济崩溃之前，餐饮店的确大大刺激了广告用品的消费，业界甚至有"卖个两年简易广告牌，保你建起一栋楼"的说法。

本书以纪伊国屋书店的宣传期刊《Scriptor》上的连载（从 2008 年秋季号开始，为期 3 年）为基础，关于 2000 年代的部分是后来添加的。感谢我的母亲与吉田女士帮忙回忆战前战后的饮食情况，感谢木村义志先生与斋藤美奈子女士给予的宝贵建议，感谢与我分享亲身经历的朋友们，感谢黑部彻先生慷慨提供珍贵的美食照片……真的非常感谢大家。与此同时，我也想借此机会，感谢 Cozfish 的祖父江慎先生与佐藤亚沙美女士用轻妙时尚的设计将页面打造得分外养眼，以及欣然允许我使用图版的各家出版社。

最后，我要向纪伊国屋书店出版部的大井由纪子女士致以最由衷的谢意。就在我没法留出大块的时间用于执笔，几乎都要放弃的时候，是她鼓励我说："用连载的形式写就没问题了吧！"又为编辑文本劳心费神。没有她的细致确认与精准建议，就没有大家手中的这本书。也是她让我再次痛感编辑在打造书本的过程中发挥的关键作用。

2012 年 11 月

畑中三应子

文库版后记 流行美食后继有人

一年一度的"U-CAN 新语及流行语大奖"揭晓了。荣获 2017 年度大奖的是**"Ins 风美照"**（インスタ映え）。

所谓 Ins 风美照，就是上传到"Instagram"这个照片视频共享 SNS（社交网络服务平台）之后，能获得大量点赞的漂亮照片。以食品为主题的照片尤其多。

美食不仅仅在 Instagram 受欢迎。其实和美食有关的照片与视频是所有 SNS 的"拉赞首选"。去网红店坐一坐，或是买一款网红美食，用各自的角度与背景拍张照，再发到网上，源源不断的"赞"就来了。被分享的次数多了，还会被媒体报道——在这样的循环中，新的流行美食正以前所未有的速度接连诞生。

本书的单行版在书腰上印了这样一行字——"'美食'成了人人都能参与的流行文化！"。将这种状态变为现实的，正是互联网。

重"惊奇感"而非味道

业余发烧友与爱好者在网络平台上发布信息，造就流行——SNS 型流行美食的先驱，正是 20 世纪 90 年代的拉面。

雅虎（Yahoo! JAPAN 1996 年上线）、谷歌（Google日本版于 2000 年上线）等搜索引擎的诞生，使人们能够更轻松地获取想要了解的信息，也加剧了上述倾向。不久后，上至高档餐厅，下至大众餐馆，各种美食都有了专门的点评博客，催生出了一批对美食评头论足、大加赞赏、抒发感想的**美食博主**。美食情报就这样在网络平台逐渐泛滥起来。

无论是从头到脚释放出"生客勿入"气场的高级日料店，还是神神秘秘、非熟客不敢进的小酒馆，只需浏览 Tabelog 上的点评，你就能在脑海中模拟从进店到结账的全过程，具体到在店里会发生什么事，能吃到、喝到什么东西。原本厚重的铁幕，仿佛都被打破了。

点评固然能带来安全感，但看过别人的点评再去店里，乐趣肯定会大打折扣。不过点评网站的得分会与餐饮店的集客力直接挂钩，还有一小撮实力派评论家就喜欢享受"用自己的点评将默默无名的店打造成人气旺店"的过程呢。

对走在餐饮界最前沿的餐厅（以法餐为主）而言，光有"好吃"这一条已经远远不够了。

因为这类餐厅一定会有追求最新潮美食的逛吃达人（人称"foodies"）光临。国内自不用说，他们的美食足迹几乎遍布世界各国。吃过之后，他们必然会在**脸书**（Facebook日本版于2008上线）等社交平台发布点评与照片。在最先进的美食场景中，以山本益博为首的老牌美食评论家、美食撰稿人的影响力几乎已经不复存在了。

普通的美味菜肴是无法让现代的美食家满意的。唯有出人意料的巧思与前卫时髦的上照摆盘，才能换来他们的高度评价。好比用液氮冷冻的酱汁，又好比从泡状瞬间液化的汤。于是对大厨们来说，能否灵活运用高科技与珍奇的食材让顾客眼前一亮就成了制胜的关键。

就这样，"吃了半天却不知道自己在吃什么"的菜肴变得越来越多了，连泥土都成了菜肴的素材。

不过嘛，追求如此新颖古怪的美食应该是少数派的专利。但是在餐饮界，"惊喜元素"不单单是高档餐厅的标配，也是发SNS的首选。毕竟与描述味道的主观文字相比，强调创意与外观的美食硬照发起来更顺手。

重信息多过味道，重故事性多过食品本身，用脑子而非肚子吃——我虽然对流行美食做出了这样的定义，可如今想找个"不是流行美食"的东西反而很难。我都不敢想象在未来等待着我们的究竟是什么。

拉面也迎来了注重卖相的时代

话虽如此，电视与纸媒的影响力在 2000 年代之前还是很强的。

正如本书所回顾的那样，是电视台播出的**健康娱乐节目**让寒天、香蕉、可可等司空寻常的食品突然变身为包治百病的瘦身食品，也是生活方式杂志《ku:nel》、《天然生活》倡导的朴素而接地气的"天然"慢食获得了"优质生活必备元素"的地位。

继盐曲之后，味噌、酱油、纳豆与腌菜也重新走到聚光灯下，成了"日本的超级食物（superfood）"。最近连自制味噌、自制甜米酒都火起来了。**发酵食品热潮**的原点，其实也在电视与纸媒。

然而在 2010 年代，始于网络的流行变得愈发抢眼了。

好比至今热度不减的**松饼（Pancake）**热。从 2010 年开始，"Eggs'n Things"、"Bills"、"Cafe Kaila"等海外名店接连登陆日本，在流行美食的圣地原宿开设了分店，引爆了这股热潮。情报杂志与女性杂志自是争相报道。不过松饼之所以能火那么久，完全是因为它跟 SNS 的匹配度特别高。

"松饼"这个词听着还挺新鲜，可它说白了不过是做得比较薄的"烤饼"（hot cake）而已。但两者的卖相有着决定性的差异——烤饼的外观十分素净，顶端的茶色枫糖浆和四四方方的黄油是为数不多的装饰元素。松饼却与它形成了鲜明的对比，有的挤了小山高的掼奶油（whip cream），有的用五彩斑斓的水果装点，堪比花园，有的层层叠叠，简直堆成了摩天大楼……总而言之，松饼是既华美又可爱。

由于松饼的轮廓清晰，色彩鲜明，谁拍都好看，特别"**上照**"（**photogenic**），这正是它的过人优势。

而且日本人的舌头早已习惯烤饼的味道，所以很容易品出每家店的差异。专卖店的松饼配方也的确是各有千秋——有的加了蛋白酥，打造出松软轻盈的口感。有的加了酸奶或顺滑的新鲜奶酪，使松饼更为湿润。所以消费者可以在逛吃的同时享受"比较味道与口感"带来的乐趣。再加上松饼毕竟是烤饼的亲戚，所以它的粉丝不仅限于年轻的女性消费者，受众的年龄层很广。

点评拉面与 B 级美食的博主以男性为主，但松饼让"深度评论某种食品"的文化走进了女性群体，顺势在日本扎下根来。不过松饼是和可爱、时髦又带点趣味的照片成对出现的，这也成了它与拉面的本质性差异。

之后走红的**爆米花、纸杯蛋糕、刨冰、芭菲**（**parfait**）也是同样的套路。这年头，就连拉面都是配菜健康、摆盘美如画的类型唱主角。拉面貌似也进入了注重上照的时代。

不了解的人一无所知的"热潮"

Instagram 是图片为主，文字为辅，所以外观就显得更重要了。只要用 app 稍作处理，就能在照片中添加文本，用滤镜把食品烘托得更美味，或是强调照片中的某个部分。要知道在不久前，外行人根本不可能实现这样的效果。

尤其是粉丝多、浏览数多的人气博主发布的内容还会加上带井号（#）的话题，以最快的速度扩散开来，引领潮流。在食品行业，人们也在绞尽脑汁构思容易扩散的话题呢。主要上传美食照片，且粉丝数超过 1 万人的 Instagram 博主被称为"Delistagrammers"。

但互联网的本质是"只会接触到自己想了解的信息"，所以源自网络的流行现象往往停留在"了解的人熟得不得了，不了解的人却一无所知"的状态。以前那种大家都朝同一个方向看齐，人人都积极参与的大型热潮已经愈发罕见了。

在家常菜领域，诞生于食谱搜索发布平台 Cookpad 的**"不用捏的饭团"**（おにぎらず）与**"盐柠檬"**（塩レモン）的确很红，但绝大多数日本人应该没有真的吃过或做过它们。

肉感十足的高端汉堡包店门口排起了队，100% 植物性汉堡包也同时在社交平台引起热议……2010 年代的流行美食界，可以用"小范围的流行多点开花"来概括。

话说回来，什么样的美食照片称得上"Ins 风美照"呢？实不相瞒，照片的拍法也有不断变换的潮流。

首先，Ins 风美照的基本形状是正方形。摄影出版界有两个描述照片形状的专业术语：相机横放，横宽竖窄的叫"横一"。相机竖放，横窄竖宽的叫"纵一"。在银盐相机时代，人们有时会用 6×6 的胶片拍摄正方形的照片。但书籍和杂志都是竖长的四边形，所以精心设计过造型的大幅照片一般用"纵一"尺寸。如果照片里除了盘子什么都没有，而且一页要放好几张照片，那就用"横一"。

但是从 20 世纪 80 年代到 90 年代，形状接近正方形的变体版食谱曾一度流行。这些食谱的特征是文字量都很少，页面留有较多的空白，营造出独特的时髦世界观。书里的照片也是正方形的。正方形能释放出不同于"纵一""横一"的独特氛围，却不会过分做作，是最适合表现"可爱"的形状。

忠实继承传统样式的"Ins风美照"

不如借此机会，对我亲身经历过的**美食硬照**变迁史做一个回顾吧。

美食的拍摄方法存在许多规则……不，应该说是"存在过"很多规则。

首先，无论拍摄对象是日本料理还是外国餐点，硬照的造型设计都要遵守传统的上菜方式。日本料理在这方面尤其讲究，每一个细节（包括托盘与容器的木纹朝向）都要谨慎对待，不能出一个错。光是记住这些规矩就得费一番功夫。

其次，拍摄角度必须按用餐者的视线来。也就是说，视点必须放在美食的斜前方。主光源要从左侧打。为什么？因为除早餐以外，来自西侧的光线才是最自然的。另外，打印出来的照片绝对不能比实物更大。要是鱼子酱里的颗粒都跟鲑鱼子一般大，那就违背了写实主义，看着也觉得别扭。

这些规则都是在20世纪60年代确立的。然而在70

年代，annon 通过在照片中融入过剩的故事性，为美食硬照开拓了新天地。从那时起，铁律就不再"铁"了。

我的编辑生涯始于中央公论社的《大厨系列》。这本杂志走的是艺术路线，总编和编辑部主任一心想要拍出超越 annon 的、前所未有的美食硬照，进行了许多大胆的尝试。比如不用餐盘，而是把美食直接盛放在大理石或亚克力板上，而且从下往上打光，让光线从菜品穿过……托他们的福，我也有幸见证了一次又一次极具实验性的拍摄现场。

我们还打破了业界的**禁忌**，率先尝试以**90 度俯角拍摄**。为什么不能这么拍？因为"没人会在吃饭的时候从正上方俯视"。把视点放在正上方，美食的食物属性就会变弱，仿佛成了用餐盘装裱的绘画，更具平面设计色彩。

第一次挑战这种拍法是在 1981 年。然后在 1985年，我们又进行了更大胆的尝试，整本书从头到尾都用正上方或正侧面（没人会在吃饭的时候低着头从正侧面看，所以这么拍也是不合常规的）拍摄的照片，而且餐盘周围没有任何装饰，彻底剔除故事性，追求简约。同年，我们还尝试给小糕点拍**超级大特写**，印出来的照片足有实物的 2 倍至 4 倍大。

这本用糕点的特写打造的书叫《西点的自由》。书中的照片也完美实践了书名中的"自由"二字，彻底打破了条条框框。不过也正因为如此，拍摄的准备工作总是异常艰辛。在拍摄甜点的时候，要用黑色肯特纸代替餐盘，光是把纸裁成合适的形状，就得花上一整天。22点集合，第二天早上解散这种不要命的日程安排也是家常便饭。功夫不负有心人，现在回过头来翻看这本书，也一点都不觉得老土，可谓历久弥新（请允许我自卖自夸一下）。

最先发现**截面之美**，并用照片加以表现的也是我们编辑部。肉冻、三明治这种截面本就能看到的菜品也就罢了，可大多数菜肴与糕点是看不到内里的，大厨们又不愿意把作品切开，我们费了好大的力气才把他们说服。

到了1993年，我们变本加厉，给蛋糕截面特写配了网格线，弄了一个详细解说蛋糕内部的页面。当时排版尚未数码化，用的还是纸和铅笔，所以在校对彩样的时候，我们费了九牛二虎之力才把照片和线条的错位纠正。

总而言之，我们用尽体力与创意，当然还有时间，只为拍出全世界最好看的美食硬照。然而今时不同往日，相机性能已经有了显著的提升，再加上大家的品位也都变好了，外行人在店里随便按一下手机，也能拍出足以上杂志的照片。美食摄影的难点，其实在于"将食物烘托得更诱人的打光技术"，可是大家都靠自然光毫不费力地克服了这一难关。

食品的 Ins 风美照有四大流行元素：萌断面（萌ぇ断）、90 度俯角、用小物件打造有故事的造型、自然光。所谓"萌断面"，就是切开后美得让人心动的截面。以"＃萌断面"为关键词进行搜索，你就会看到无数关于截面的照片。与塞满了五颜六色配料的三明治与饭团，直教人怀疑一口能不能咬断，还有充满装饰元素的寿司卷与蛋糕。

看到这些食品的 Ins 风美照，我便不由得感叹，其实它们忠实继承了美食硬照长久以来的流行元素。现如今，美食硬照也成了人人都能参与的流行文化，只是难为了那些经过严格培训的专业美食摄影师与造型师。

梦回明治维新？肉类卷土重来

除了小范围的流行，大家都能感觉到的巨大潮流也逐渐显现了出来。从 2012 年前后开始，**吃肉再次流行**起来。

GURUNAVI 综合研究所每年都会评选出反映社会趋势的年度美食，称"今年的一盘"。2017 年当选的是"鸡胸肉料理"，看来肉还能继续火下去。而热潮的背景，正是日本人**对膳食健康的执着追求**。

首先，主张"吃多少肉都不会胖"的**低碳水减肥法**为肉赋予了新的价值观，奠定了热潮的基础。"低碳水饮食"本身也在日本站稳了脚跟。如今你能在便利店和超市的货架上看到各种低碳水的面包、面条、米饭和甜品。在酒精饮料界，零碳水也是最受瞩目的关键词。在牛肉饭、回转寿司等大型餐饮连锁店，低碳水菜品也不那么稀罕了。

这波热潮的主角是**红肉（瘦肉）、熟成肉、野味肉和鸡胸肉**。它们靠着"脂肪少、蛋白质含量高的健康肉"这一宣传口号，成功拉拢了原本因为怕胖不敢吃肉的女性群体。在站着吃的"突然牛排"（いきなりステーキ），埋头享用厚实牛排的女性顾客不在少数。

与此同时，广大民众已经清楚地认识到，老年人要想延长健康寿命，防止肌肉萎缩、体重下降与认知症，就得多吃肉，而且要吃得比年轻的时候还多，这样才能摄入足量的动物性蛋白质。所以银发群体也为肉类的流行做出了一定的贡献，这也是本次热潮的特征之一。

看到这儿，大家也许都想起了流行美食前史。"吃了有力气"、"活力的源泉"……这一次的流行强调的是肉的保健效果，这不是跟明治政府鼓励民众吃肉一模一样吗？150年过去了，可日本人对"肉"的期待与愿望却分毫未变。

以上就是从本书完稿的 2012 年到 2017 年的流行美食动向。希望有朝一日，我能有机会仔细梳理 2010 年代的流行美食。不过奥运年马上就要到来了，在剩下的 2 年时间里也许会有一些国策层面的动作，比如大力宣传日本料理等等。

有人预测华丽的 Ins 风美照应该也快被大众厌倦了，以后会是朴素食品的天下。也有人觉得今后的主流将不再是诉诸视觉，而是回归注重故事性的路线。流行的变迁，永远都没有原则规律可言。

"从物质消费转向体验消费"这句话在近年的媒体上市场出现。其实大家不妨回忆一下 20 世纪 70 年代的麦当劳。比起汉堡包本身，共享"站在银座正中央吃东西"这样的体验才是最开心的。流行美食消费的是信息没错，但体验消费的基因也是它与生俱来的。

最后，请允许我借此机会，由衷感谢筑摩书房的伊藤大五郎先生。多亏了他，这本书才能以文库的形式重新出发。同时还要感谢为本书倾情撰写解说的平松洋子女士。

2018 年 2 月
畑中三应子

解说
平松洋子

　　直到今天，我还清楚地记得第一次拿起这本书时感受到的震撼。"流行美食"——作者用这简简单单的四个字点破了围绕饮食的世态变迁，以及日本人和美食的关系。这双慧眼着实叫人佩服。

　　其实"流行"这个词有短暂、临时的属性，而"美食"则是一个具有普遍含义的词语。但两者一旦组合成"流行美食"，便会催生出一系列的化学反应。乍一听还挺顺耳的，但作者怀揣着"对日本文化的调侃与怜爱"发明的这个新词连毫无原则地追求新鲜玩意的日本以及日本民族的本质都能照亮。作者深入在"真正意义上的流行美食元年"，也就是1970年之后举全国之力点亮的万华镜，将其中的星尘逐一拾起，同时加以解读。她的手法是如此残酷，却又正中靶心。

　　在分析创刊伊始的时尚杂志《an·an》、《non-no》的美食硬照时，作者做出了这样的分析：

"过剩的故事性几乎发展到了'捏造'的地步，足以让美食摆脱主妇杂志的实用一边倒状态，飞向兴趣爱好的世界。"

怀念当初的读者也许更容易对"过剩的故事性"产生共鸣，但我想请大家关注的是"捏造"一词。它的背后是一刀两断的客观性，是气沉丹田看现象的犀利视线。在当时牢牢吸引大众视线的是美食硬照的虚构性与文本的抒情性。要是把它们视作一种装置，而装置的作用是接触长久以来束缚着日本人的，名为"实用"的勤勉，那么一切都会变得顺理成章。在流行美食背后，政治、经济、社会与每个人的日常生活都保持着密不可分的联系。

本书之所以能突破编年史的范畴，是因为作者畑中三应子女士自身的足迹也在字里行间有细致入微的体现。她担任过中央公论新设出版的《大厨系列》《生活设计》的主编，总是站在时代的船头仔细观察世间百态，不畏惊涛骇浪。她对瞬息万变的景色逐一做出反应，不断衡量其含义与价值。不难想象，定是这份沉甸甸的经验培养了她作为时代记录者的眼力。不过在力求客观的记述中，我们也能时不时听到她那鲜活而自然的声音，这一点着实教人欲罢不能。只有当事人才能知晓的琐碎事实，切身的直觉，摇摆不定的情感……被味道和香气的记忆触发的种种，更能凸显证词的真实性。

比如在提到至今在流行美食界扮演着重要角色的芝士蛋糕时，她是这么说的：

"创刊号（笔者注：《an·an》1970年创刊号）聚焦了六本木地区的美食，摄影师加纳典明推荐了旧防卫厅隔壁的犹太餐厅'Kosher'，说'他家的芝士蛋糕超级美味'。据我个人推测，早期流行美食的重要元素、引爆'自制热潮'的芝士蛋糕的发源地之一，兴许就是这家店。"

聊到红茶时，作者又写下了这么一段话：

"1973年，印度政府为了推广红茶在东京新宿开设了'高野印度茶中心'。公派的宣传官员亲自上阵，为顾客冲泡正宗的红茶，一杯只需100～150日元，实惠得很，顿时吸引了一大批年轻的女性顾客。喝法足有40余种，选项繁多。称重售卖的散装茶叶有3种，分别是大吉岭、阿萨姆和尼尔吉利，50g起售。在东京，'根据产地挑选红茶'的习惯应该是从这家店普及开的。"

这两段评论我都要举双手赞成。当年的我也是"高野印度茶中心"的常客。它开在地下通道的楼梯途中，仿佛小货摊一般。按身着纱丽的印度女店员说的泡上一杯红茶，你真会产生红茶的风味与印度的风土气候在那一瞬间联通的感觉。告诉我红茶也有新茶〔第一次听到春茶（first flush）这个词也是在高野）〕、茶叶可以一点点买的，居然是印度政府。一想到流行美食与每个人走过的历史有着无数交集，我的鼻子竟有些酸酸的。

在20世纪70年代与超自然热潮一起让全日本癫狂的红茶菌是何等可疑。食品公害与药害，与追求健康的思潮不过是硬币的正反面。突然成为新家庭标配的葡萄酒喝起来多么让人难为情……想到这儿，我不由得感叹，作为激活埋没在时代中的丰富情感的导火索，流行美食也拥有无限的力量。

80年代堪称日本人的味觉大爆炸时代。我在当时也是频频前往亚洲各国旅行，这是因为我想对混作一团的亚洲饮食文化进行一番梳理，并尝试用自己的方法加以构建。顺便一提，畑中女士在1986年主持编撰的《大厨系列特别版民族特色料理——东南亚美味》是我心目中的文化杂志里程碑，至今在我家的书橱享有一席之地。我还要借此机会坦白一件事——我本以为日本人虽然"驯化"了咖喱，但应该不会喜欢上使用了大量辣椒的韩国泡菜。因为在日本的食文化中，辣椒就是如此唐突的一款食材。谁知在80年代中期，"超辣热潮"突然爆发，日本人竟然吃起了韩国泡菜，教我瞠目结舌。为了开发更多的白米饭好拍档，日本人终于把魔爪伸向了泡菜。这件事也能从侧面证明我们在味觉层面的贪婪与狰狞。不过泡菜至今仍未被"正确"地理解，看来流行美食的保质期比我预想的更长。

到了 90 年代，"流行美食日趋产业化"的泡沫经济迎来尾声，"偏离食品本质的信息消费型流行美食就这样统治了日本的饮食界，开始了自我增殖。"至于"意饭"这个直截了当的词语缘何能产生精神净化（Catharsis）效果，作者是如此分析的：

"日本人在欧美列强面前也一直抱有某种劣等意识。也许'意饭'就是有史以来第一种让日本人产生亲切感的西餐，也是它将日本人从法餐带来的自卑感中解放了出来。"

"于是乎，意饭便成了文明开化以来第一种能让日本人光明正大地抱着**泡居酒屋的心态**享用的西餐。"

连注释都那么催泪。

"根据我的经验，如果是关于意餐的书籍，食谱部分的字数仅需法餐书籍的一半左右。"

流行美食对方便的词语也极其敏感。好比"甜品"这个非常驳杂的词，就是在流行美食语境下诞生的大发明。上至文化背景，下至品质的好坏，只要有了它，一切都能在模棱两可的状态下成立。本书逐一介绍的提拉米苏、奶酪蒸面包、法式烤布蕾、现烤芝士蛋糕、樱桃派、珍珠奶茶、高纤椰果、意式奶冻、兰香子、可丽露、比利时华夫饼、布列塔尼黄油蛋糕、嫩滑布丁……这一朵朵无果之花，仿佛是在为日趋章鱼罐化（译注：章鱼罐＝タコツボ政治学家丸山真男提出的概念，称日本文化相较于欧美文化，更像是由一根绳子串联起来的无数个独立的陶罐）的"甜品"世界占卜一般。至于风靡一时的"慢食"，作者是这么剖析的：

"慢食和粗食一样，全盘否定美式膳食生活，劝导人们趁现在回归传统的'美食'。然而我每每接触到这种提倡回归传统饮食的思想，都会不由得产生这样一个疑问：**'你们要让谁来做这些美食呢？'**传统食品从置办食材这一步开始就很费时费力了，难道他们是想把女人重新赶回厨房吗？"

拉一条名叫"家务劳动"的辅助线，我们就能透过它看清流行美食的些许作用。近年来在女性群体中引起广泛共鸣的"无名家务"，与"慢食"和"日本料理"在怎样的角度产生了交集？我觉得这是个值得深思的问题。

言归正传。进入2000年代以后，健康、抗老、便当、减肥……这些词语成了流行美食的关键词。就在大小各异的气泡在萧条的大环境下沉沉浮浮的时候，"寿司"为流行美食打开了新局面。它诞生于日本的传统文化，在江户时代基本成型。现如今，它已经走向了世界，在肆意改变外形的同时不断增殖，不断扩散。拉面的势头也毫不逊色。换句话说，自佩里总督率四艘黑船登场以来，日本一直在接受、消费并生产外来的新事物，如今却是咸鱼翻身，本国的传统食品成了别人家消费的流行美食。从今往后，我们将如何传承"寿司"呢？话说半年前，朋友带我去了一家东京市中心的寿司店。店里有各种用熟鱼做的寿司不说，最后上的甜点竟是撒着抹茶粉的意式奶冻。在用餐的时候，我的脑海中忽然浮现出这样一个词组，"寿司初始化"。

这让我不禁想起了森鸥外在明治四十三年（1910年）发表的短篇小说《普请中》（译注：直译为"施工中"）。故事的舞台是一家西餐馆，在德国留过学的日本官员在店里碰巧遇见了曾经的恋人，一位德国姑娘。作者将日本比作"普请中"的建筑，借它进行了文明批评。在本书中登场的种种自带流行美食能量的食品所衬托出来的，正是厚着脸皮翻新房子，或是一边借口施工逃避现实，同时打开下一扇门，周而复始的日本。然而，是个人都能清楚地看到，前方是一条死胡同。

能读到这样一本流淌着热血的书是何等奢侈。从无数现象与信息中汲取一颗颗星尘，加以洞察，并为其赋予名为流行美食的角色——光有知识、信息搜集能力与分析能力，是绝对无法完成这项伟业的。本书之所以与众多同类书籍截然不同，正是因为作者杰出的身体感觉）包括味觉在内）得到了尽情的施展。隐藏在本书背后的细致工作的确打动了我，但刺激五感、诉诸本能的记述所拥有的坚实分量更令我心醉。而且作者的分析对象是食物，而食物的宿命，就是在被品尝的那一刻消逝啊。请允许我再一次向提出了"流行美食"这一概念的作者致以最诚挚的敬意。

参考文献

〈流行美食前史〉

1. 安达岩，《日本食物文化的起源》(『日本食物文化の起源』)，自由国民社，1981

2. 安达岩，《面包日本史——食文化的西洋化与日本人的智慧》(『パンの日本史——食文化の西洋化と日本人の知恵』)，日本时报（ジャパンタイムズ），1989

3. 石川宽子、江原绚子编著，《近现代的食文化》(『近現代の食文化』)，弘学出版，2002

4. 石川弘义，《欲望的战后史——层层推进的意识革命》(『欲望の戦後史——進行する意識革命』)，讲谈社，1966

5. 石毛直道、小松左京、丰川裕之编，《昭和饮食——食文化研讨会 '89》(『昭和の食——食の文化シンポジウム '89』)，Domesu 出版（ドメス出版），1989

6. 江原绚子、石川尚子、东四柳祥子，《日本食物史》，吉川弘文馆，2009

7. 大矶敏雄、渡边孝，《日本人的生活与适应性系列 2 日本人的饮食生活与营养》(『日本人の生活と適応性シリーズ 2 日本人の食生活と栄養』)，社会保险新报社，1980

8. 天山真人，银座木村屋豆沙面包物语》(『銀座木村屋あんパン物語』)，平凡社新书，2001

9. 冈田哲，《炸猪排的诞生——明治西餐之始》(『とんかつの誕

生——明治洋食事始め』），讲谈社选书 Métier（講談社選書メ
チエ），2000

10. 尾崎秀树、山田宗睦，《战后生活文化史——我们走过的路》
（『戦後生活文化史——私たちの生きた道』），弘文堂，1966

11. 加藤秀俊，《明治、大正、昭和饮食生活社会史》（『明治・大
正・昭和食生活世相史』），柴田书店，1977

12. 川嶋保良，《妇女家庭栏之始》（『婦人・家庭欄こと始め』），青
蛙房，1996

13. 串间努、町田忍，《果汁大图鉴》（『ザ・ジュース大図鑑』），扶
桑社，1997

14. 岸康彦，《食与农的战后史》（『食と農の戦後史』），日本经济新
闻社，1996

15. 小菅桂子，《美食家福泽谕吉的餐桌》（『グルマン福沢諭吉の食
卓』），Domesu 出版（ドメス出版），1993

16. 小菅桂子，《近代日本食文化年表》（『近代日本食文化年表』），
雄山阁出版，1997

17. 儿玉定子，《日本的饮食样式——重审日本的传统》（『日本の食
事様式——その伝統を見直す』），中公新书，1980

18. 坂内正，《鸥外最大的悲剧》（『鴎外最大の悲劇』），新潮选书，
2001

19. 笹川临风、足立勇，《日本食物史》下卷（『日本食物史』下
卷），雄山阁出版，1995

20. 铃木猛夫，《美国小麦战略与日本人的膳食生活》（『「アメリカ
小麦戦略」と日本人の食生活』），藤原书店，2003

21. 中川博，《饮食的战后史》（『食の戦後史』），明石书店，1995

22. 日本粮食新闻社编，《昭和与日本人的胃》（『昭和と日本人の胃
袋』），日本食粮新闻社，1990

23. 盖罗德・豪瑟（ハウザー、ゲイロード），《朝气蓬勃，健康长

寿——美式保健法》(『若く見え長生きするには——アメリカ
式健康法』),平野文子译,雄鸡社,1951

24. 芳贺登、石川宽子监修,《日本的食文化8 接触、接纳异文化》
(『日本の食文化8 異文化との接触と受容』),雄山阁出版,
1997

25. 林髞,《头脑——激活才能的处方》(『頭脳——才能をひきだす
処方箋』),光文社,1958

26. 前坊洋,《明治西洋科理起源》(『明治西洋料理起源』),岩波书
店,2000

27. 南博+社会心理研究所,《续昭和文化 1945~1989》(『続昭和
文化 1945~1989』) 劲草书房,1990

28. 村冈实,《食文化系列6 日本人与西方食品》(『食文化シリー
ズ6 日本人と西洋食』),春秋社,1984

29. 吉野升雄,《鲊、鮨、寿司——寿司事典》(『鮓・鮨・すし——
すしの事典』),旭屋出版,1991

〈 第 1 部 加速发展的流行美食 20 世纪 70 年代 〉

1. 赤木洋一,《anan 1970》(『アンアン 1970』),平凡杜新书,
2007

2. 秋尾沙户子,《华盛顿高地——GHQ 在东京刻下的战后》(『ワ
シントンハイツ——GHQ 東京に刻んだ戦後』),新潮社,
2009

3. 朝日日报编,《女人的战后史Ⅲ 昭和 40~50 年代》(『女の戦
後史Ⅲ 昭和 40・50 年代』),朝日选书,1985

4. 朝日新闻学艺部著,《通过厨房看战后》(『台所から戦後が見え
る』),朝日新闻社,1995

5. 有吉佐和子,《复合污染》上下册 (『複合汚染』上下卷),新

潮社，1975

6. 犬养智子，《家务秘诀集——400 种巧妙偷懒的方法》(『家事秘訣集——じょうずにサボる法・400』)，光文社河童图书，1968

7. 上野千鹤子编，《主妇论战全记录》全 2 册 (『主婦論争を読む全記録』全 2 巻)，劲草书房，1982

8. 荻昌弘，《男人的厨房》(『男のだいどこ』)，文艺春秋，1972

9. 餐饮业综合调查研究中心编，《日本饮食文化与餐饮业》(『日本の食文化と外食産業』)，Business 社 (ビジネス社)，1992

10. 柏木博，《家务的政治学》(『家事の政治学』)，青土社，1995

11. 加纳实纪代，《还没有"女权"的时候——走过 70 年代的女人》(『まだ「フェミニズム」がなかったころ——1970 年代女を生きる』)，Impact 出版会 (インパクト出版会)，1994

12. 桐岛洋子，《聪明的女人厨艺好——从一个人的优雅餐桌到派对的筹备》(『聡明な女は料理がうまい——女ひとりの優雅な食卓からパーティのひらき方まで』)，主妇与生活社 (主婦と生活社)，1976

13. 串间努，《梦幻万国博览会》(『まぼろし万国博覧会』)，筑摩文库 (ちくま文庫)，2005

14. 鲁斯・施瓦茨・科万 (コーワン、ルース・シュウォーツ)，《妈妈越来越忙——家务劳动与科技的社会史》(『お母さんは忙しくなるばかり——家事労働とテクノロジーの社会史』)，高桥雄造译，法政大学出版局，2010

15. 佐藤昂，《日本人是从什么时候开始吃快餐的》(『いつからファーストフードを食べてきたか』)，日经 BP 社，2003

16. 盐泽实信，《缔造杂志的编辑们》(『雑誌をつくった編集者たち』)，广松书店，1982

17. 品田知美，《家务与家庭的日常生活——主妇为什么没有闲下

来?》(『家事と家族の日常生活——主婦はなぜ暇にならなか
ったのか』), 学文社, 2007

18. Magazine House 编（マガジンハウス编）,《創造的四十年
Magazine House 的脚步》(『創造の四十年　マガジンハウスの
あゆみ』), Magazine House, 1985

19. 下川耿史、家庭综合研究会编,《昭和、平成家庭史年表
1926→1995》(『昭和・平成家庭史年表 1926→1995』), 河出
书房新社, 1998

20. 罗拉・沙碧罗（シャピロ、ローラ）,《家政学的谬误》(『家政
学の間違い』), 种田幸子译, 晶文社, 1991

21. 安德鲁・F・史密斯（スミス、アンドルー・F）,《吃的全球
史：汉堡》(『ハンバーガーの歴史——世界中でなぜここまで
愛されたのか?』), 小卷靖子译, Blues Interactions（ブルー
ス・インターアクションズ）, 2011

22. 竹井恵美子编,《食文化论坛 18　食与性别》(『食の文化フォ
ーラム 18　食とジェンダー』), Domesu 出版（ドメス出版）,
2000

23. 檀一雄,《檀流烹饪》(『檀流クッキング』), 产经新闻出版局,
1970

24. 中田信哉,《波登女士物语——高档冰淇淋的市场战略》(『レデ
ィー・ボーデン物語——高級アイスクリームの市場戦略』),
柴田书店, 1978

25. 中满须磨子,《红茶菌保健法》(『紅茶キノコ健康法』), 地产出
版, 1974

26. 中村胜彦,《新版男儿当下厨!——告发女人的厨房术》(『新
版男子厨房に入れ!——女の台所術を告発する』), 恒文社,
1978

27. 难波功士,《族的系谱学——青年次文化战后史》(『族の系譜

学——ユース・サブカルチャーズの戦後史』），青弓社，2007

28. 难波功士，《创刊的社会史》(『創刊の社会史』)，筑摩新书（ちくま新書），2009

29. 日本经济新闻社编，《全国面包战争——摸索幸存的条件》(『全国パン戦争——生き残りの条件を探る』)，日本经济新闻社，1979

30. 日本万国博览会协会，《日本万国博览会官方指南》(『日本万国博覧会公式ガイド』)，1970

31. 野村一夫、北泽一利、田中聪、高冈裕之、柄本三代子，《解读健康热潮》(『健康ブームを読み解く』)，青弓社，2003

32. 桥本治，《二十世纪》(『二十世紀』)，每日新闻社，2001

33. 林哲夫，《咖啡馆的时代——当年还有这样的店》(『喫茶店の時代——あのときこんな店があった』)，编集工房 Noa（编集工房ノア），2002

34. 藤本隆一，「哈兰·山德士——从 65 岁开始缔造世界巨头的传奇》(『カーネル・サンダース——65 歳から世界の企業を興した伝説の男』)，产能大学出版部，1998

35. 北海道新闻社编，《札幌拉面读本》(『さっぽろラーメンの本』)，北海道新闻社，1986

36. 本间千枝子、有贺夏纪，《世界食文化 12　美国》(『世界の食文化 12　アメリカ』)，石毛直道监修，农山渔村文化协会，2004

37. 松下英夫，《家政学思想的生成与发展》(『ホーム・エコノミックス思想の生成と発展』)，同文书院，1976

38. 茂木信太郎，《都市与食欲的故事——饮食与文化的考现学》(『都市と食欲のものがたり——食と文化の考現学』)，第一书林，1993

39. 乔治·里兹（リッツア、ジョージ），《社会的麦当劳化》(『マクドナルド化する社会』)，正冈宽司监译，早稻田大学出版

部，1999

40. 詹姆斯・华生（ワトソン、ジェームズ）编，《饮食全球化：跟著麦当劳，深入东亚街头》(『マクドナルドはグローバルか——東アジアのファーストフード』)，前川启治、竹内惠行、冈部曜子译，新曜社，2003

〈第 2 部　逐渐铺开的流行美食　20 世纪 80 年代〉

1. Archive（アルシーヴ）社编，《东京民族特色料理读本》(『東京エスニック料理読本』)，冬树社，1984

2. 宇野隆史，《会切番茄就能开餐馆，会拔瓶塞就能开酒馆——居酒屋之神教你打造人气旺店》(『トマトが切れれば、メシ屋はできる　栓が抜ければ、飲み屋ができる——居酒屋の神様が教える繁盛店の作り方』)，日经餐厅编辑部（日経レストラン編集部）编，日经 BP 社，2011

3. 加藤纯一，《现代食文化考现学——透过"饮食"解读时代潮流》(『現代食文化考現学——"食"から時代のトレンドを読む』)，三岭书房，1989

4. 雁屋哲作、花咲昭（花咲アキラ）画，《美味大挑战》第 1 册(『美味しんぼ』第 1 巻)，小学馆，1985

5. 泷川绫子，《啤酒战争的舞台背后——干啤热潮的衰退》(『ビール戦争の舞台裏——ドライブームの衰退』)，晚声社，1992

6. 田中康夫，《总觉得，水晶样》(『なんとなく、クリスタル』)，河出书房新社，1981

7. 田村浜八郎、石毛直道编，《食文化论坛　外食文化》(『食の文化フォーラム　外食の文化』)，Domesu 出版（ドメス出版），1993

8. 户田杏子，《世界第一的日常美食——逛吃泰国菜》(『世界一の

日常食——タイ料理歩く食べる作る』），晶文社，1986

9. 平泉悦郎，《全民美食家时代的缔造者们》（『一億総グルメ時代
の仕掛人たち』），朝日新闻社，1985

10. 文艺春秋编，《超级指南 东京 B 级美食》（『スーパーガイド
東京 B 級グルメ』），文春文库视觉版，1986

11. Hoichoi Productions（ホイチョイ・プロダクション），《排场讲
座——针对跟风族的战略与展开》（『見栄講座——ミーハーの
ためのその戦略と展開』），小学馆，1983

12. 星野龙夫、森枝卓士，《食在东南亚——带您领略未知的美味》
（『食は東南アジアにあり——未知の味への招待』），弘文堂，
1984

13. 山本益博，《东京美味大奖 200》（『東京・味のグランプリ
200』），讲谈社，1982

14. 山本益博、见田盛夫，《大胃王——东京法餐厅指南 1984》
（『グルマン——東京フランス料理店ガイド 1984』），新潮社，
1983

15. 渡边和博与 Tarako Production（タラコプロダクション），《金
魂卷——31 种现代热门职业的富人穷人的表象、力量与结构》
（『金魂卷——現代人気職業三十一の金持ちビンボー人の表層
と力と構造』），主妇之友社（主婦の友社），1984

16. 渡边和博与 Tarako Production（タラコプロダクション），
《物物卷——80 年代日本国民消费行为的喜怒哀乐》（『物々
卷——'80 年代日本国民消費行動の喜びと悲しみ』），主妇之
友社（主婦の友社），1987

〈 第 3 部　自我增殖的流行美食　20 世纪 90 年代 〉

1. 秋場良宣，《三得利　不为人知的研发力——隐藏在"宣传力"

背后的强大之源》(『サントリー　知られざる研究開発力——「宣伝力」の裏に秘められた強さの源泉』), 钻石社 (ダイヤモンド社), 2006

2. Aspect 编辑部 (アスペクト編集部) 编,《咖啡馆的故事。》(『カフェの話。』), Aspect (アスペクト), 2000

3. 岩冈洋志,《拉面消失的那一天——听新横浜拉面博物馆馆长讲述"拉面的未来"》(『ラーメンがなくなる日——新横浜ラーメン博物館館長が語る「ラーメンの未来」』), 主妇之友新书, 2010

4. 栗原晴美 (栗原はるみ)《想听你说的"多谢款待"。——家人爱吃的家常菜 140 选》(『ごちそうさまが、ききたくて。——家族の好きないつものごはん 140 選』), 文化出版局, 1992

5. 武田尚子,《文字烧的社会史——东京月岛的近现代变化》(『もんじゃの社会史——東京・月島の近・現代の変容』), 青弓社, 2009

6. 玉村丰男,《回转寿司环游世界》(『回転スシ世界一周』), TaKaRa 酒生活文化研究所, 2000

7. 田村秀,《B 级美食拯救地方》(『B 級グルメが地方を救う』), 集英社新书, 2008

8. 西原理惠子、禈足裕司,《至少要去　次的恨米其林——史上最强的美食指南》(『いちどは行きたい恨ミシュラン——史上最強のグルメガイド』), 朝日新闻社, 1993

9. Hoichoi Productions (ホイチョイ・プロダクション),《东京把妹好店》(『東京いい店やれる店』), 小学馆, 1994

10. 幕内秀夫,《劝粗食篇——"真正的健康"源自"正确的膳食"》(『粗食のすすめ——「本物の健康」は「正しい食事」からつくられる』), 东洋经济新报社, 1995

11. 面 'sCLUB (麺 'sCLUB) 编,《超精密全彩版 BEST OF 荞麦

面》(『超精密オールカラー版　ベストオブ蕎麦 』), 文芸春秋,
1990

12. 吉田菊次郎,《增补修订版　西点彷徨始末——西点的日本史》
(『增補改訂西洋菓子彷徨始末——洋菓子の日本史 』), 朝文
社, 2006

〈 第 4 部　疯狂扩散的流行美食　21 世纪初 〉

1. 安部司,《食品真相大揭秘——人见人爱的食品添加剂》(『食品
の裏側——みんな大好きな食品添加物 』), 东洋经济新报社,
2005

2. 梅棹忠夫,《信息的家政学》(『情報の家政学 』), Domesu 出版
(ドメス出版), 1989

3. 霞ん,《爱之虐饭》(『愛のギャク弁 』), 德间书店, 2006

4. Kijima Ryuuta (きじまりゅうた),《便当男子——从简单到复
杂　今天就能开始做的便当食谱》(『弁当男子——簡単から本
格まで今すぐはじめられるお弁当レシピ), 自由国民社, 2009

5. 游击乌冬面过把瘾军团 (ゲリラうどん通ごっこ軍団),《可怕
的讃岐乌冬——谁都没写过的讃岐乌冬冷门好店探访记》(『恐
るべきさぬきうどん——誰も書かなかったさぬきうどん針の
穴場探訪記 』), HotCapsule (ホットカプセル), 1993

6. 佐藤达夫,《食品的道理——为了不被煞有其事的健康情报牵
着鼻子走》(『食べモノの道理——まことしやかな健康情報に
惑わされないために 』), JAKOMETEI 出版 (じゃこめてい出
版), 2010

7. 新谷弘实,《不生病的活法——寿命由奇迹酵素决定》(『病気
にならない生き方——ミラクル・エンザイムが寿命を決め
る 』), Sunmark 出版 (サンマーク), 2005

8. 铃木裕明,《日本人的"食欲"如何改变了世界?》(『日本人の「食欲」は世界をどう変えた?』), Media Factory 新书（メディアファクトリー新書）, 2011

9. 高桥久仁子,《真假"美食情报"——正确解读泛滥的信息》(『「食べもの情報」ウソ・ホント——氾濫する情報を正しく読み取る』), 讲谈社 Blue Backs（講談社ブルーバックス）, 1998

10. 百利达（タニタ）,《体脂肪计 TANITA 的员工食堂——500 kcal 的饱腹套餐》(『体脂肪計タニタの社員食堂——500 kcal のまんぷく定食』), 大和书房, 2010

11. 编集工房桃庵编,《下酒菜小巷——快手美味下酒菜 185》(『おつまみ横丁——すぐにおいしい酒の肴 185』), 池田书店, 2007

12. 便当男子应援委员会编,《男子便当 HAND BOOK——便当男子的应援 BOOK》(『男子弁当 HAND BOOK——弁当持参の男子応援 BOOK』), One-Two Magazine 社（ワンツーマガジン社）, 2009

13. Magic Lamp 编（マジックランプ）,《日本全国本地美食纪行》(『日本全国ローカルフード紀行』), 六曜社, 2004

14. 三浦展,《下流社会——一个新社会阶层的出现》(『下流社会——新たな階層集団の出現』), 光文社新书, 2005

15. 三浦展编著,《下流就是容易胖！这样的生活是肥胖之源》(『下流は太る！——こんな暮らしがデブの素』), 扶桑社, 2008

凡例　●＝流行美食
　　　○＝部分重要事件

1772　○ 田沼意次成为老中
　　　● 提供寿司、荞麦面、关东煮、热酒等食品、饮品的小吃摊
　　　　 在东京增多
1774　○《解体新书》出版
1776　○ 美国独立宣言
1781　● 蒲烧鳗鱼开始在江户流行
1782　●《豆腐百珍》出版，百珍类图书流行
1783　○ 天明大饥荒
1785　● 江户开始出现天妇罗小吃摊
1786　○ 田沼意次失势
1787　○ 宽政改革
1789　○ 法国大革命
1790　○ 宽政异学之禁
1792　○ 俄国使节亚当·拉克斯曼来到根室
1798　● 售卖大福饼的行商小贩在江户流行

1800	● 江户出现烤地瓜店
1802	● 杉田玄白在《形影夜话》中使用"营养（营養）"一词
1806	● 茶泡饭店在江户广泛流行
1808	○ 间宫林藏前往桦太探险
1810	● 华屋与兵卫开设寿司店（东两国），成为握寿司的开山鼻祖
1815	● 举办"千住酒合战"，大田南畝的观战记《后水鸟记》广受好评
1817	● 大胃王大赛于万八楼（两国柳桥）召开
	● 大野屋（日本桥茸屋町）推出鳗鱼饭的前身"鳗饭"
1821	○ 伊能忠敬完成《大日本沿海舆地全图》
182	● 高档料理店"八百善"店主，第四代栗山善四郎出版《江户流行料理通》初篇
1824	● 77万5000片樱花树叶被用来制作向岛长命寺樱饼
1825	○ 异国船驱逐令
1828	○ 西博尔德事件
1829	● 在大阪，福本（心斋桥筋）的箱寿司备受好评
1833	○ 天保大饥荒
1837	○ 大盐平八郎之乱
1839	○ 蛮社之狱
1841	○ 天保改革
	● 妇女教育家比彻出版《家庭财政研究》
1842	● 伊豆韭山代官江川太郎左卫门尝试制作面包
1843	● 水户藩主德川齐昭建药园与养牛场，钟爱牛奶与酥酪
1845	● 往油豆腐皮中塞米饭与豆渣制成稻荷寿司在江户流行起来
1851	● 第一家牛肉店（大阪 阿波座）开业
1853	○ 美国使节佩里抵达浦贺，要求开国
	○ 俄国使节普提雅廷抵达长崎

1854　○ 签订日美亲善条约

　　　 ○ 签订日英、日俄亲善条约

　　　 ● 百川（日本桥伊势町）成为江户第一家将菜肴端上西式餐桌的餐馆

1855　○ 签订日法、日荷亲善条约

1858　○ 安政大狱（～ 1859 年）

　　　 ○ 签订日美、日荷、日俄、日英、日法修好通商条约

1860　○ 樱田门外之变

　　　 ● 日本第一家酒店"横浜酒店"创业。提供西式面包与菜肴

　　　 ● 内海兵吉成为有史以来第一个开面包店的日本人，店名为"富田屋"，位于横滨

1861　○ 南北战争（～ 1865 年）

1862　○ 生麦事件

　　　 ● 日本第一家牛锅店"伊势熊"于横浜开业

1863　○ 萨英战争

　　　 ● 日本第一家西餐馆"良林亭"于长崎开业

1865　● 长崎的藤濑半兵卫（兵五郎）开始销售波子水

1866　● 福泽谕吉《西洋情况》初篇 3 册出版

1867　○ 大政奉还

　　　 ● 福泽谕吉《西洋衣食住》出版

　　　 ● 江户首家西餐馆"三河屋"于神田开业

1868　（明治元年）

　　　 ○《王政复古大号令》、戊辰战争爆发

　　　 ○《五条御誓文》

　　　 ○ 江户无血开城

　　　 ● 社会思想家皮尔斯提出"家务合作"概念

　　　 ● 凤月堂为萨摩藩生产 5000 人份的兵粮面包（加了黑芝麻的饼干）

○ 江户改称东京

● 牛锅店"太田绳暖帘"于横浜开业

○ 年号从庆应改为明治

● 清国人莲昌泰开始在筑地生产波子水

● 牛奶开始称重散卖

1869　● "文英堂"＝后改为"木村屋"（现为木村屋总本店）于东京的芝、日阴町开业

○ 版籍奉还

● "爱思克林"于横浜马车道上市

○ 苏伊士运河开通

● 牛锅店在东京市内陆续开业

1870　○ 日本第一份日刊报纸《横浜每日新闻》创刊。

1871　● 假名垣鲁文的《牛店杂谈安愚乐锅》出版

○ 废藩置县

○ 派遣使节团赴欧美

● 宫中的朝食改为面包与牛奶

● 在筑地酒店馆举办的天长节奉祝晚餐会上以正统法餐招待宾客

1872　● 明治天皇鼓励民众吃肉，实质上解除了肉食禁令

● 第一批由日本人酿造的啤酒在大阪诞生

○ 银座赤炼瓦街开工

○ 新桥—横浜铁路开通

● 富冈制丝厂开设大食堂，首创工厂员工餐

○ 改用阳历

● 京都启动牛奶送货上门服务（东京从74年开始）

● 日本第一批西餐食谱《西洋料理通》《西洋料理指南》出版发行

● 海军为预防脚气病引进干面包（陆军从1877年开始）

1873 ● 榎本武扬等人创办"北辰社牧场"（东京饭田桥）

　　　○ 征兵令布告

　　　● 明治天皇与皇后接受西餐用餐礼仪训练。同年秋季，首次
　　　　用法餐招待外宾。此后宫中正餐一律采用法餐与西式礼制

　　　●《东京新繁昌记》出版发行

1874 ● 豆沙面包（木村屋）诞生

　　　● 开设猪肉专用屠宰场（东京本所）

　　　● 日本首家西点专卖店"村上开新堂"于东京麹町开业

　　　● 米津凤月堂（现东京凤月堂）推出利口波波糖（甘露糖）

1875 ● 木村屋向明治天皇进贡豆沙面包，成为宫内省御用商人

1876 ○ 废刀令

　　　○ 贝尔发明电话机

　　　● "精养轩"于东京上野开业

　　　● 岸田吟香的黎檬水（柠檬水）大热

　　　● "开拓使麦酒酿造所"（札幌啤酒的前身）成立

1877 ○ 西南战争

　　　○ 爱迪生将留声机推向市场

　　　● 米津凤月堂推出西式饼干

　　　● 冰水屋在京都广泛流行

　　　● 酒悦（东京下谷池之端）发明福神渍

　　　● 村上开新堂推出泡芙

1878 ● 米津凤月堂推出巧克力，当时的商品名写作"猪口令糖 /
　　　　储古龄糖"

1879 ○ 废琉球藩，新设冲绳县

　　　● 山梨胜沼地区开启葡萄酒酿造业

1881 ● 铃木音松创办"洋水社"，成为第一个生产波子水的日
　　　　本人

　　　● 神谷傅兵卫在进口葡萄酒中添加蜂蜜与中药，作为"蜂印

葡萄酒"销售

● 售卖烩年糕（雑煮）、面疙瘩汤（すいとん）、年糕红豆汤（汁粉）的小吃摊在东京风行

1882 ● 赤堀峰吉开设面向家庭妇女的烹饪学校

● 国产蜜乳（炼乳）问世

● 海军军医高木兼宽上奏天皇，为改善脚气病问题鼓励士兵多吃小麦

● 神谷傅兵卫推出速成白兰地，即现在的"电气白兰"

1883 ● 中餐馆"偕乐园"（东京日本桥龟岛町）开业

● 鹿鸣馆落成

1884 ● "平野水"上市（1907年开始使用汽水香精）

1885 ● "Japan Brewery Company"（今天的麒麟麦酒）成立

● 脚气病之争日趋白热化

1886 ● 霍乱在夏秋两季大肆流行，弹珠汽水掀起热潮

● "洗愁亭"于东京日本桥小纲町开业，为日式咖啡馆的开山鼻祖

● 西餐馆在各地不断增加

● 日本开始从德国进口"糖精"并销售

1887 ● "金线汽水"上市

1888 ● 日本第一家正统咖啡店"可否茶馆"于东京下谷黑门町开业

● 米津凤月堂推出冰淇淋与冰棍

● "麒麟啤酒"上市

1889 ○《大日本帝国宪法发布》

● 咖啡方糖上市

● 米价飞涨

○ 东海道本线全面开通

● 山形县鹤冈市的私立小学首推学生午餐

- ●"大阪麦酒会社（今天的朝日啤酒）"成立
- ● 东京流行吃马肉

1890
- ● 富山爆发米骚动，混乱蔓延至全国各地
- ●"惠比寿啤酒"（日本麦酒酿造，现属札幌啤酒）上市
- ● 酱香烤面包走红
- ○ 颁布《教育敕语》
- ● 近代家政学开山鼻祖艾伦·理查兹创办公共厨房
- ● 咖啡馆在东京逐渐增加

1891
- ○ 足尾铜山矿毒事件
- ● 一碗一钱的牛饭店在东京激增
- ● 折叠式矮桌申请专利

1892
- ● 米津凤月堂推出当时在欧洲十分流行的棉花糖（商品名写作"真珠磨"）

1893
- ● 凤月堂（东京麻布）开设欢迎女性顾客的"喫茶室夏见世"

1894
- ○ 甲午战争（～95 年）
- ● 牛肉罐头的需求因战争猛增，价格水涨船高
- ● 凤月堂生产 107 万斤军用饼干交付使用
- ● 位于东京芝地区的清新堂发明甜味切片面包考案
- ● 烤鸡串、烤猪肉在东京风行

1895
- ●"炼瓦亭"（银座）开业，日后发明炸猪排

1896
- ● 第一款国产正统酱汁"锚印酱汁"（山城屋，今天的依卡丽酱汁公司）上市

1897
- ● 日本第一家正统啤酒馆"朝日轩"于大阪中之岛开业
- ● 牛奶食堂的数量在以东京神田为中心的区域不断增加

1898
- ● 家用冰淇淋机上市
- ● 各地开始大力生产伍斯特沙司
- ● 可乐饼荞麦面在东京广受欢迎

1899	● 鸟井信治郎创办"鸟井商店（今天的三得利）"
	● "惠比寿啤酒馆"（东京京桥区南金）开业
	● 森永太一郎创办"森永西洋果子制造所（今天的森永制果）"
	● 可果美创始人蟹江一太郎开始生产番茄调味汁
	● 松田荣吉在东京日本桥开设主打牛肉饭的餐馆（今天的吉野家）
1900	● "果酱面包"（木村屋）上市
	● 日本首款瓶装生啤"朝日生啤"（大阪麦酒会社）上市
1901	● "中村屋"于东京本乡开业
1902	○ 第一次日英同盟
	● 批量进口苏格兰威士忌，推动威士忌普及
	● 资生堂药局（银座）于店内设置苏打喷泉
	● 小岩井农场（岩手）开始量产黄油
1903	● 村井弦斋开始在《报知新闻》连载料理小说《食道乐》
	● 继前年秋季的大米歉收，东北地方春种的小麦也严重歉收
1904	○ 日俄战争（～ 1905 年）
	● "奶油面包"（中村屋）上市
	● 汽水启用王冠瓶盖
	● 碳酸矿泉水"威金森碳酸"上市
1905	● 东北地区严重歉收
	● 朝鲜料理店于东京上野广小路开业
	● 厨房改良运动逐步扩大
	● 大阪药材商大和屋（今天的蜂食品）推出首款国产咖喱粉"蜂咖喱"
	● 三泽屋商店（今天的 Bulldog 炸猪排酱）开始销售伍斯特沙司
1906	● 一贯堂（东京神田）推出日本首款即食咖喱"咖喱饭种"

● 明治屋从英国进口立顿红茶

○ 南满洲铁道株式会社成立

● 中国台湾喫茶店于银座开业

1907　●"赤玉波特酒"（寿屋）上市

　　　　● 北海道开始种植男爵土豆

1908　● 蟹江一太郎开始生产番茄酱与伍斯特沙司

　　　　●"味之素"投入生产（2009 年上市）

1909　● 森永西洋果子制造所推出首款板状巧克力

1910　○ 大逆事件

　　　　○ 并吞韩国

　　　　●"不二家洋果子铺（今天的不二家）"于横浜元町开业

　　　　● 铃木梅太郎从米糠中成功提取出维生素 B1

　　　　● 首家拉面专卖店"来々轩"于东京浅草开业

　　　　● 咖啡馆"鸿巢之家"于东京日本桥小纲町开业

1911　●"春天咖啡馆"于东京京桥区日吉町开业

　　　　●"Hermes whiskey"（寿屋）上市

　　　　●"圣保罗人咖啡馆"于大阪箕面开业，同年开设银座分店

　　　　●"狮子咖啡馆"于银座开业

　　　　○ 辛亥革命

1912　（大正元年）

　　　　●"神谷酒吧"于东京浅草开业

　　　　○ 改元为大正

　　　　● 家政学家弗雷德里克提出"新家务"概念

1913　●"奶糖"（森永制果）上市

　　　　●《料理之友》创刊

　　　　● 千疋屋（银座）开设日本首家水果冷饮店

　　　　● 东北、北海道作物严重歉收

1914　○ 第一次世界大战（～ 1918 年）

●"冈本商店"（东京日本桥）推出"伦敦特产即席咖喱"，通过函售销往各地

1915 "口香糖"（美国箭牌）上市，又称"咀嚼零食"

1916 ●《妇人公论》创刊

●"东京果子"（今天的明治）创业

1917 ○ 俄国革命

●《主妇之友》创刊

●《可乐饼之歌》流行

● 广岛合资奶会社（今天的奇奇雅斯）推出日本首款酸奶

1918 ● 富山爆发米骚动，波及全国

○ 出兵西伯利亚（～ 1922 年）

● 森永制果推出首款国产牛奶巧克力，从原料到成品的所有加工工序均在国内完成

● 出现土豆面包等各种小麦面包的替代品

● 猪排饭与猪排咖喱登场

1919 ● 德国俘虏卡尔·尤海姆（Karl Juchheim）携年轮蛋糕参加展销会

○《凡尔赛条约》

●"可尔必思"上市

● 明治屋进口可口可乐推向市场

● 首款国产"牛奶可可"（森永制果）上市

●"敷岛面包"创业

● 米价飞涨与粮食短缺促使政府鼓励民众选择替代食品

● 糙米面包流行

1920 ○ 国际联盟成立

○ 第一届五一劳动节

● 设立国立营养研究所

● 加钙饼干"karuketto"上市

- 守山商会（今天的守山乳业）推出日本首款瓶装咖啡牛奶
- 文部省下设生活改善同盟
- 富士食料品工业（今天的富士乳业）引进美国产的冰柜，于东京深川设立冰淇淋工厂
- 中国菜掀起热潮

1921
- 美国汉堡包专卖店"白色城堡"开业
- 德国糕点店"Juchheim"于横浜开业

1922
- "营养果子格力高"（江崎商店，今天的江崎格力高）上市
- 可尔必思打出"初恋的味道"的宣传语，一炮走红
- 札幌拉面开山鼻祖"竹家食堂"开业
- "海绵蛋糕"（不二家）上市
- 寿屋（今天的三得利）首次在"赤玉波特酒"的海报中使用裸模

1923
- "日贺志屋"（今天的 SB 食品）创业，开始生产咖喱粉
○ 关东大地震
- 寿屋率先开始生产正统国产威士忌
- 握寿司在关西地区流行起来
- "玛丽饼干"（森永制果）上市
- 烤饼在百货店食堂等餐饮店登场

1924
- 简易西餐馆"须田町食堂"（今天的聚乐）于东京神田创业，连锁店迅速铺开
- 罐装咸牛肉普及

1925
○ 颁布《普通选举法》
○ 东京电力成立
○ 东京放送局开启电台广播
○ 颁布《治安维持法》

● 食品工业（今天的丘比）推出蛋黄酱

● "北海道制酪销售工会"（日后的雪印乳业）成立

● 美国餐饮界之王"Howard Johnson"创业

1926（昭和元年）

● 广播电台（东京放送局）开设料理节目

● 即食咖喱"家常咖喱"（浦上商店，今天的好侍食品）
上市

● 美式中餐"银座 Aster"开业

○ 改元为昭和

1927

3 月　○ 昭和金融恐慌

10 月　● "骰子奶糖"（明治制果）上市

● 拌饭料"是 haumai"（丸美屋食品工业）上市

● "格力高的玩具"（江崎格力高）诞生

● 纯正印度咖喱在中村屋（东京新宿）登场

● 咖喱面包的始祖"洋风面包"（名花堂，今天的 Cattlea）
上市

1928

3 月　● "麒麟柠檬"（麒麟麦酒）上市

● 崎阳轩椎山盒装烧卖

7 月　● 资生堂（银座）开设"冰淇淋冷饮店"

＊　● "明治牛乳"（远东炼乳）上市

1929

4 月　● "若素"（营养育儿会，今天的若素制药）上市

＊　● 第一款国产威士忌"白札"（寿屋）上市

10 月　○ 华尔街股价暴跌，全球经济危机

1930

5 月　● "EBIOS"（大日本麦酒）上市

12 月	● 日本桥三越百货店的食堂推出"儿童西式套餐"
1931	
9 月	● 中餐馆出现转台（东京目黑雅叙园）
	● 国产粉丝启动生产
1932	
5 月	○ 五一五事件
7 月	● 管装"软巧克力"（森永制果）上市
1933	
1 月	● 颁布《特殊餐饮店监管规则》
3 月	退出国际联盟
*	● 加有酵母的饼干"Bisco"（江崎格力高）上市
	● 块状"北海道再制奶酪"（北海道制酪销售工会）上市
	● 南美咖啡进口量飙升，咖啡馆迎来战前的黄金时代
1934	
11 月	● 日本首家车站百货商店"东横百货店（今天的东急东横店）"于东京涩谷开业
*	● 日本首家食堂百货店"新宿聚乐"于东京新宿站前开业
1935	
	● "6 份奶酪"（北海道制酪销售工会）上市
	● "养乐多"上市
1936	
2 月	○ 二二六事件
1937	
7 月	● "军用干面包"（森永制果）上市
10 月	● "三得利角瓶威士忌"（寿屋）上市
12 月	● 庭园式茶屋"日东 Corner House"于东京日比谷开业
1938	
4 月	○ 颁布《国家总动员法》

| 7月 | ○ | 颁布《物品销售价格管理规则》，开启物价管制 |

1939

3月	●	雾岛昇 & Miss Columbia《从一杯咖啡开始》上市
4月	●	颁布《米谷配给统制法》，开始对大米实施管制
7月	○	颁布《国民征用令》
9月	○	第二次世界大战（～1945年）
12月	●	禁食白米，一律吃七分糙米
*	●	国旗便当在全国流行

1940

6月	●	糖与火柴实施配给制度，之后逐步扩大到大多数食品
8月	●	国民精神总动员本部发表宣传口号"奢侈是敌人"
	●	东京餐饮店禁止使用大米
9月	○	德意日三国同盟条约
10月	○	大政翼赞会成立
11月	○	为纪念神武纪元2600年举办各类活动，举国同庆
	●	食粮报国联盟根据不同性别、年龄的营养标准制定"国民食"
*	●	政府鼓励民众节米、选择大米的替代品

1941

3月	○	颁布《国民学校令》
4月	●	6大城市实施大米配给粮本制度，后推广至全国
12月	○	偷袭珍珠港，太平洋战争爆发（～1945年）

1942

2月	○	大日本妇人会成立
	●	颁布《粮食管理法》
*	●	宣传口号"胜利之前，欲望止步"广泛流行

1943

| 7月 | ● | 甘薯土豆大增产运动 |

1944

2 月　●东京出现杂烩粥食堂，11 月改称"都民食堂"

3 月　●出台《决战非常措施纲要》，850 家高级料理店、4300 家艺伎酒馆、2000 家酒吧、酒铺关门

5 月　●东京开设国民酒馆，每人限 1 瓶啤酒或 1 合清酒

＊　　●各种"决战食品"登场

1945

8 月　○美军在广岛与长崎投下原子弹

　　　○太平洋战争告终，联军占领日本

　　　●新宿站东口形成黑市

10 月　○联合国成立

＊　　●农作物严重歉收

　　　●电动烤面包机广泛流行

　　　●"竹笋生活"成为流行语

1946

1 月　○天皇发表"人间宣言"

4 月　○长谷川町子开始在《福日晚报》连载《海螺小姐》

5 月　●粮食 May day 反饥饿游行，皇居前广场聚集了 25 万民众

　　　●政府批准商家使用人工甜味剂"糖精"

6 月　●美国漫画《布隆迪》开始在《周刊朝日》连载（之后也在《朝日新闻》早报连载）

7 月　● 政府批准商家生产销售人工甜味剂"甘素"（1969 年禁用）

11 月　○《日本国宪法》颁布

1947

1 月　●主要都市启动学生午餐

4 月　●口香糖（光特殊化学研究所，今天的乐天）上市

6 月　●东京重现咖啡馆

*	○ GHQ 开始巡回播放启蒙电影
1948	
2 月	○ NHK 广播台的《美国通讯》节目开播（～ 1952 年 11 月）
4 月	● 日本女子大学设置家政学部
6 月	●"山崎面包制造所"成立
1949	
1 月	● 日本家政学会成立
2 月	●"纪之国屋"（东京青山）成为第一处东京都指定的"洗净蔬菜销售点"
4 月	● 新制大学创立，家政学部诞生 ● 糖稀、葡萄糖取消配给制
6 月	● 大城市重现啤酒馆
10 月	○ 中华人民共和国成立
12 月	● 奶糖重启自由销售
1950	
2 月	● 牛奶取消配给制
3 月	●"美国博览会"于兵库阪急西宫球场举办（3 月 18 日～ 6 月 11 日）
4 月	● 日本首款固体咖喱块"Bell 咖喱块"（Bell 制果，今天的 Bell 食品工业）上市
5 月	● 首家"托利斯酒吧"于东京池袋开业
6 月	○ 朝鲜战争（1953 年休战）
7 月	● 重启咖啡豆进口，同年重启可可豆进口 ● 首家"京樽"于东京上野开业 ●"美式甜甜圈"（不二家）上市 ● 不二家卡通形象代言人"Peko 酱"粉墨登场 ● 首款综合维生素制剂"Panvitan"（武田药品工业）上市，掀起维生素制剂狂潮

1951

7 月　● 豪瑟出版《朝气蓬勃，健康长寿》

　　　● 在进驻军举办的嘉年华（东京明治神宫外苑）中出现软冰淇淋的实演销售

9 月　○ 签订《旧金山和约》、《日美安全保障条约》

10 月　● 西南开发推出日本首款鱼肉香肠

11 月　● "Bireley's Orange"（朝日麦酒，今天的朝日啤酒）上市

1952

4 月　●"丝带果汁"（日本麦酒）上市

5 月　● 松下电器推出搅拌机与榨汁机

7 月　● 颁布《营养改善法》（在 2002 年 8 月因《健康增进法》颁布而废止）

11 月　● 人造黄油改称"麦琪淋"

　　　●"茶泡饭海苔"（永谷园）上市

　　　●"Pom Juice"（爱媛县青果销售农业协同工会联合会，今天的爱媛饮料）上市

1953

2 月　○ NHK 东京开始播出电视节目

9 月　● 森永制果在 6 大都市推出学生午餐专用的维生素强化汤

　　　● 电视晚餐在美国上市

　　　● 意面专卖店"壁之穴"于东京田村町（1969 年迁至涩谷）开业

1954

1 月　● 花森安治在《周刊朝日》将札幌评价为"拉面之城"

　　　●"Prepared Mix"（藤泽药品工业）、"Vitarice"（武田药品工业、三共、盐野义制药）上市

3 月　● 捕鱼船第五福龙丸在比基尼岛遭遇核辐射。金枪鱼的市场价暴跌

4月	● 明治制果推出罐装天然橙汁
6月	● 颁布《学校给食法》
*	● 日本首家披萨专卖店"尼古拉斯"于东京六本木开业

1955

2月	● "Oh'my macaroni""Oh'my rice"（日粉食粮，今天的日本制粉）上市
	● 第一次主妇大论战爆发（～1959年）
5月	● Mama's macaroni（日本通心粉，今天的妈妈通心粉）上市
6月	● 森永砒霜毒奶粉事件
11月	○ 自由党和民主党合并为自由民主党
12月	○《原子能基本法》成立，颁布《原子能机构和核安全委员会设立法》
	● 自动电饭煲（东京芝浦电气，今天的东芝）上市
	● 大米产量达1238万吨，史无前例的大丰收
	○ 下半年至1957年上半年称"神武景气"
	● "Poly-Rice"（武田药品工业）上市

1956

5月	○ 熊本县水俣市确诊水俣病
	○ 颁布《卖春防止法》（1958年彻底施行）
	● 政府批准商家将人工甜味剂"甜蜜素"用作食品添加剂（1969年禁用）
7月	○ 经济白皮书称"战后已成过去"
10月	○ 日苏恢复邦交
	● 日本饮食生活协会开始用厨房车在全国2万处会场开办烹饪讲习会（～1960年）
12月	○ 日本加入联合国
	● 首家"养老乃泷"于横浜开业（1966年引进加盟制度）
	● 全国饮食生活改善协会在全国200处会场举办讲习会，普

及美式面包的制作方法

1957

3 月　○《周刊女性》（主妇与生活社）创刊

7 月　● 麦克爆米花有限公司推出日本首款袋装爆米花

9 月　● 首家"主妇之店大荣"于大阪千林开业

11 月　●《今日料理》节目在 NHK 开播

* 　○ 锅底萧条

1958

2 月　● 东京伊势丹新宿店推出针对情人节的巧克力产品（玛丽巧
　　　克力）

　　　●"杏仁巧克力"（江崎格力高）上市

　　　●"粉末果汁素"（渡边制果）上市

3 月　●"浓缩橙味可尔必思"上市

4 月　●"Plussy"（武田食品工业，今天的 House Wellness Foods）
　　　上市

　　　●"橙味芬达""葡萄味芬达"（东京饮料，今天的可口可乐瓶
　　　装饮料公司）上市

　　　● 首家"元禄回转寿司"于东大阪开业

8 月　●"日清鸡味拉面"（日清食品）上市

　　　●"IMPERIAL VIKING"在帝国酒店开业

9 月　● 林髞出版《头脑》

12 月　○ 东京铁塔竣工

　　　●"法式沙拉酱"（丘比）上市

　　　● 味之三平（札幌）将味噌拉面正式纳入菜单（1948 年创
业）

* 　●"托利斯酒吧"火遍全国

1959

4 月　○ 皇太子明仁与正田美智子结婚

8 月	● "摩纳哥咖喱"（SB 食品）上市
*	○ 在岩户景气之后，消费娱乐渐成热潮

1960

6 月	○ 桦美智子在反对新安保条约的示威游行中被警官队殴打致死
8 月	● 森永制果推出首款国产速溶咖啡
*	● "格力高 One Touch 咖喱"（江崎格力高）上市
	● "河合肝油丸"（河合制药）上市
	● 固体咖喱 "印度咖喱"（好侍食品工业，今天的好侍食品）上市

1961

2 月	● "MARBLE 巧克力"（明治制果）上市
4 月	● "Creap"（森永乳业）上市
8 月	● "天使派"（森永制果）上市
10 月	● 可乐饮料原液开放进口
*	● 星崎电机发明喷泉型自动售货机 "街头绿洲"（1957 年版的改良款）

1962

1 月	● 立顿茶包上市
2 月	○ 东京都的人口突破 1000 万
3 月	● "力保健 D"（大正制药）上市
4 月	● 可口可乐专用自动售货机登场
9 月	● ROYAL 成为日本首个引进 "中央厨房" 的餐饮品牌
10 月	○ 古巴危机
*	● "Look A La Mode"（不二家）上市

1963

1 月	●《生活设计》创刊（《妇人公论》增刊）
3 月	● 石井好子《巴黎的天空下流淌着煎蛋卷的味道》出版发行

	● 日本首款玉米片"Ciscorn"（Cisco制果，今天的日清Cisco）上市
4月	● 家庭科成为高中女生必修课
5月	● "家乐氏玉米片"（味之素）上市
9月	● "百梦多咖喱"（好侍食品工业）上市，将儿童纳入咖喱市场
10月	● 日本首家"A&W"于冲绳屋宜原开业
	● "黄油味百力滋"（江崎格力高）上市

1964

1月	● 速溶汤粉"家乐（Knorr）汤"（味之素）上市
	● "森永 Hi-Crown 巧克力"（森永制果）上市
5月	● 冰淇淋的成分规格从"乳成分"3%以上改为"乳脂含量"3%以上
9月	● "特制SB咖喱"（SB食品）上市，"印度人看了都吓一跳"成为流行语
10月	○ 东海道新干线开通
	○ 东京奥运会（10～24日）
	● 速溶布丁粉"布丁预拌粉"（好侍食品工业）与"妈妈布丁"（狮王牙膏，今天的狮王）相继上市
	● "加纳牛奶巧克力"（乐天）上市
	● 纪之国屋（东京青山）成为日本首个从法国空运奶酪的商家

1965

1月	○ "JAL PAK"上市，出国游开始普及
2月	○ 安瓿型感冒药致人死亡的事故接连发生
3月	● 首家札幌拉面"札幌屋"于东京涩谷开业
4月	● "奥乐蜜C饮料"（大塚制药）上市
6月	○ 签订《日韩基本条约》

9 月　● 首款 1000 日元威士忌 "Black Nikka"（NIKKA 威士忌）上市，一炮而红

11 月　○ 日本原子力发电所（茨城县东海村）首次实现商用核力发电

1966

1 月　● "家乡美味大比拼　全国美味车站便当大会" 在东京高岛屋举行

　　　● "札幌一番酱油味"（三洋食品）上市

4 月　● 日本首款高级固体咖喱块 "金牌咖喱块"（SB 食品）上市

6 月　○ 披头士乐队访日

8 月　● 法棍专卖店 "都恩客" 在东京北青山开设分店

9 月　● "明星唢呐拉面"（明星食品）上市

　　　● 纯植物性人造黄油 "Rama"（丰年 liver，今天的日本联合利华）上市

10 月　● "百奇巧克力棒"（江崎格力高）上市

　　　● 沙拉店 "红葫芦" 进军东京

　　　● 休闲餐厅 "COCO PALMS" 于东京青山开业

1967

2 月　● 主妇联通过 "推进漂白面包驱逐运动" 的决议

4 月　○ 美浓部亮吉当选东京都知事，革新势力担任首长的自治体激增

　　　● 日本首款瓶装生啤 "纯生"（三得利）上市

6 月　● 札幌拉面 "道产子" 首家连锁店于东京两国开业

8 月　○ 颁布《公害对策基本法》

9 月　● "巧克力玉米片"（森永制果）上市，请迷你裙女王 Twiggy 拍摄广告

10 月　● "森永 YELL 巧克力"（森永制果）上市，电视广告歌中的歌词 "大就是好" 成为流行语

1968

2 月　● 全球首款杀菌软袋食品"梦咖喱"（大塚食品工业，今天的大塚食品）上市

7 月　● 首款国产膨化食品"卡尔粟米条"（明治制果）上市

9 月　● "札幌一番味噌拉面"（三洋食品）上市，推动味噌拉面普及

10 月　● 米糠油事件导致制造商停业

12 月　○ 川端康成获诺贝尔文学奖

　　　○ 3 亿日元事件

　　　● 犬养智子出版《家务秘诀集》

　　　● 首家"吉野家"于东京新桥开业（1973 年引进加盟制度）

1969

2 月　● "Pasco"（敷岛面包）进军东京

3 月　● 餐饮业实现 100％资本自由化

4 月　● 全球首款罐装咖啡"UCC"（上岛珈琲）上市

5 月　○ 东名高速公路全线通车

7 月　○ 阿波罗 11 号登月

8 月　● "阿波罗"（森永制果）上市

11 月　● 首家"蓬巴杜"于横滨元町开业

12 月　● 木鱼花"Fresh Pack"（NINBEN）上市

　　　● "经济动物"成为流行语

　　　● 中村屋（东京新宿）推出"民族餐厅"，提供印度、中国、法国等世界各国的菜肴

　　　● Morozoff 制果（今天的 Morozoff）推出奶油芝士蛋糕

1970

2 月　○ 签订《不扩散核武器条约》

　　　○ 夏普推出液晶电子计算器

　　　● 大米生产调整政策

	● 弘田三枝子出版《MICO 的卡路里 BOOK》
3 月	●《an · an》创刊（3 日）
	● 日本万国博览会（3 月 14 日～9 月 13 日）
	○ 淀号劫机事件
	● 电视广告"是男人就该默默喝札幌啤酒"播出
5 月	● 日本首家汉堡包连锁店"DOMDOM"的第一家店在东京原町田开业
7 月	○ 东京杉并区出现光化学烟雾
	○ 日航大型喷气式客机投入使用
	● 首家 Skylark 于东京国立开业
8 月	○ 东京引进步行街制度
9 月	● 首家"小僧寿司"于高知市开业（72 年引进加盟制度）
10 月	● 国铁启动"发现日本"活动
	● "安徒生"在东京青山开设分店
	● 首家"圣日耳曼"在东京涩谷开业
11 月	○ 三岛由纪夫切腹自尽
	● 日本首家"肯德基"于名古屋开业
12 月	○ 政府放宽多次往返护照的颁发条件
	● 首家"WIMPY"于大阪心斋桥开业
	● "费城"牌奶油奶酪上市
	● 出自富士施乐电视广告的"从猛烈到美丽"成为流行语
1971	
3 月	● "明治原味酸奶"（明治乳业，今天的明治）上市
4 月	● 有关部门修订"关于乳及乳制品成分规格的省令"
	● 日本首家"美仕唐纳滋"于大阪箕面开业
5 月	●《non-no》创刊
7 月	● 日本首家"麦当劳"于银座开业（7 月 20 日）
8 月	○ 美国总统尼克松宣布美元与黄金脱钩

9 月　○ 昭和天皇、皇后访欧
　　　● 日本首家"唐恩都乐"于银座开业
　　　● "日清合味道"（日清食品）上市
10 月　● "波登女士"（明治乳业）上市
11 月　● 日清在银座步行街举办合味道试吃促销活动
12 月　● 首家"Royal Host"于福冈北九州开业
　　　● 首家"汉堡大厨"于神奈川茅崎开业
　　　● 日本首款量产型杯装布丁"卡仕达布丁"（森永乳业）
　　　　上市

1972
2 月　○ 札幌冬季奥运会（2 月 3 日～ 2 月 13 日）
　　　○ 浅间山庄事件（2 月 19 日～ 2 月 28 日）
3 月　● 首家"摩斯汉堡"于东京成增开业
5 月　○ 第一届妇女解放大会
　　　○ 冲绳返还
6 月　○ "反对禁止堕胎法、要求放开避孕药的女性解放联盟"
　　　　成立
　　　● 日本首家"冰雪皇后"（DQ）于银座开业
　　　● 朵丽卡葡萄酒（三得利）启动"星期五是买葡萄酒的日
　　　　子"促销活动
7 月　○ 《PIA》创刊
　　　● "噗啾布丁"（格力高协同乳业，今天的格力高乳业）上市
9 月　○ 中日邦交正常化
　　　● "乐天利"在东京与神奈川 4 店同时开业（1977 年推出
　　　　虾堡）
11 月　○ 上野动物园的熊猫与公众见面
12 月　● 首家"Dipper Dan"于东京八重洲开业
　* 　● "A&W"的首家冲绳县外分店于神户开业

1973

1月　○《越南和平协议》生效

6月　● 首家"Anna Miller's"于东京青山开业

7月　● 首家"明治 Sante Ole"于东京调布开业

9月　● 首家"全家"于埼玉狭山开业

10月　● 日本首家"必胜客"于东京若荷谷开业

　　　● 日本首家"Shakey's"于东京赤坂开业

　　　○ 第四次中东战争

　　　○ 第一次石油危机，引发民众囤购厕纸等一系列混乱

12月　○《龙争虎斗》上映

　　　● "明治保加利亚式酸奶"（明治乳业）上市

*　　● "高野印度茶中心"于东京新宿高野开设

1974

3月　○ 尤里·盖勒访日，掀起超能力热潮

4月　● 日本首家"31 冰淇淋"于东京目黑开业

　　　● 首家"Denny's"于神奈川上大冈开业（从 1977 年开始于千叶幸町开始 24 小时营业，为业界首创）

5月　● 日本首家"7-11"于东京丰洲开业

12月　● 中满须磨子的《红茶菌保健法》出版发行

*　　○ 首家"大中"于东京六本木开业

　　　○ 日本经济在战后首次出现负增长

1975

3月　○ 山阳新干线全线通车

4月　● 有吉佐和子的《复合污染》出版发行

6月　● 首家"罗森"于大阪丰中开业

　　　●《JJ》创刊（《女性自身》增刊）

7月　○ 冲绳海洋博览会（1975 年 7 月 19 日～1976 年 1 月 18 日）

10月　● 好侍食品工业电视广告"我负责做，你负责吃"停播

12 月	● 首家 "森永 LOVE" 于东京三田开业
	● "卡乐比薯片" 上市
	● 首家 "Hardee's" 于东京涩谷开业
	● 出现 1 杯咖啡要价 10 万日元的店（兵库加古川）
	○ 在战后首次正式发行赤字国债

1976

1 月	● 桐岛洋子的《聪明的女人厨艺好》出版发行
6 月	● 首家 "Hokka Hokka 亭" 于埼玉草加开业
	○《POPEYE》创刊
7 月	○ 洛克希德事件，前首相田中角荣被捕
9 月	● "村 SA 来" 首家加盟店于东京代泽开业
*	● 日本第一家可丽饼摊 "Marion Crepes" 于东京涩谷的公园大道开业（1977 年在东京原宿的竹下大道开出首家门店）
	○ 歌曲《游吧！鲷鱼烧君》大热

1977

2 月	● 美国膳食目标报告（人称"麦高文报告"）发布
3 月	● 烧酒 "纯"（宝酒造）上市
5 月	●《Croissant》创刊
6 月	●《Aruru》创刊
	●《潘多拉魔盒》创刊
7 月	●《MORE》创刊
	●《NORAH》创刊
	●《我是女人》创刊
9 月	○ 王贞治获国民荣誉奖
10 月	● 首家 "First Kitchen" 于东京池袋开业
	● NHK 晨间剧《风见鸡》播出（1977 年 10 月 ～ 1978 年 4 月）
11 月	● "男人下厨会" 成立

○ 国立民族学博物馆（大阪吹田）开馆

12 月　● 《周刊 POST》开始连载"男人下厨"

*　● "飞翔的女人"成为流行语（艾瑞卡·容的小说《怕飞》于 1976 年出版）

● "豆乳"（纪文食品）上市

● 第一轮烧酒热潮

● 厨房酒客增加，女性的酒精依赖症问题逐渐显现

1978

1 月　○ 总理府首次发表《妇女白皮书》

2 月　○ YMO 成军

3 月　● "白色情人节"诞生（福冈的糕点店"鹤乃子"首创）

4 月　● 首家"Italian Tomato"于东京八王子开业

5 月　○ 成田机场启用

*　● 健康食品热潮推高了胚芽米的人气

1979

2 月　○ 伊朗伊斯兰革命

3 月　○ 第二次石油危机

○ 美国三里岛核电站泄漏事故

4 月　● 首家"纺车"于埼玉朝霞开业

5 月　○ 《Hot-Dog PRESS》创刊

7 月　○ 索尼推出 Walkman

*　● "雷诺特"与西武百货店合作

● 第一轮乌龙茶热潮（Pink Lady）

● "Akasatana"首家加盟店于东京新宿开业

1980

3 月　● 有三种口味可选（番石榴、百香果与芒果）的"Tropical Drinks"（麒麟麦酒）上市

4 月　● "宝矿力水特"（大塚制药）上市

○ 首家"Doutor Coffee"于东京原宿开业

● 《25ans》创刊

5月 ○ 韩国光州事件

● 首家"Wendy's"于银座开业

7月 ● 首家"Mini Stop"于横滨港北开业

● 《BRUTUS》创刊

● 《KURIMA》创刊

8月 ● 空前的冷夏

9月 ○ 两伊战争（1980年～1988年）

10月 ○ 山口百惠引退

12月 ○ 约翰·列侬在纽约遭暗杀

○ 西友旗下原创品牌"无印良品"上市

* ● "博古斯"与大丸合作

● 东京都内首家广式茶餐厅"陶陶居"与涩谷开业

● 三得利电视广告"白兰地，用水兑了才有美国范儿"播出
（1980年～1982年）

● 萝卜芽爆红

1981

1月 ● 田中康夫出版《总觉得，水晶样》

○ 美元对日元汇率突破1美元＝200日元

2月 ● 《non-no》增刊《COOKING BOOK》出版

3月 ○ 黑柳徹子出版《窗边的小豆豆》

5月 ● 《大厨系列》创刊

7月 ○ 藤原新也的《全东洋街道》开始在《月刊花花公子》连载

10月 ● 高级即食面"中华三昧"（明星食品）上市

12月 ● 三得利推出罐装乌龙茶上市

● 日本最早的咖啡吧"Red Shoes"于东京西麻布开业

* ● 首家"Afternoon Tea"于东京涩谷开业

- 果粒果汁流行
- 三得利推出美国啤酒"百威"
- 热带风味饮品掀起热潮
- 法餐热揭开帷幕

1982

3 月　● 休闲餐馆"Yesterday"于东京吉祥寺开设首家门店

4 月　● 山本益博出版《东京美味大奖200》

6 月　○ 东北新干线开通

11 月　○ 上越新干线开通

12 月　● 敏德尔出版《维生素圣典》，掀起维生素热潮

＊　● 中国蔬菜进军百货店与超市，日渐流行

　　● 美式蛋糕风行

　　● 首家"红龙虾"于东京六本木开业

1983

2 月　●《non-no》增刊《CAKE BOOK》出版

3 月　● 咖啡吧"KEY WEST CLUB"于东京表参道开业

4 月　● 均衡营养食品"Calorie Mate 代餐棒"（大塚制药）上市

　　● 库珀出版《人类学家的烹饪指南》

6 月　● 农林水产省统一中国蔬菜的名称

7 月　● 喜多方市在《RURUBU》宣传喜多方拉面

　　○ 任天堂红白机上市

9 月　○ 浅田彰出版《结构与力》

10 月　● 雁屋哲作、花咲昭画《美味大挑战》开始在《Big Comic Spirits》（从1985年开始推出单行本，"究极"获1986年新语大奖）

11 月　● Hoichoi Productions 出版《排场讲座》

　　○ 中泽新一出版《西藏的莫扎特》

12 月　● 山本益博、见田盛夫出版《大胃王》

*	● "六甲美味水"（好侍食品工业）上市，此后各种矿泉水接连登场
	● 瓶装烧酒勾兑酒 "Hi Ricky"（东洋酿造）上市
	● NHK《今日料理》节目新增男性烹饪板块
	● 东京用贺出现美国村
	● 第一轮豆乳热潮
	● 第二轮乌龙茶热潮掀起
	● 第二轮烧酒热潮开始
	● 美式饼干风行
	● 民族特色餐厅开始在大城市出现
1984	
1月	● 罐装烧酒勾兑酒 "Takara Can Chu-hi"（宝酒造）上市
3月	○ 江崎格力高社长绑架事件（格力高森永事件）
4月	● "特鲁瓦克罗"与小田急百货店合作
	● "辣味咖喱面包"（木村屋总本店）上市
7月	● 渡边和博与 Tarako Production 出版《金魂卷》
9月	● 薯条 "Kara Mucho"（湖池屋）上市
	● "银塔餐厅"在东京新大谷酒店开设分店
	● 星野龙夫、森枝卓士出版《食在东南亚》
11月	● 日本首家 "哈根达斯"于东京青山开业
	● 方便面 "Orochon"（三洋食品）上市
	● Archive 社编《东京民族特色料理读本》出版
12月	○ 电电公社民营化
*	● 文部省专项研究 "食品功能的系统性解析与展开"（1984 年～ 1986 年）
	● "饱食时代"成为流行语
1985	
3月	● 环境厅选定 "名水百选"

●日本首款罐装"煎茶"（伊藤园）上市（1989年改名为"喂～茶"）

○厚生省公布国内确诊第一例艾滋病

○筑波科学博览会举行（3月17日～9月16日）

6月 ●《ORANGE PAGE》创刊

7月 ●西川治出版《男人的欢乐餐桌》

○非洲赈灾演唱会"LIVE AID"举办

8月 ○日本航空123号班机空难

●"加辣咖喱面包"（木村屋总本店）上市

9月 ○广场协议

●首家"Kaldi Coffee Farm"于东京世田谷开业

10月 ○阪神老虎队时隔21年冲回冠军宝座

●日本首家"Hobson's"于东京西麻布开业，连日大排长龙

○苏联启动改革

●"大地守护会"在东京武藏野地区启动配送服务

11月 ●首款超辣即食面"Karamente"（Bell Foods，今天的Kracie Foods）上市

●长崎的浜屋百货店推出1000日元的"天领豆腐"，接到来自全国各地的大量订单

●酒精中毒致死事故频发，使学生的"一口闷"演变成社会问题，"一口闷！一口闷！"获流行语大奖金奖。

1986

2月 ○菲律宾二月革命

3月 ●纯麦芽啤酒"Malt's"（三得利）上市

4月 ●户田杏子出版《世界第一的日常美食》

○苏联发生切尔诺贝利核电站事故

○《男女雇用机会均等法》施行

5月 ●意大利首家"麦当劳"于罗马开业，对抗快餐的慢食运动

启动

　　○ 泽木耕太郎《深夜特急》第 1、2 册出版发行

　　● 政府解除针对未杀菌矿泉水的进口禁令

8 月　● "超辣咖喱面包"（木村屋总本店）上市

　　●《民族特色料理——东南亚美味》出版

9 月　○ 土井多贺子就任社会党委员长

11 月　○ 上野千鹤子出版《女人的快乐》

　　●《超级指南 东京 B 级美食》出版

　　● 民族特色美食、超辣食品掀起热潮

　　● 台湾小吃走红

1987

3 月　● "朝日超爽干啤"上市，一炮而红

4 月　○ 美国对日本实行经济制裁

　　○ 国铁分割民营化，JR 诞生

5 月　● "TURIA"于东京六本木开业

　　○ 俵万智出版《沙拉纪念日》

6 月　○ 颁布《度假地法》

11 月　● 小田急百货店（东京新宿）推出 1000 日元的 "影山豆腐"
　　　（Okabeya）

　　●《Lettuce Club》创刊

12 月　● "摩斯汉堡"上市

＊　　● 售价 1000 日元的拉面 "新中华三昧 特别版"（明星食品）
　　　上市

　　● "B 级美食"成为流行语

1988

1 月　● "Fibe Mini"（大塚制药）上市

2 月　● 麒麟、札幌、三得利纷纷推出干啤，干啤战争爆发

4 月　● 营养饮品 "Regain"（三共）（三共，今天的第一三共 Health

Care）上市

5 月　●《Hanako》创刊

6 月　●"Radish Boya"在关西地区开启配送服务

　　　○里库路特事件

7 月　●纯植物性奶油"Mascapone"（不二制油）上市

10 月　●"Salon Lanvin Caviar Bar 1988"（东京原宿）、"La Maison du Caviar"（东京青山）开业

11 月　○竹下登首相向全国各市町村拨款 1 亿日元的"故乡创生资金"

　　　●"五点开始精神的男人"（"Guronsan"的广告宣传语）成为流行语

　　　●受泡沫经济影响，餐饮价格上涨趋势日渐显著

　　　●"花样星期四"成为流行语

1989（平成元年）

1 月　○昭和天皇驾崩，改元为平成

2 月　○TBS《魅力乐队天国》节目开播

　　　●"Oligo CC"（可尔必思食品工业，今天的可尔必思）上市

4 月　○《消费税法》（税率 3%）施行

　　　●首家"神户可乐饼"于神户元町开业，迅速开遍全国

　　　●中尊寺 Yutsuko 开始在《SPA!》连载《Sweet Spot》，大叔辣妹诞生

5 月　●"Molts Beer Dining Opera"于东京广尾开业（1989 年 5 月～1989 年 9 月）

7 月　○参议院选举，自民党失去过半席位，女性议员增加（麦当娜旋风）

　　　●Skylark 旗下首家休闲法餐厅"FLO 表参道"于东京原宿开业

9 月　●首家"天屋"于东京八重洲开业，开启天妇罗的快餐化

● 《SARAI》创刊

11 月　○ 柏林墙倒塌

　　　　● 意饭热潮的象征 "Il Boccalone" 于东京惠比寿开业

　　　　● "博若莱新酒" 狂潮

　　　　● "华沙俱乐部" 于东京芝大门开业

　　　　● 空间制作人打造的 "重理念与外观" 的餐饮设施骤增

1990

1 月　　● "奶酪蒸面包"（日粮面包）上市，11 月达成月产量 600 万个

3 月　　● 《Tokyo Walker Zipang》（同年改名为《东京 Walker》）创刊

4 月　　● 提拉米苏狂潮开始

6 月　　● "牛肠锅·元气" 于银座开业

10 月　○ 东西德统一

11 月　○ 长崎云仙普贤岳火山爆发

　　　　● 《BEST OF 荞麦面》出版，开启低调的荞麦面热潮

　　　　● 官内厅首次在 "飨宴之仪" 的招待外宾环节提供日本料理

　　　　● 法式烤布蕾引起关注

12 月　● 《dancyu》创刊

*　　　 ● 大阪 "陆郎叔叔的店" 的招牌产品 "现烤芝士蛋糕" 走红，从 1992 年开始全国出现山寨店，掀起热潮

　　　　● 饼底薄脆的加州式披萨流行

1991

1 月　　○ 海湾战争（1 月 17 日～2 月 27 日）。政府追加资助 90 亿美元

2 月　　● "可尔必思水语" 上市

4 月　　● 开放牛肉进口，涮锅畅吃业态随之流行

5 月　　○ 传奇夜店 "朱莉安娜东京" 于东京芝浦开业

10 月　● 栃木宇都宫市观光协会制作 "饺子地图"，1993 年成立

"宇都宫饺子会"

11 月　● 美国新闻节目介绍"法国悖论"。日本也掀起红酒热潮

12 月　○ 苏联解体

　*　● 采用特定保健用食品（特保）制度

　　　○ 泡沫经济崩溃

1992

3 月　● Skylark 旗下的首家"Gusto"于东京小平开业

4 月　● 日本酒取消等级制度，吟酿酒、纯米酒受到追捧

5 月　● 电影《双峰》上映，樱桃派走红

6 月　○《PKO（联合国维和行动）协力法》成立

7 月　● 商用"意式奶冻速溶粉"（三得利）上市

8 月　●"世界荞麦面博览会"举办（8 月 7 日～9 月 6 日）

　　　●"BOSS"（三得利）上市

9 月　○ 中野孝次出版《清贫的思想》

11 月　● 栗原晴美出版《想听你说一声"多谢款待"》

　　　● 同年夏季，"Denny's"将高纤椰果纳入甜品菜单，引发
　　　　热潮

　　　● 牛肠锅爆红（1992 年～1993 年）

1993

3 月　● 首家"雏鮨"于东京涩谷开业

4 月　●《可怕的讃岐乌冬面》出版，引爆热潮

　　　●"伊太都麻"于东京六本木开业

5 月　○ 日本职业足球联赛（J 联赛）开幕

6 月　○ 皇太子德仁与小和田雅子结婚

8 月　○ 非自民、非共产联立政权细川护熙内阁成立

9 月　● 史无前例的冷夏导致的农作物歉收引发战后最严重的大米
　　　　短缺，政府决定紧急进口外国大米。同年 11 月，粮食厅
　　　　宣布进口大米 90 万吨

流行美食年表

10 月	● 首家 "Café des Pres" 于东京广尾开业
	● 富士电视台的《料理铁人》节目开播(1993 年 10 月 ～ 1999 年 9 月。2005 年制作美国版《Iron Chef America》)
12 月	● 西原理惠子、神足裕司出版《至少要去一次的恨米其林》
	● 珍珠奶茶走红
	● 初中家庭科从这一年开始实行男女共修(高中从 1994 年开始)
	● 本地啤酒从这年夏天开始流行
	● "Pastel"(东京惠比寿)推出"嫩滑布丁"作为甜点(1994 年开启外带,1998 年形成热潮)
	● 拉面日趋多样化,"考究大叔"走向品牌化

1994

3 月	● 美食主题乐园的先驱"新横浜拉面博物馆"开业
4 月	● 修订《酒税法》(降低最低产量),本地啤酒解禁
6 月	○ 松本沙林事件
	○ 自社先连立政权建立,社会党的村山富市就任首相
	● 兰香子流行
7 月	● Hoichoi Productions 出版《东京把妹好店》
10 月	● 第二家"Café des Pres"于东京表参道开业,引爆露天咖啡馆的人气
	● 首家"Café Madu"于东京青山开业
	● "Café Vivement Dimanche"于镰仓开业
	● 葡萄酒开始全面降价

1995

1 月	○ 阪神淡路大地震
2 月	● 日本首款本地啤酒"越后啤酒"(上原酒造,今天的越后啤酒)上市

3 月　○ 地铁沙林事件

4 月　● "维生素水"（三得利）上市

5 月　● 田崎真也在世界最佳侍酒师大赛中取胜

7 月　● 幕内秀夫出版《劝粗食篇》

9 月　○ 冲绳美军少女暴行事件

10 月　●《POTA TOKYO》创刊

11 月　●《新粮食法》正式施行，大米的生产、分销与销售自由化

12 月　○ 文殊核反应堆液态钠泄漏事故

　*　　● 芒果布丁大热

1996

2 月　○ 药害艾滋事件，厚生大臣菅直人向受害者谢罪

6 月　● "咕嘟妈咪"开设

7 月　○ 大阪堺市的小学发生集体食物中毒事件，O-157 感染频发

8 月　● 日本首家 "星巴克" 于银座开业

12 月　● 比利时华夫饼专卖店 "Manneken"（大阪）于东京新宿开
　　　　　设第一家关东分店

　　　　● "成人病" 改称 "生活习惯病"

　　　　● "桃之天然水"（JT）上市

　　　　● 无糖食品流行

　　　　● 本地啤酒热潮正式开始

　　　　● 可丽露走红

　　　　● 回转寿司店激增，愈发接近家庭餐厅

1997

3 月　● "Supli"（麒麟饮料）上市

4 月　○ 消费税涨至 5%

　　　　● 月岛文字烧振兴会（东京）成立，成为 B 级本地美食的
　　　　　先驱

　　　　● 政府废除盐的专卖制度，自然盐走红

5 月　○ 酒鬼蔷薇圣斗事件

7 月　○ 香港回归中国

　　　○ 电子宠物蛋（たまごっち，又译拓麻歌子）出货量突破
1000 万个

8 月　○ 戴安娜王妃死于车祸

　　　● 首家 "Tully's Coffee" 于银座开业

10 月　○ 长野新干线通车

　　　● "Chicherone" 于帝国酒店开业

11 月　○ 北海道拓殖银行破产，山一证券自主倒闭

12 月　○ 联合国气候变化框架公约参加国三次会议制定《京都议
　　　　定书》

　　　● 餐吧 "Bowery Kitchen" 于东京驹泽开业

　　　● 新高轮王子酒店开设 "Ristorante Il Leone"，新大谷酒店开
　　　　设 "Bellevue"

　　　● 比利时华夫饼受到追捧

1998

2 月　○ 长野冬季奥运会（2 月 7 日～2 月 22 日）

　　　● "麒麟淡丽〈生〉"（麒麟麦酒）上市后爆红，发泡酒市场
　　　　扩大

3 月　● "小夏"（三得利）上市

7 月　○ 和歌山毒咖喱事件

12 月　○《特定非营利活动促进法》（NPO 法）施行

　　　● WHO 公布代谢症候群的诊断标准

　　　● 日本首家 "皮埃尔·艾尔梅" 于东京新大谷酒店开业

　　　● 布列塔尼黄油蛋糕流行

　　　● 本地拉面热潮

1999

1 月　○ 欧盟统一货币 "欧元" 诞生

	○ 地域振兴券开始发放
3 月	○ 北约轰炸南联盟
6 月	○《劳动者派遣法》《职业安定法》修订，派遣劳动原则上自由化
	●《SOTOKOTO》创刊，宣扬慢食理念
7 月	○《新农业基本法》施行
8 月	●《泡菜锅汤料》（荏原食品工业）上市
	○《国旗国歌法》施行
9 月	○ 茨城县东海村 JCO 临界事故，150 名操作人员遭辐射
	●"日清均衡膳食油"（日清制油，今天的日清制油集团）上市
12 月	○ 澳门回归中国
*	● 食油的首款特保商品"健康 ECONA 烹饪油"（花王）上市（2009 年停产下架）
	● 可果美启动"回归慢食"宣传活动
	● 蛋挞受到追捧

2000

4 月	○ 引进看护保险制度
6 月	○ 首次朝鲜半岛南北双方首脑会谈
	● 雪印集体食物中毒事件
7 月	○ 大型百货店"崇光百货"破产
11 月	○ 乔治·W. 布什当选美国总统
	● 西点师日趋品牌化
	○ 优衣库的摇粒绒爆红

2001

4 月	● 引进营养功能食品制度
6 月	● 慢食协会首个日本支部成立
9 月	○ 9·11 恐怖袭击事件

●日本国内首例疯牛病在千叶县确诊

10 月　○联军进攻阿富汗

　*　　●政府逐步降低酒类销售执照的门槛（2001 年 1 月取消距离基准、2003 年 9 月取消人口基准、2006 年 9 月开店完全自由化）

2002

1 月　●雪印牛肉造假事件因内部人员举报曝光

4 月　●《ku:nel》创刊

5 月　○韩国和日本共同主办亚洲首次世界杯足（5 月 31 日～6 月 30 日）

8 月　●《健康增进法》颁布

9 月　○小泉纯一郎突访朝鲜。金正日总书记就绑架日本人道歉

　　　●日本首家"让·保罗·艾凡"于东京伊势丹新宿店开业

　　　●食玩热潮的导火索"巧克力蛋"（Furuta 制果）销量突破 1.2 亿个

　　　●营养品市场迅速扩大

2003

3 月　○伊拉克战争爆发

5 月　○发射小行星探测器隼鸟号（2010 年 6 月返回地球）

6 月　○通过"有事三法案"

10 月　●《天然生活》创刊

12 月　●疯牛病蔓延至美国，政府禁止进口美国牛肉

2004

1 月　●山口县的养鸡场出现禽流感疫情，为 1979 年来首次

2 月　●受美国疯牛病疫情影响，吉野家停售牛肉饭

3 月　●"伊右卫门"（三得利）上市

10 月　○大荣向产业再生机构求援

　　　○新潟县中越地震

11月 　○新版 1 万日元（福泽谕吉）、5000 日元（樋口一叶）、
　　　　1000 日元（野口英世）纸币发行

12月 　○印尼苏门答腊岛海域地震

*　 　●伊比利亚黑猪掀起热潮

　　　 ●正统烧酒热达到顶峰

2005

3月 　●"Tabelog" 开设
　　　 ○爱知世界博览会（3 月 25 日～9 月 25 日）

4月 　○JR 福知山线出轨事故

6月 　●《食育基本法》成立

7月 　●新谷弘实出版《不生病的活法》

11月 　●安部司出版《食品真相大揭秘》
　　　 ●NHK《老师没教的事》（2 月）、关西电视台／富士电视台
　　　　《发掘！真有其事大百科》（6 月）的介绍引爆寒天热
　　　 ●立式居酒屋骤增

2006

1月 　○活力门事件

2月 　●第一届 "B-1 大奖赛" 举行，B 级本地美食走向全国
　　　 ●霞ん出版《爱之虐饭》，卡通便当受到追捧

3月 　○日本赢得第一届世界棒球经典赛冠军

5月 　●TBS《晴天好拍档》节目介绍的白芸豆减肥法至多人身体
　　　　不适
　　　 ●修订酒税法，酒类的分类简化为发泡性、酿造、蒸馏、混
　　　　合四类。

2007

1月 　●《发掘！真有其事大百科》捏造纳豆减肥法
　　　 ●不二家使用过期原材料一事曝光
　　　 ●麦当劳推出 "超级巨无霸"，掀起超大食品热潮

6月	●"不怕冷小姐"的生姜系列（永谷园）上市
	● Meathope 牛肉作假事件
7月	○ 第21届参议院选举，自民党惨败于民主党
8月	●"白色恋人"（石屋制果）伪造保质期一事曝光
9月	●《下酒菜小巷》出版发行
10月	○ 邮政民营化启动
	● 赤福伪造生产日期一事曝光
11月	●《2008东京米其林指南》出版
12月	● 船场吉兆因谎报食材产地、篡改保质期召开记者招待会公开道歉
	● 农林水产省发布"乡土料理百选"
	● 咸味甜品流行

2008

1月	○《药害肝炎救济法》施行
	● 毒饺子事件曝光
3月	● 三浦展编著的《下流就是容易胖！这样的生活是肥胖之源》出版
4月	○ 引进故乡纳税制度
	○ 启动特定健康检查（三高检查）
	○ 引进后期高龄者医疗制度
5月	○ 中国四川大地震
6月	○ 秋叶原事件
8月	○ 北京奥运会（8月8日～8月24日）
9月	○ 全球金融危机
	● 三笠食品转卖问题大米一事曝光
11月	○ 巴拉克·奥巴马当选美国总统
	● 零度食品、零度饮料增加
	●"家里喝"渐成流行

● 因生物乙醇的需求量在全球范围激增，玉米价格飞涨

● 澳大利亚干旱导致小麦价格飙升

2009

6 月　○ WHO 宣布全球爆发新型流感

　　　●《便当男子》出版

7 月　●《男子便当 HANDBOOK》出版

8 月　○ 民主党在第 45 届众议院大选中大获全胜

　　　● "看着辣却不辣，只是一点点辣的辣油"（桃屋）上市

9 月　● 罗森推出 "精品瑞士卷"，成为便利店甜品史上罕见的大爆款

＊　　● 嗨棒热潮使国产威士忌重归主流

　　　● 豆芽热潮

　　　● "草食男子" 成为流行语，进而催生出便当男子、甜品男子、料理男子等名称

2010

1 月　○ 海地大地震

2 月　●《体脂肪计 TANITA 的员工食堂》出版发行

3 月　● "浇上去！小菜辣油有点辣"（SB 食品）上市

5 月　○ 宫城县爆发口蹄疫，当地政府宣布宫崎进入紧急状态

2011

1 月　●《女子营养大学的学生食堂》出版发行

　　　○ 突尼斯茉莉花革命引爆 "阿拉伯之春"

3 月　○ 东日本大地震

　　　○ 福岛核电站事故

　　　○ 九州新干线全线通车

7 月　○ 全面停播模拟电视，进入数码时代

8 月　○ 美国国债首遭降级

9 月　○ "占领华尔街" 抗议运动爆发

- 面向男性读者的料理杂志掀起创刊狂潮
- 核电站事故造成的食品核污染严重撼动了日本民众对食品安全的信心
- 《体脂肪计 TANITA 的员工食堂》拿下全年畅销榜综合亚军
- 以橙醋为首的啫喱状调味料受到追捧
- 员工食堂书籍相继出版，关于学生食堂、学生午餐的书籍迅速跟进
- 盐曲热潮拉开帷幕

2012

1 月　● 据说有助于预防流感的"明治酸奶 R-1"爆红

5 月　○ 东京晴空树开业
　　　○ 弗朗索瓦·奥朗德在法国总统大选中胜出

6 月　● 三得利与中国的青岛啤酒开展业务合作

7 月　● 食品卫生法禁止餐饮店使用生牛肝为顾客制作"肝刺身"
　　　○ 伦敦奥运会（7 月 27 日～ 8 月 12 日）

10 月　○ 山中伸弥获诺贝尔生理学医学奖

11 月　● "小丸正面"上市
　　　○ 第二次安倍内阁正式成立

＊　　● 《可尔必思社员的秘藏食谱》、《味滋康社员公认的香醋食谱》等企业监修的食谱书籍相继出版
　　　● 发酵食品在家常菜领域悄然流行起来
　　　● 首款特保可乐"METS 可乐"大热

　　本书以《scripta》9 号（2008 年 10 月）至 20 号（2011 年 7 月）的连载为基础，加入新撰写的部分，于 2013 年 3 月由纪伊国屋书店出版。

图书在版编目（CIP）数据

FASHION FOOD！日本流行美食文化史／（日）畑中三
应子著；曹逸冰译. —上海：上海三联书店，2021.11
ISBN 978-7-5426-7510-1

Ⅰ.①F… Ⅱ.①畑…②曹… Ⅲ.①饮食-文化史-
日本 Ⅳ.① TS971.203.13

中国版本图书馆 CIP 数据核字（2021）第160843号

FASHION FOOD ARI MASU
Copyright 2013 Mioko Hatanaka
Chinese translation rights in simplified characters arranged with CHIKUMASHOBO LTD.
through Japan UNI Agency, Inc., Tokyo

著作权合同登记号：09-2021-0622

FASHION FOOD！日本流行美食文化史

著　者／［日］畑中三应子

译　者／曹逸冰

责任编辑／张静乔
特约编辑／钱凌笛
装帧设计／人马艺术设计
监　制／姚军
责任校对／王凌霄

出版发行／上海三联书店
　　　　　（200030）中国上海市漕溪北路331号 A 座 6 楼
邮购电话／021-22895540
印　刷／上海颛辉印刷厂有限公司
版　次／2021年11月第1版
印　次／2021年11月第1次印刷
开　次／787mm×1092mm　1/32
字　数／250千字
印　张／14.75
书　号／ISBN978-7-5426-7510-1/G·1612
定　价／58.00元

敬启读者，如发现本书有印装质量问题，请与印刷厂联系 021-56152633